- $\begin{cases} \mathrm{P}(A|B)：条件付き確率 (p.25), \quad \mathrm{E}(X|A)：条件付き期待値 (p.67) \\ \mathbb{I}_A：事象 A についての定義確率変数 (p.66) \end{cases}$

- 確率分布の記号
  - $\begin{cases} \mathrm{Be}(p)：ベルヌイ分布 (p.74), & \mathrm{Bin}(p)：二項分布 (p.75) \\ \mathrm{Po}(\lambda)：ポアソン分布 (p.77), & \mathrm{Ge}(p)：幾何分布 (p.79) \\ \mathrm{Unif}(p)：一様分布 (p.81), & \mathrm{Exp}(\lambda)：指数分布 (p.82) \\ \mathrm{Ga}(\lambda, s)：ガンマ分布 (p.89), & \mathrm{Beta}(a, b)：ベータ分布 (p.90) \end{cases}$
  - $\begin{cases} \chi_n^2：自由度 n の \chi^2 分布 (p.91) \\ \mathrm{T}_n：自由度 n の t 分布 (p.92) \end{cases}$
  - $\begin{cases} X \sim \mathrm{N}(\mu, \sigma^2)：平均 \mu 分散 \sigma^2 の正規分布 (p.83) \\ \mathrm{N}(0,1) の密度：\phi(x) = \dfrac{\exp(-x^2/2)}{\sqrt{2\pi}} \ (p.83) \\ 分布関数：\Phi(x) = \displaystyle\int_{-\infty}^x \phi(t)dt \ (p.86) \end{cases}$
  - $\begin{cases} z_\alpha：標準正規分布の上側 100\alpha\% 点 (p.86) \\ t(n; \alpha)：自由度 n の分布の上側 100\alpha\% 点 (p.123) \\ \chi^2(n; \alpha)：自由度 n の \chi^2 分布の上側 100\alpha\% 点 (p.125) \end{cases}$

- 母集団分布の記号
  - $\begin{cases} \theta, \underline{\theta}：1 次元未知パラメータ，多次元未知パラメータ (p.103) \\ \widehat{\theta}, \widehat{\underline{\theta}}：未知パラメータ \theta, \underline{\theta} の推定量 (p.104) \\ f(x, \underline{\theta})：パラメータ \underline{\theta} に対する密度関数 (確率関数) (p.104) \\ \underline{x} = (x_1, x_2, \ldots, x_n)：n 個の実現値 (p.104) \\ \underline{X} = (X_1, X_2, \ldots, X_n)：母集団からの iid の n 個の標本 (p.104) \end{cases}$

- 推定・検定の記号
  - $\begin{cases} \mathrm{Bias}：平均二乗誤差 (p.107) \\ \mathrm{MSE}：平均二乗誤差 (p.109) \\ I_n(\theta)：フィッシャー情報量 (p.111) \\ L(\theta)：尤度関数, \ell(\theta) 対数尤度関数 (p.115) \\ H_0 \text{ vs } H_1：帰無仮説 H_0, 対立仮説 H_1 の検定 (p.128) \\ \mathrm{P}_\theta(\cdot | H_i), \mathrm{E}_\theta(\cdot | H_i) \ (i = 0, 1)： \\ \quad H_i における \theta で母集団分布における確率，期待値 (p.130) \\ \Lambda(\underline{x})：尤度比 (p.133) \end{cases}$

確率・統計

中田寿夫・内藤貫太 共著

学術図書出版社

はじめに

　本書は大学で確率・統計について初めて学ぶ者のための入門的教科書である．大学 1 年で習う微分積分と線形代数 (最終章のみ) を習得した後であればスムーズに読みこなすことができるが，高等学校までの数学の知識でも大部分は理解できると思う．

　執筆するにあたって，高等学校までに習った確率や統計からの接続を意識しながら，"確率的・統計的に考える"ことの訓練を重視した．これにより，この分野のもつ独特な考え方が伝わるように心がけた．初学者にとっての最初の関門はランダムな現象を説明するための道具である "確率変数" の扱いであるように思われる．そのため，数学的に深入りすることなくサイコロ投げや壺と玉のモデルなどの例を多く取り入れ，確率変数を積極的に用いて説明しながら，確率的・統計的な考え方の理解につながるように努めた．特に，古典的確率の有名な問題をなるべく取り入れて親しみやすくしている．また，初学者が躓きそうな箇所についていくつか注意喚起し，定理の証明などは簡素にまとめつつも式の変形はどこを引用したかわかるようになるべく明記した．これにより，授業で活用するだけでなく自習可能な教材となるように目指した．

　第 2 章から第 4 章までは確率についての内容であるが，応用を視野に入れて母関数や条件付き期待値の初歩的な内容をあえて盛り込んでいる．第 1 章と第 5, 6 章は統計の内容であるが，話題を重要なものに厳選し，統計的な考え方が理解できるように平易な例を用いて説明した．扱われた統計解析手法は，例の理解や，問・章末問題に取り組むことを通して，実際に利用する力を身につけられるようにしている．本書が多くの読者の確率・統計の基礎的な理解に繋がることができればと願っている．

著 者

目次

第1章 データの整理　1
- §1.1 記述統計と推測統計 1
- §1.2 1変量データの整理と要約 1
- §1.3 2変量データの整理と要約 8

第2章 確率の基礎　19
- §2.1 確率の導入 19
- §2.2 事象の独立，条件付き確率 23
- §2.3 順列，組合せ 28

第3章 確率分布の基礎　36
- §3.1 確率変数，確率分布 36
- §3.2 期待値 (平均)，分散，共分散 51
- §3.3 母関数，条件付き期待値 62

第4章 いろいろな確率分布と極限定理　74
- §4.1 離散型確率分布 74
- §4.2 連続型確率分布 81
- §4.3 極限定理 93

第5章 統計的推測　102
- §5.1 統計的推測の導入 102
- §5.2 統計的推定 107
- §5.3 統計的検定 127

第 6 章　回帰分析　　146

§ 6.1　回帰分析 146

§ 6.2　直線回帰分析における推測 154

付　録 A　　159

§ A.1　補遺 159

§ A.2　問と章末問題の略解 161

§ A.3　付表 180

参考文献　　183

索　引　　184

データの整理

§1.1 記述統計と推測統計

日常において実験や調査を行うことにより様々なデータがえられるが，統計学はデータから有益な情報を抽出するための学問分野である．大きく分けると**記述統計** (Descriptive Statistics) と**推測統計** (Inferential Statistics) に分類される．前者は偶然性が入らないデータを直接的に整理・表現し，データのもつ構造を明らかにすることを目的としている．数学的には四則演算と平方根など，数値の基本演算が重要となり，確率の入る余地はない．逆に後者はデータが "偶然えられたもの" であるという立場をとる．偶然性を表現するのに必要な数学は確率論であり次章以降で説明する．推測統計は第 5 章以降で確率論の言葉を用いて説明することにして，本章では記述統計の基礎を手短に説明する．

§1.2 1 変量データの整理と要約

100 m 走の記録やテストの得点などのように，ある集団を構成する人や物の特性を表す量を**変量**という．また，調査や実験などでえられた変量の観測値の集まりを**データ**という．データを構成する観測値や測定値の個数をそのデータの**大きさ**という．本節においては，一つの変量から決まる 1 変量データの整理と要約に関して具体的な数値を扱うことを通して学んでいくことにする．

度数分布とヒストグラム

例 1.1 大きさが 30 の以下のデータは，あるクラスの生徒 30 人の国語の試験の結果である．

46 30 24 49 39 9 75 29 54 30 78 65 42 75 57
53 57 46 62 56 69 92 96 55 44 66 40 54 66 65

表とグラフによりデータをまとめよ．

解答 以下のようになる.

階級	度数
1–20	1
21–40	6
41–60	12
61–80	9
81–100	2

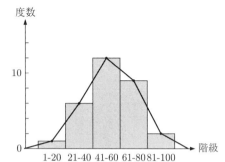

表を**度数分布表**といい,グラフを**ヒストグラム**という.ヒストグラムの各柱の中点を結んだ多角形を**度数分布多角形**という.なお,それぞれ両端に度数 0 の階級があるものと考えてそれも結んでおく.

一般にデータとしてえられた n 個の実数

$$x_1, x_2, \ldots, x_n \tag{1.1}$$

について考えていくが,これを **1 変量データ**という.度数分布表を作成するため,データの最小値と最大値で作られる区間をほぼ等間隔に分ける.区分けした小区間を**階級**という.階級の中央の値を**階級値**といい c_i $(i = 1, 2, \ldots, L)$ で表す.ただし,L は階級の数である.各階級に属するデータの数を階級値 c_i の**度数**といい,f_i $(i = 1, 2, \ldots, L)$ で表し,f_i/n のことを**相対度数**という.また,$F_i = \sum_{k=1}^{i} f_k$ を**累積度数**といい,F_i/n のことを**累積相対度数**という.一般的にヒストグラムの縦軸は度数をとるが,相対度数をとることもある.相対度数や累積相対度数は大きさの異なるデータを比較する際に用いられることが多い.

<u>注意 1.1</u> (1.1) のような大きさ n の 1 変量データに対する階級の数 L は n に応じて変えていくべきであるが,決定的な方法はなく,経験的に定めることになる.n が大きいときには,L を $\sqrt{n}$ や $1 + \log_2 n$ の小数点以下の切り捨て (スタージェス[1]の方法) 程度に選ぶのが良いとされている.いずれにせよ,

---

[1] H. A. Sturges (1882–1958) スタージェスの方法は 1926 年に 1 ページあまりの短論文で

20 程度までにするのが望ましい.

例 1.2 例 1.1 について，階級値，相対度数，累積度数，累積相対度数を求め，累積度数のグラフを描け.

解答 以下のとおりである．ただし，小数第 4 位を切り捨てている.

階級	階級値	度数	相対度数	累積度数	累積相対度数
1–20	10.5	1	0.033	1	0.033
21–40	30.5	6	0.200	7	0.233
41–60	50.5	12	0.400	19	0.633
61–80	70.5	9	0.300	28	0.933
81–100	90.5	2	0.067	30	1.000

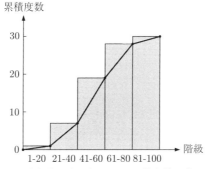

図の中の棒状のグラフを**累積度数分布図**といい，累積度数分布図の各柱の右上の端点を順に結んだ多角形を**累積度数分布多角形**という．なお，左端の柱は左下の頂点と右上の頂点を結ぶ.

代表値 例 1.1 と例 1.2 では度数に着目してデータをまとめたが，ここでは，さらにまとめて少数の数値のみで表現することを考える．まず，分布の"真ん中"の位置を示す**代表値**について扱う.

定義 1.1 (代表値)

1 変量データ (1.1) について以下の代表値を定義する：

1. **標本平均**: 大きさ n の 1 変量データ全てを足して n で割った以下の $\bar{x}$

発表された.

を**標本平均** (Sample Mean または Sample Average) という．
$$\overline{x} = \frac{x_1 + \cdots + x_n}{n} = \frac{1}{n}\sum_{k=1}^{n} x_k. \tag{1.2}$$

2. **中央値**: 1 変量データ (1.1) を
$$x_{(1)} \leqq x_{(2)} \leqq \cdots \leqq x_{(n)} \tag{1.3}$$
と並べ換えたとき，以下の $\widetilde{x}$ を**中央値** (Median) という．
$$\widetilde{x} = \begin{cases} x_{(m)} & (n = 2m - 1) \\ \dfrac{x_{(m)} + x_{(m+1)}}{2} & (n = 2m) \end{cases} \quad (m \geqq 1 \text{ は自然数}) \tag{1.4}$$

注意 1.2 高等学校までは (1.2) を単に平均とよんでいた．これに対し，本書では標本平均と"標本"をつけてよぶことにしている (後に現れる標本分散も同様)．これは，データを母集団から取り出した後の標本 (母集団，標本は p.102 で説明) と考えて，データ (標本) から計算されるものであることを強調するためである．"標本"をつけることにより，第 3 章で学ぶ確率分布の平均 (期待値) との区別をより明確にすることができる．

度数分布が与えられたときに最も多い度数がある階級の階級値のことを**最頻値 (モード)** というが，これも代表値の一つである．なお，(1.2) で用いられた x の上に横棒を引いた記号 $\overline{x}$ は"足して全体で割る"という意味で，統計学では説明なく使われることもあり，本書でもこの記号は以降で頻繁に用いる．

また，(1.3) において $x_{(1)}$ や $x_{(n)}$ などが他の値と著しくかけ離れた場合があり，これを**外れ値**という．外れ値は測定または記録の際の誤りのため起こることも考えられ，このような場合は観測者と相談する必要がある．何の躊躇もなく取り除いて統計処理を行うことは欺瞞的であり，取り除くための根拠がえられない場合はそのまま扱う．

標本平均は定義 (1.2) を見ると外れ値の影響を受けやすいことがわかるが，中央値または最頻値は外れ値の影響を受けることは少ない．たとえば，各世帯の貯蓄金額のデータは一部の外れ値のような大金持ちにより平均貯蓄額が大きく引きずられることが多い．このような場合の代表値としては標本平均ではな

く中央値や最頻値を考える方が妥当であろう．一方で，標本平均は (1.3) の並べ換えの作業は必要なく，簡易的に計算できるという利点がある．

■**散布度**■　代表値によって 1 変量データの "真ん中" を表したが，"散らばり具合" を示すものとして**散布度**がある．準備のため，四分位数をまず定義しておく．1 変量データ (1.1) を (1.3) のように並べ換えたとき "四等分する位置にくる" 値を**四分位数**という．四分位数として**第 1 四分位数**，**第 2 四分位数**，**第 3 四分位数**があり，さらに**第 0 四分位数**，**第 4 四分位数**を (1.3) の並べ換えの記号を用いてそれぞれ最小値 $x_{(1)}$，最大値 $x_{(n)}$ と定義する．これらを Q_k ($k = 0, 1, 2, 3, 4$) と表す．第 2 四分位数 Q_2 は中央値 (1.4) と定義するが，第 1，第 3 四分位数は曖昧に定義されている場合を含めていろいろな定義がある．本書では以下のように明確に定義する．

定義 1.2 (第 1，第 3 四分位数)
- 第 1 四分位数 Q_1：下位データの中央値．
- 第 3 四分位数 Q_3：上位データの中央値．

ただし，1 変量データ (1.1) を (1.3) と並べ換えたとき，下位データ，上位データを以下のように定義する：

$n = 2m$：　$\underbrace{x_{(1)} \leqq \cdots \leqq x_{(m)}}_{\text{下位データ}} \leqq \underbrace{x_{(m+1)} \leqq \cdots \leqq x_{(2m)}}_{\text{上位データ}}.$

$n = 2m - 1$：　$\underbrace{x_{(1)} \leqq \cdots \leqq x_{(m-1)}}_{\text{下位データ}} \leqq x_{(m)} \leqq \underbrace{x_{(m+1)} \leqq \cdots \leqq x_{(2m-1)}}_{\text{上位データ}}.$

定義 1.2 の定義方法はヒンジ (蝶つがいの意味) とよばれることもある．

定義 1.3 (散布度)
1. 1 変量データ (1.1) を (1.3) と並べ換えたとき $\mathrm{R} = Q_4 - Q_0 = x_{(n)} - x_{(1)}$ を**範囲** (Range) といい，$\mathrm{IQR} = Q_3 - Q_1$ を**四分位範囲** (InterQuartile Range) という．
2. 1 変量データ (1.1) について各データから標本平均を引いた $x_i - \bar{x}$ を**偏差** (Deviation) という．偏差の二乗の平均を**標本分散** (Sample

Variance) といい s_x^2 で表し，その非負の平方根 s_x を**標本標準偏差** (Sample Standard Deviation) という．すなわち，

$$s_x^2 = \frac{1}{n}\sum_{i=1}^{n}(x_i - \overline{x})^2, \quad s_x = \sqrt{s_x^2} = \sqrt{\frac{1}{n}\sum_{i=1}^{n}(x_i - \overline{x})^2}. \quad (1.5)$$

問 1.1 1. 1 変量データ (1.1) について，偏差の和 $\sum_{i=1}^{n}(x_i - \overline{x})$ は 0 となることを示せ．

2. 標本分散 (1.5) は以下のように計算できることを示せ．

$$s_x^2 = \frac{1}{n}\sum_{i=1}^{n}x_i^2 - (\overline{x})^2. \quad (1.6)$$

3. $s_x^2 = 0$ であるためには $x_1 = \cdots = x_n$ が必要十分条件となることを示せ．

(1.6) より，標本分散は標語的に，"二乗の平均マイナス平均の二乗" と理解できる[2](章末問題 1.6)．

1 変量データの分布を簡易的に理解するために**箱ひげ図**がある．これは 1 変量データの最小値，第 1 四分位数，中央値，第 3 四分位数，最大値を箱と線 (ひげ) で表現する図であり，箱の長さは四分位範囲を表す．なお，箱ひげ図に標本平均を記入することもある．たとえば以下の図のようなものである．

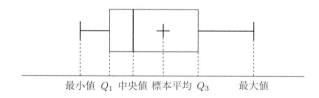

例 1.3 1 変量データ 1, 5, 6, 8 において以下を答えよ．
1. 標本平均，中央値を求めよ．
2. 標本分散，標本標準偏差，範囲を求めよ．また，範囲，第 0 から第 4 四

---

[2] 二乗の和 $\sum_{i=1}^{n}x_i^2$ と和の二乗 $\left(\sum_{i=1}^{n}x_i\right)^2$ が別の意味であることに注意する．

分位数を求めて箱ひげ図を描け．

解答　1. 標本平均は $\bar{x} = (1+5+6+8)/4 = 5$，中央値は 5.5 である．2. 標本分散は $s_x^2 = \{(1-5)^2 + (5-5)^2 + (6-5)^2 + (8-5)^2\}/4 = 26/4 = 6.5$ で標本標準偏差は $s_x = \sqrt{26}/2 \fallingdotseq 2.55$ である．範囲は $8 - 1 = 7$ で第 0 から第 4 四分位数は $Q_0 = 1, Q_1 = 3, Q_2 = 5.5, Q_3 = 7, Q_4 = 8$ である．箱ひげ図は図のとおり．

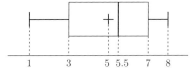

問 1.2　1 変量データ 1, 2, 4, 8, 16 において以下を答えよ．

1. 標本平均，中央値を求めよ．
2. 標本分散，標本標準偏差，範囲を求めよ．また，第 0 から第 4 四分位数を求めて箱ひげ図を描け．

箱ひげ図は 1 変量データの代表値，散布度がわかりやすく表現されており便利である．また，分布の左右の歪みを箱ひげ図の箱の位置やひげの長さにより表す．しかしながら，箱ひげ図のみでは分布の様子を判断することが難しい場合もある (章末問題 1.1)．

問 1.3　例 1.1 の国語の 1 変量データについて，標本平均，中央値，標本分散，標本標準偏差，範囲，第 0 から第 4 四分位数を求め，箱ひげ図を描け．

表計算ソフトの注意　上記で定義した代表値，散布度は表計算ソフトの"関数"を用いると簡単に出力できる．たとえば A1 から A10 までのセルにデータが入っているとき，(1.2) で定義された標本平均は AVERAGE(A1:A10) とする．(1.5) で定義された標本分散は VARP(A1:A10) である[3]．VAR(A1:A10) でも似たような値を出力するが，**標本不偏分散** (Sample Unbiased Variance) と

---

[3] VARP の "P" は母集団 (Population) (p.103) の意味である．しかしながら，その出力は "標本分散" である．表計算ソフトにおいて "P" のついた関数を用いる場合はその定義を確認の上で使用することを勧める．なお，章末問題 3.2 により，ある確率変数を考えることで，"標本分散" と "母集団の分散" の関係がわかる．

よばれるもので

$$s_{\mathrm{u}}^2 = \frac{1}{n-1} \sum_{i=1}^{n} (x_i - \overline{x})^2 \tag{1.7}$$

の値を出力する．n でなく $n-1$ で割るので不恰好のような気がするが，推測統計学の立場であればこの方がむしろ自然となる (命題 5.1 (p.108))．

また，$k = 0, \ldots, 4$ について第 k 四分位数は `QUARTILE(A1:A10,k)` とすればよい．しかしながら，第 1,3 四分位数は本書で定義したものとは違った値を出力することもある (章末問題 1.2)．これは四分位数の定義がソフトウェアでの定義と異なることに起因する．扱っているソフトウェア毎にも定義が異なるため，計算機を用いて統計処理を行う際には組み込まれている関数の機能を確認することが肝要である．

§1.3　2 変量データの整理と要約

2 変量データとは　前節では 1 変量データについて学んだが，関連があると考えられる二つの変量 x, y を同時に観測したいこともある．たとえば，ある地域におけるある 1 日の平均気温を x，電力消費量を y とすると，この (x, y) は関連があるものと考えられる．他にも，ある新生児の (母親のお腹の中にいた) 懐妊期間 (x) と体重 (y)，ある海域の海水塩分濃度 (x) と漁獲量 (y)，ある地域のある 1 日の平均湿度 (x) とその地域のプール入場者数 (y) などが考えられる．表 1.1 は，ある地方自治体における 19 の市町村毎の 2010 年の老年人口割合[4](x:単位 %) と年少人口割合[5](y:単位 %) のデータである．この 2 変量 (x, y) をペアで観測してえられた

$$(x_1, y_1), \ldots, (x_n, y_n) \tag{1.8}$$

を (1.1) との対応で大きさ n の **2 変量データ** という．たとえば，表 1.1 のデータでは $(x_9, y_9) = (32.7, 11.7)$，$(x_{14}, y_{14}) = (33.3, 11.3)$ である．ここで重要なのは，2 組の 1 変量データ

$$(x_1, \ldots, x_n), \quad (y_1, \ldots, y_n) \tag{1.9}$$

---

[4] 65 歳以上の老年人口/(人口総数 − 年齢不詳)
[5] 14 歳以下の年少人口/(人口総数 − 年齢不詳)

表 1.1　人口割合

	老年人口割合	年少人口割合		老年人口割合	年少人口割合
i	x	y	i	x	y
1	23.1	13.8	11	31.1	13.0
2	24.4	14.3	12	27.2	13.0
3	28.2	13.0	13	23.6	15.5
4	26.4	13.4	14	33.3	11.3
5	30.1	11.6	15	29.9	12.8
6	39.8	8.3	16	32.4	11.5
7	35.5	9.5	17	46.8	8.1
8	28.0	12.9	18	42.0	8.8
9	32.7	11.7	19	40.5	9.4
10	27.0	14.3			

とは考えないということである．というのも，(x,y) は何らかの関連があると思われる 2 変量であり，その関連の情報こそが重要だからである．

■**散布図**■　2 変量データ (1.8) の表現として，(x_i, y_i) を x-y 座標平面の点と見て，2 変量データを座標平面の n 個の点として表現したものを**散布図** (Scatter Plot) という．表 1.1 の人口割合のデータの散布図は，図 1.1 のようになる．老年人口割合の増加とともに，年少人口割合が減っているのがわかるであろう．

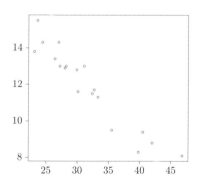

図 1.1　人口割合．横軸：老年人口割合 $\times 100$，縦軸：年少人口割合 $\times 100$

図 1.2 は，8 歳から 19 歳の女性 312 人 ($n = 312$) の $(x, y) =$ (頭幅,肩幅) の計測データの散布図である．頭幅(頭の横幅)が広くなると，肩幅も広くなる傾向が見てとれる．このように，散布図を描くことは，2 変量データの分布のあ

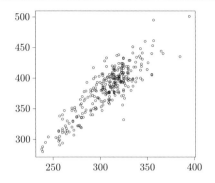

図 1.2 8 歳から 19 歳の女性 312 人の頭幅と肩幅.
横軸：頭幅，縦軸：肩幅 (単位は x, y ともに mm)

りようが視覚的にわかり大変有用である．

▌2 変量データの要約▐

ここでは，2 変量データを要約するための代表値について学ぼう．その要約された値が何を意味しているのかを理解しよう．散布図が描けない状況であっても，ここで学ぶ代表値を計算することで，2 変量データの散布の様子がある程度わかる．

定義 1.4 (標本共分散)

大きさ n の 2 変量データ (1.8) に対して

$$s_{xy} = \{(x_1 - \overline{x})(y_1 - \overline{y}) + \cdots + (x_n - \overline{x})(y_n - \overline{y})\}/n$$

$$= \frac{1}{n}\sum_{i=1}^{n}(x_i - \overline{x})(y_i - \overline{y}) \tag{1.10}$$

を**標本共分散**という．ここで，$\overline{x}$, $\overline{y}$ は (1.9) についてのそれぞれの標本平均 (1.2) で，具体的には $\overline{x} = \frac{1}{n}\sum_{k=1}^{n}x_k$, $\overline{y} = \frac{1}{n}\sum_{k=1}^{n}y_k$. また，$(\overline{x}, \overline{y})$ を**重心**とよぶ．

例 1.4 大きさ n の 2 変量データ (1.8) の標本共分散 s_{xy} の符号と散布図の形状について，図 1.3 を参照しつつ次のことを説明せよ．

$s_{xy} > 0 \iff$ 散布図が "右肩上がり"
$s_{xy} < 0 \iff$ 散布図が "右肩下がり"
$s_{xy} \approx 0 \iff$ 重心のまわりに "概(おおむ)ね一様"

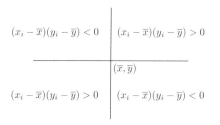

図 1.3 散布図の軸

解答 2変量データの散布図において,座標の原点 $(0,0)$ を重心 $(\overline{x},\overline{y})$ に移動して考える.このとき,第一象限にあるデータ (x_i, y_i) については,$x_i - \overline{x} > 0$ であり,かつ $y_i - \overline{y} > 0$ であるから,$(x_i - \overline{x})(y_i - \overline{y})$ の符号は正である.第二象限にあるデータ (x_i, y_i) については,$x_i - \overline{x} < 0$ であり,かつ $y_i - \overline{y} > 0$ であるから,$(x_i - \overline{x})(y_i - \overline{y})$ の符号は負である.同様に,第三象限にあるデータ (x_i, y_i) については,それの符号は正,第四象限では負である (図 1.3).

このことから,もし2変量データの多くが第一象限と第三象限にあれば,ほとんどの $(x_i - \overline{x})(y_i - \overline{y})$ の符号が正のものの標本平均であるから,s_{xy} の符号は正となって表れる.一方で,2変量データの多くが第二象限と第四象限にあれば,ほとんどの $(x_i - \overline{x})(y_i - \overline{y})$ の符号が負のものの標本平均であるから,s_{xy} の符号は負となって表れる.さらに,2変量データが全ての象限に同じ程度に存在し,散布図が右肩上がりか右肩下がりかの大雑把な傾向が見出せないものであれば,$(x_i - \overline{x})(y_i - \overline{y})$ の符号が正のものと負のものが同じ程度にあるので,それらが相殺され,s_{xy} は0に近い値をとる. ∎

s_{xy} は x の変化に伴って y が増加しているのか減少しているのか,あるいは変化が顕著ではないのかについて,その情報を符号で与えていることになる.さて,標本共分散の別表現として

$$s_{xy} = \frac{1}{n} \sum_{i=1}^{n} x_i y_i - \overline{x} \cdot \overline{y} \tag{1.11}$$

がえられることを注意しておこう.すなわち,標本共分散は標語的に,"積の平均マイナス平均の積" と理解できる.

問 **1.4** (1.11) を示せ.

問 **1.5** 中学 1 年生男子 10 人の身長 (x:単位 cm) と胸囲 (y:単位 cm) の 2 変量データ
(147,68), (160,75), (161,77), (163,86), (155,73), (154,74), (170,75), (171,80), (157,73), (156,78)
について,標本共分散 s_{xy} を,その定義式を計算して求めよ.また,(1.11) の表現を用いて計算して求めよ.

■関連性■ 二つの変量の関連性を示す統計値として,次の標本相関係数が重要である.

定義 1.5 (標本相関係数)

大きさ n の 2 変量データ (1.8) に対して
$$r_{xy} = \frac{s_{xy}}{\sqrt{s_x^2 s_y^2}} \tag{1.12}$$
を**標本相関係数**という.ここで,s_x^2, s_y^2 は (1.9) についてのそれぞれの標本分散 (1.5) で,具体的には $s_x^2 = \frac{1}{n}\sum_{k=1}^n (x_k - \overline{x})^2$, $s_y^2 = \frac{1}{n}\sum_{k=1}^n (y_k - \overline{y})^2$.

注意 1.3 r_{xy} は $s_x^2 s_y^2 > 0$ であるときのみに定義されるため,r_{xy} を扱う際にはこの条件を仮定する.

問 **1.6** r_{xy} が定義できない 2 変量データ (1.8) はどのような場合か.データの特徴を述べ,散布図を使って説明せよ.

例 1.5 表 1.1 の人口割合のデータについて,r_{xy} を計算せよ.

解答 r_{xy} の定義式 (1.12) において,(1.6) と (1.11) を用いることで,
$$r_{xy} = \frac{\frac{1}{n}\sum_{i=1}^n x_i y_i - \overline{x}\cdot\overline{y}}{\sqrt{\left\{\frac{1}{n}\sum_{i=1}^n x_i^2 - (\overline{x})^2\right\}\left\{\frac{1}{n}\sum_{i=1}^n y_i^2 - (\overline{y})^2\right\}}}$$

$$= \frac{n\left(\sum_{i=1}^{n} x_i y_i\right) - \left(\sum_{i=1}^{n} x_i\right)\left(\sum_{i=1}^{n} y_i\right)}{\sqrt{\left\{n\left(\sum_{i=1}^{n} x_i^2\right) - \left(\sum_{i=1}^{n} x_i\right)^2\right\}\left\{n\left(\sum_{i=1}^{n} y_i^2\right) - \left(\sum_{i=1}^{n} y_i\right)^2\right\}}}$$

と変形されるから，r_{xy} を求めるには

$$\sum_{i=1}^{n} x_i, \ \sum_{i=1}^{n} y_i, \ \sum_{i=1}^{n} x_i^2, \ \sum_{i=1}^{n} y_i^2, \ \sum_{i=1}^{n} x_i y_i \tag{1.13}$$

の五つの和が計算できれば十分であり，これらの値を上式に代入することで求められる．実際，表 1.1 から $n = 19$ であり，$\sum_{i=1}^{n} x_i = 602$, $\sum_{i=1}^{n} y_i = 226.2$, $\sum_{i=1}^{n} x_i^2 = 19864.92$, $\sum_{i=1}^{n} y_i^2 = 2778.42$, $\sum_{i=1}^{n} x_i y_i = 6919.39$ とえられるから，

$$r_{xy} = \frac{19 \times 6919.39 - 602 \times 226.2}{\sqrt{\{19 \times 19864.92 - 602 \times 602\}\{19 \times 2778.42 - 226.2 \times 226.2\}}}$$
$$= -0.9522762$$

となる．

問 1.7 図 1.2 にある，女性 312 人 ($n = 312$) のデータでは，$\sum_{i=1}^{n} x_i = 95519$, $\sum_{i=1}^{n} y_i = 118622$, $\sum_{i=1}^{n} x_i^2 = 29467257$, $\sum_{i=1}^{n} y_i^2 = 45572122$, $\sum_{i=1}^{n} x_i y_i = 36602637$ である．このデータについて標本相関係数 r_{xy} を求めよ．

ここからは，標本相関係数に関連する内容をいくつか学んでいこう．まず，(1.8) に対して

$$u_i = \frac{x_i - \overline{x}}{\sqrt{s_x^2}}, \quad v_i = \frac{y_i - \overline{y}}{\sqrt{s_y^2}} \quad (i = 1, \ldots, n) \tag{1.14}$$

をそれぞれ $x_i, y_i \ (i = 1, \ldots, n)$ の**標準化**とよぶ．

命題 1.1 (標準化と相関係数)
標準化でえられたデータ $(u_1, v_1), \ldots, (u_n, v_n)$ の標本共分散を s_{uv} で表すと以下が成り立つ：

$$s_{uv} = r_{xy}. \tag{1.15}$$

すなわち，標本相関係数 r_{xy} は標準化したデータの標本共分散となっている．

証明 章末問題 1.5 で行う．

標本共分散は，二つの 1 変量データ x_i $(i=1,\ldots,n)$, y_i $(i=1,\ldots,n)$ それぞれの散布の度合い，すなわち標本分散は考慮していない．標本相関係数は，それらの標本分散が共通に 1 となるようにそろえた上で，標本共分散を見ていることになっている．標本相関係数の性質を調べるためにも有用なコーシー[6]・シュワルツ[7]の不等式を準備しておこう．

命題 1.2 (コーシー・シュワルツの不等式)

ゼロベクトルでない $[a_1 \cdots a_n]^T, [b_1 \cdots b_n]^T \in \mathbb{R}^n$ について

$$\left|\sum_{k=1}^{n} a_k b_k\right| \leq \sqrt{\sum_{i=1}^{n} a_i^2 \sum_{j=1}^{n} b_j^2}. \tag{1.16}$$

等号成立は $b_k = \lambda a_k$ $(k=1,\ldots,n)$ となる $\lambda \in \mathbb{R}$ が存在するときで，そのときに限る．ただし，Z^T の記号は行ベクトル Z の転置を表し，後では行列のときにも用いる．

$[a_1 \cdots a_n]^T, [b_1 \cdots b_n]^T$ のうち少なくとも一方がゼロベクトルであれば (1.16) は正しく，等号が成立する．

問 1.8 命題 1.2 を $n \geq 2$ における数学的帰納法で示せ．なお，第 3 章で学ぶ "確率変数" においても同様のことが成り立つことを注意しておく ((3.62) (p.62))．

---

[6] A. Cauchy (1789–1857) フランスの数学者．解析学，複素関数論などに多大な功績を残し，コーシー・シュワルツの不等式だけでなく，コーシー分布 (問 3.14 (p.54))，コーシー列，コーシーの積分公式でも知られる．

[7] K. Schwarz (1843–1921) ドイツの数学者．複素関数論で "シュワルツの補題" として知られた業績があり，コーシー・シュワルツの不等式を再発見した．そのため，コーシー・シュワルツの不等式はロシア人による著書では "コーシー・ブニャコフスキー" の不等式としばしば書かれる．

定理 1.1 (標本相関係数の性質)　標本相関係数は，$|r_{xy}| \leqq 1$ をみたす．

証明　$a_k = x_k - \overline{x}, b_k = y_k - \overline{y}$ とおいて (1.16) を適用すればよい．なお，章末問題 1.5 で別証明を行う．また，確率変数に関しての主張は定理 3.6 (p.62) にある．∎

命題 1.3 ($|r_{xy}| = 1$ の条件)
定理 1.1 において等号が成立する場合，つまり，$|r_{xy}| = 1$ のときは 2 変量データの散布図は傾きの絶対値が正で有限の直線上にあり，そのときに限る．

証明　定理 1.1 の証明の設定で，コーシー・シュワルツの不等式の等号成立の条件を用いると，$k = 1, \ldots, n$ に依存しない $\lambda \in \mathbb{R}$ が存在して $y_k - \overline{y} = \lambda(x_k - \overline{x})$ となる．これにより 2 変量データの散布図は傾きの絶対値が正で有限の直線上にあり，そのときに限る．なお，確率変数に関しての同じ主張は章末問題 3.5 (p.72) で行う．∎

r_{xy} の値を見て，x, y の関連性について

- $r_{xy} \approx 1$ ならば，x, y は "正の相関がある"
- $r_{xy} \approx -1$ ならば，x, y は "負の相関がある"
- $r_{xy} \approx 0$ ならば，x, y は "無相関"

という[8]．図 1.4 の上段左は正の相関を示す散布図 ($r_{xy} = 0.9617$) であり，上段右の散布図は負の相関 ($r_{xy} = -0.7577$) を示す．下段の二つの散布図では，x の変化に対しての y の変化の傾向が見てとれず，無相関といわれる (左より $r_{xy} = 0.1019, -0.0133$)．

標本相関係数と直線的変化　$|r_{xy}| = 1$ では散布図が直線になることより (命題 1.3)，$r_{xy} \approx \pm 1$ は，"散布図がある直線のまわりにばらついてできている"ということを意味する．すなわち，r_{xy} は，x の変化とともに y が "直線的に" 変化しているかどうかを見ているものといえる．x の変化に対応して y が関連して変化することだけをもって，"相関がある" などといわれたりするが，正確には "直線的に変化する" と理解しておこう[9]．

---

[8] "$\approx$" は近似の記号であるが，大雑把な基準として $|r_{xy}| \leqq 0.2$，$0.2 < |r_{xy}| \leqq 0.4$，$0.4 < |r_{xy}| \leqq 0.7$，$|r_{xy}| > 0.7$ をそれぞれ，無相関，弱い相関，相関，強い相関ということもある．

[9] "直線的に変化する" という表現自体は感覚的であり，厳密性を欠くかもしれない．注意 6.1 (p.150) において "直線的" という用語の妥当性を説明することになる．

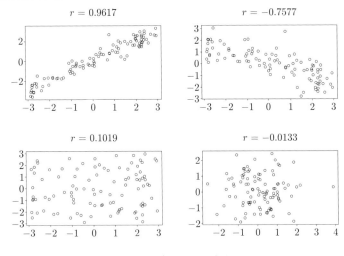

図 1.4　正負の相関，無相関

　二つの変量 x と y の関連のあり方は，直線以外にもいくらでも考えられる．そのような意味では，r_{xy} の値のみを見て，x と y の関連のあり方を述べるのは不十分な場合もある (章末問題 1.9)．しかしながら，x と y の関連性が，大雑把ではあっても直線的変化に近いものである場合は，そのことを r_{xy} の値から認識できる場合も多く，まずは r_{xy} を計算することは有用なのである．つまりは，できる限り r_{xy} の計算とともに散布図を描くことが望ましい．

　x と y の直線的関係を r_{xy} が示唆するのであれば，実際にどのような直線関係なのかを具体的に示すことが問題となってくるが，その議論は第 6 章で行う．

◆章末問題 1 ◆

1.1　大きさ 14 のデータ 0, 1, 1, 2, 2, 2, 2, 3, 3, 3, 3, 3, 4, 5 について以下を答えよ．

1. 標本平均，中央値，最頻値，標本分散，標本標準偏差を求めよ (小数第 4 位以下を切り捨てよ)．
2. 箱ひげ図とヒストグラムを描き，それぞれの対称性について述べよ．

1.2　例 1.3 において表計算ソフトを用いて第 0 から第 4 四分位数を出力して例 1.3 の

数値と比較せよ.

1.3 以下のデータは，あるクラスの生徒 30 人の数学の試験の結果である.

　　71 72　4 49 82 100　64 93 31 37 100 71 23 50 72
　　48 55 86 34 84　2 100 77 63 57　52 43 44 62 47

例 1.1 のように度数分布表，ヒストグラム，累積度数分布図を描け．また，標本平均，中央値，標本分散，標本標準偏差，範囲，第 0 から第 4 四分位数を小数第 2 位以下を切り捨てで求め，箱ひげ図を描け．

1.4 あるクラスの男子 10 人，女子 10 人の身長について調べたとき，標本平均と標本分散は以下のようになった．

	男子	女子
人数	10 人	10 人
標本平均	170 cm	150 cm
標本分散	100 cm^2	36 cm^2

あわせて 20 人のデータとして考えたときの標本平均は 160 cm であるが標本分散は $(100+36)/2\,\mathrm{cm}^2$ となるか？ 一般的に男子 m 人，女子 n 人で考えてみよ．

1.5 標準化データ (1.14) について以下の問に答えよ．

1. 標本平均 $\overline{u}=\overline{v}=0$，標本分散 $s_u^2=s_v^2=1$ が成り立つことを示せ．また，(1.15) を示せ．
2. 前問を用いて定理 1.1 の別証明を与えよ．

1.6 "二乗の平均" は "平均の二乗" 以上である．つまり，
$$\frac{1}{n}\sum_{i=1}^n x_i^2 \geq \left(\frac{1}{n}\sum_{i=1}^n x_i\right)^2 \tag{1.17}$$
をコーシー・シュワルツの不等式 (1.16) を用いて示し，等号成立は $s_x^2=0$ に限ることを示せ．

1.7 $n\geq 3$, $\theta\in\mathbb{R}$ とする．2 変量データ $(x_1,y_1),\ldots,(x_n,y_n)$ が単位円周上にが等間隔に並んでいる．つまり，
$$x_k=\cos\left(\theta+\frac{2k\pi}{n}\right),\ y_k=\sin\left(\theta+\frac{2k\pi}{n}\right)\ (k=1,\ldots,n)$$
とする．このとき，$\overline{x},\overline{y}$ と標本相関係数 r_{xy} を求めよ．ただし，以下を示した後に使用せよ：(ヒント：$\sin(\theta+kt)\sin(t/2)$, $\cos(\theta+kt)\sin(t/2)$ それぞれに積和公式を適用)
$$\sum_{k=1}^n \sin(\theta+kt) = \frac{\sin\left(\theta+\frac{(n+1)t}{2}\right)\sin\frac{nt}{2}}{\sin\frac{t}{2}},$$
$$\sum_{k=1}^n \cos(\theta+kt) = \frac{\cos\left(\theta+\frac{(n+1)t}{2}\right)\sin\frac{nt}{2}}{\sin\frac{t}{2}}.$$

1.8 問 1.5 (p.12) にある中学 1 年生の身長・胸囲のデータについて，標本相関係数 r_{xy} を計算せよ．

1.9 (アンスコム[10]の例)　以下の三つのデータ A, B, C について以下の問に答えよ．

	A		B		C	
i	x	y	x	y	x	y
1	4	4.26	4	5.39	4	3.10
2	5	5.68	5	5.73	5	4.74
3	6	7.24	6	6.08	6	6.13
4	7	4.82	7	6.42	7	7.26
5	8	6.95	8	6.77	8	8.14
6	9	8.81	9	7.11	9	8.77
7	10	8.04	10	7.46	10	9.14
8	11	8.33	11	7.81	11	9.26
9	12	10.84	12	8.15	12	9.13
10	13	7.58	13	12.74	13	8.74
11	14	9.96	14	8.84	14	8.10

1. データ A, B, C それぞれについて，標本相関係数 r_{xy} を求めよ．
2. データ A, B, C それぞれについて，その散布図を描け．
3. 前問二つの結果から，標本相関係数の値と散布図の関係について，考察を与えよ．

1.10 問 1.5 (p.12) と同じ中学 1 年生男子 10 人の身長 (x:単位 cm) と体重 (z:単位 kg) の 2 変量データ

(147,37), (160,54), (161,49), (163,64), (155,48), (154,44), (170,49), (171,58), (157,42), (156,52)

について，標本相関係数 r_{xz} を計算して求めよ．

1.11 章末問題 1.10 のデータにおいて，身長 (x) と，体重の 3 乗根 ($z^{1/3}$) の 2 変量データを作成し，その 2 変量データの標本相関係数 $r_{xz^{1/3}}$ を計算し，章末問題 1.10 の r_{xz} と比べ大きくなっていることを確かめよ．(3 乗根という変換で正の相関が増加しているのはなぜであろうか？)

---

[10] F. J. Anscombe (1918–2001) イギリスの統計学者．逐次推定や実験計画，回帰分析における残差に関する業績がある．また，主観確率 (Subjective Probability) といわれている確率の定義についての論文でも知られている．

2 確率の基礎

§ 2.1 確率の導入

1個のサイコロを1回投げることを考える．その際，サイコロの出る目は

$$\{ \boxdot, \boxdot, \boxdot, \boxdot, \boxdot, \boxdot \} \tag{2.1}$$

の6通りであり，これらはどの目も同じくらいの割合で出現する．このことは何度も繰り返し投げたときに，各目の現れる相対頻度が 1/6 に近づくことで確かめることができる (§ 4.3 で扱う "大数の法則", p.94)．これにより "それぞれの目の出る確率は 1/6 である" と約束するのが素朴な考え方である．観察や実験などの活動を通して大数の法則から自然に考えられる "確率" を初等中等教育では，**頻度確率**とよび，このことを根拠として "同様に確からしい" という感覚的な用語を用いて 1/6 と定義するものを**論理的な確率**とよんだ ((2.2) で定義．p.36 の脚注1も参照)．これらの定義は直感的に捉えやすいが，実験を多く重ねる必要があったり，有限個の場合の数の数え上げでしか確率が定義できなかったりして，扱うことの可能な対象が限定されてしまう．

本書ではこれらの立場をとらず，確率空間の下で定義される**公理的確率**を採用し，その考え方を解説する．ただし，理解が容易になるように平易な説明に留める．

■確率空間■ 土台となる集合を Ω (大文字) で表して**標本空間**または**全事象**とよび，試行・調査・観測などの結果全体と考える．有限集合である場合など扱う対象がはっきりしている場合は具体的に定めることもあるが，あえて抽象的に扱うこともある．Ω の要素を一般的に $\omega \in \Omega$ (小文字) で表すことが多く，"ランダムの種" と考える．詳しくは § 3.1 で説明を行う．さらに，Ω の部分集合で確率を与えることができるものを**事象** (Event) といい A, B など大文字で表す．事象とは，集合論における集合に対応する確率論における方言であ

る．たとえば，少なくとも一方の事象に含まれる**和事象** $A \cup B$ や，両方の事象に含まれる**積事象** $A \cap B$，何も要素を含まない事象である**空事象** $\emptyset$，という具合である．事象 $A \subset \Omega$ が与えられたとき，A に属さない Ω の要素全体の事象を A^c で表し，A の**余事象**という．事象 A, B が $A \cap B = \emptyset$ のとき**排反事象**という．記号の準備が整ったので実際に確率を定義していく．

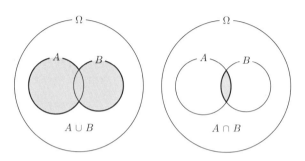

定義 2.1 (確率空間 (公理))

全事象 Ω と以下の三つをみたす P の組 (Ω, P) を**確率空間** (Probability Space) という．

(K1) 事象 A について $0 \leqq \mathrm{P}(A) \leqq 1$．

(K2) 全事象 Ω について $\mathrm{P}(\Omega) = 1$．

(K3) 事象 A, B が排反 (つまり $A \cap B = \emptyset$) ならば $\mathrm{P}(A \cup B) = \mathrm{P}(A) + \mathrm{P}(B)$．

例 2.1 (**1回のサイコロ投げ**) 1個のサイコロを1回投げる．このときの確率空間 (Ω, P) を定めよ．また，事象 A, B, C をそれぞれ "偶数の目が出る"，"3以下の目が出る"，"2以下の目が出る"事象としたとき，$\mathrm{P}(A \cap B)$，$\mathrm{P}(A \cap C)$，$\mathrm{P}(A \cup B)$，$\mathrm{P}(A \cup C)$，$\mathrm{P}(A^c)$ を求めよ．

解答 $\Omega = \{1, \ldots, 6\}$ を全事象として，任意の事象 $A \subset \Omega$ について $\mathrm{P}(A) = |A|/6$ と定めれば確率空間の (K1)，(K2)，(K3) をみたす．ただし，$|A|$ は A に含まれる要素の数を表す．実際，$0 \leqq |A| \leqq 6$ であるので (K1) がわかり，$|\Omega| = 6$ から (K2) がわかる．さらに，$A \cap B = \emptyset$ であれば個数の数え上げの性質から $|A \cup B| = |A| + |B|$ となり，これを用いて (K3) がわかる．
$A = \{2, 4, 6\}$，$B = \{1, 2, 3\}$，$C = \{1, 2\}$ より，$A \cap B = A \cap C = \{2\}$，$A \cup B = \{1, 2, 3, 4, 6\}$，$A \cup C = \{1, 2, 4, 6\}$，$A^c = \{1, 3, 5\}$ となり，$\mathrm{P}(A \cap B) = \mathrm{P}(A \cap C) =$

$1/6$, $P(A \cup B) = 5/6$, $P(A \cup C) = 2/3$, $P(A^c) = 1/2$.

問 2.1 (論理的な確率) 例 2.1 のように全事象 $\Omega \neq \emptyset$ が "同様に確からしい" 有限個の要素からなっている場合は，事象 $A \subset \Omega$ の確率を以下のように定める：
$$P(A) = |A|/|\Omega|. \tag{2.2}$$
この定義も確率空間 (Ω, P) の公理 (K1), (K2), (K3) をみたすことを示せ．

確率空間の考え方 確率空間 (Ω, P) を確率現象に応じて具体的に定める場合を考えよう[1]．(2.2) のように自然に定まる場合は (Ω, P) の表記は煩わしいばかりで，省略することがほとんどである．しかしながら，一つの確率現象に対して，異なる確率空間を無意識に定めてしまい，"パラドックス"[2] を引き起こすこともある (章末問題 2.1)．そのために，確率空間は議論を開始する前に明記されるべきである．本書では "確率的・統計的に考える" ことの訓練のためにもいくつかは明記するが，必要がなければ省略する．

"論理的な確率" とよばれる (2.2) は，自然に定まる確率空間の典型例であり，ラプラス[3] によるものである．(2.2) は性質として (K1), (K2), (K3) をみたし (問 2.1)，感覚も伝わりやすい．その反面，"無限回コインを投げる事象" や "$\sqrt{2}-1$ の確率で表が出る王冠" などを扱うことができない．これに対して，定義 2.1 は (2.2) や "同様に確からしい" という概念をあえて忘れて，(K1), (K2), (K3) をみたすものは何でも "確率" とよび，これを定義としている[4]．この中でも，特に (K3) の条件が本質的であり，"共通部分がないものは別々に測ってもよい" という意味である．(K1), (K2), (K3) は全面積が 1 である土地 Ω の中に占める A の面積と見なすとわかりやすい．実は面積だけではなく，長さ，体

---

[1] Ω に意味をもたせず，抽象的に扱うこともある．その際は，本書での確率空間 (Ω, P) に加えて，事象全体の集合を $\mathcal{F}$ と明確にして，$(\Omega, \mathcal{F}, P)$ と三つ組で表すことが多い．抽象的に扱う際には $\mathcal{F}$ の議論は重要となるが，本書では事象の詳細な議論は行わないので $\mathcal{F}$ の表記は省略する．なお，このような公理的確率の議論はロシアの数学者コルモゴロフ (A. Kolmogorov (1903–1987)) によるもので，1933 年に発表された．

[2] 逆理ともよばれ，真も偽も同時に成り立ったり一般的に真理と思われるものに反したりするような受け入れ難い主張のことをいう．異なった確率空間であることの認識がなければ論争になることもある．

[3] P. Laplace (1749–1827) フランスの数学者．ラプラス方程式やラプラス変換でも知られており，多大な業績を残した．政治家としても活躍した．

[4] 考え方としては "本来みたすべき性質を定義にする" という逆転の発想である．これにより，"ランダム" や "同様に確からしい" とはどういうことなのか意味を問われることはなくなる．

積,時間など"測る"という際の共通概念である[5].たとえば,重さを測る際には $P(A \cup B)$ は"塊"のまま測ることに対応して,$P(A) + P(B)$ は切ったものを別々に測って足すことに対応する.これらが等しくなるのは自然であろう[6].

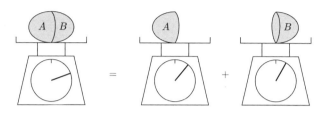

また,(K3) の代わりに無限に関しての厳密な議論を行うため,一般的にはより広い条件

(K3)′ 事象 $A_1, A_2, \ldots$ が排反 (つまり $A_i \cap A_j = \emptyset \ (i \neq j)$)
$$\Longrightarrow P(A_1 \cup A_2 \cup \cdots) = P(A_1) + P(A_2) + \cdots$$

を考えるが,本書では (K3) を主に扱う.(K1), (K2), (K3) (または (K3)′) を採用したことにより,(2.2) に比べて確率として扱うことができる範囲を広げることができたが,良いことばかりではない.(2.2) で確率を定義した場合"常識"と思われていたことも証明する必要がある.

例 2.2 (K1), (K2), (K3) の下で,空事象の確率は 0 となる.つまり,
$$P(\emptyset) = 0 \tag{2.3}$$
であることを示せ[7].

解答 $1 \stackrel{(K2)}{=} P(\Omega) \stackrel{\Omega \cup \emptyset = \Omega}{=} P(\Omega \cup \emptyset) \stackrel{(K3), \Omega \cap \emptyset = \emptyset}{=} P(\Omega) + P(\emptyset) \stackrel{(K2)}{=} 1 + P(\emptyset)$ であり,両辺から 1 を引くと $P(\emptyset) = 0$ となる. ∎

---

[5] 一般的には"測度"とよばれるものの基本的性質であり,確率は全体の大きさが 1 である測度として特徴づけられる.測度とは図の"上皿はかり"のような集合の大きさを測る"機械"であると想像しておけばよい.

[6] (K3) は高等学校では"確率の加法定理"として確率のもつ性質として扱われたが,ここでは定義の一部であることに注意してもらいたい.

[7] (2.3) は確率がもつべき性質としてふさわしいので,確率の公理に含めてもよさそうな気もする.しかしながら,(2.3) は (K1), (K2), (K3) から演繹できるため一般的には含めない.(K1), (K2), (K3) (または (K3)′) は,確率がもつべき性質を全て導くことができるように単純でわかりやすいものとして工夫されて作られている.なお,(K3)′ ⇒ (K3) は正しいが逆は正しくなく,現代数学の立場からいうと両者には本質的な違いがある.

問 2.2 (余事象の確率) (K1), (K2), (K3) の下で事象 A について $P(A^c) = 1 - P(A)$ を示せ.

定理 2.1 (和事象の確率) 事象 A, B について以下が成り立つ:
$$P(A \cup B) = P(A) + P(B) - P(A \cap B). \tag{2.4}$$

証明 $B = (A \cap B) \cup (A^c \cap B)$ かつ $(A \cap B) \cap (A^c \cap B) = \emptyset$ より, $P(B) \stackrel{(K3)}{=} P(A \cap B) + P(A^c \cap B)$ となる. 一方で, $A \cup B = A \cup (A^c \cap B)$, $A \cap (A^c \cap B) = \emptyset$ より $P(A \cup B) \stackrel{(K3)}{=} P(A) + P(A^c \cap B) = P(A) + P(B) - P(A \cap B)$ となる. ∎

右図は上記の議論を表したものである.このような図をベン[8]図という.ベン図を描いて感覚的に考えるのは大変良いことであるが,証明としては"ベン図より明らか"だけでは不十分である.

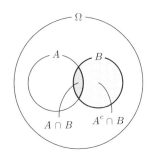

問 2.3 事象 A, B について以下が成り立つことを (K1), (K2), (K3) を用いて示せ.

1. $A \subset B$ ならば $P(A) \leqq P(B)$.
2. $P(A \cup B) \leqq P(A) + P(B)$.

§2.2 事象の独立,条件付き確率

事象の独立 1個のサイコロを2回投げたとき,1回目の結果は2回目の結果に影響を及ぼすとは考えにくい.初等中等教育では,偶然によって決まる実験や観測である"試行"が扱われ,影響を及ぼさない場合をもって,試行が"独立"であるといった.しかしながら,"影響を及ぼす"ということが数学的に定義されているわけではなく,感覚的なものでしかない[9].ここでは"試行"で

---

[8] J. Venn (1834–1923) イギリスの数学者.集合を図示したベン図を提案している.
[9] たとえば,"おみくじを引く"(偶然によって大吉が出るか出ないか決まる)という試行と"明日,即日発表の宝くじを買う"(偶然によって当たるかどうか決まる)という試行は2回のサイコロ投げと本質的に変わらず独立であるように見える.しかしながら,"影響を及ぼす"ことが数学的に定義されていないため,"おみくじの結果が宝くじの当選に影響を及ぼす"

はなく集合に対応している "事象" についての独立性を以下のように数学的に定義する.

> **定義 2.2** (事象の独立)
> 事象 A, B について
> $$P(A \cap B) = P(A)P(B) \tag{2.5}$$
> であるとき, A, B は**独立** (Independent) という. 一般的に, $n \geq 3$ 個の事象 $A_1, \ldots, A_n$ に対して,
> $$P(A_{i_1} \cap \cdots \cap A_{i_k}) = P(A_{i_1}) \cdots P(A_{i_k}) \tag{2.6}$$
> が任意の $1 \leq i_1 < \cdots < i_k \leq n$ について成り立つとき, 事象 $A_1, \ldots, A_n$ は**独立**という. 無限個の事象 $A_1, A_2, \ldots$ が独立というのは, 任意の $n \geq 2$ について $A_1, A_2, \ldots, A_n$ が独立であることをいう. 独立より弱く, (2.6) について $k = 2$ の場合を**ペア毎に独立** (Pairwise Independent) という.

注意 2.1　1. 事象の独立を "影響を及ぼさない" や "無関係" のように思っていると (K3) の条件である排反 "$A \cap B = \emptyset$" と独立 (2.5) を勘違いしてしまうことがある.

2. 三つ以上の事象の独立のことを "互いに独立" と表現することもある. しかしながら, "互いに" という言葉の響きから "ペア毎に独立" と勘違いしてしまうことがある.

例 2.3　正四面体でできた 1 個のサイコロを 1 回投げる. A, B, C をそれぞれ "1 または 2 が底面となる", "1 または 3 が底面となる", "1 または 4 が底面となる" 事象とする. このとき A, B, C はペア毎に独立ではあるが, 独立でないことを示せ.

解答　確率空間 (Ω, P) として $\Omega = \{1, 2, 3, 4\}$, $P(\{i\}) = 1/4$ ($i \in \Omega$) と定式化する. $A = \{1, 2\}$, $B = \{1, 3\}$, $C = \{1, 4\}$ であり, $P(A) = P(B) = P(C) = 1/2$, $P(A \cap B) = P(B \cap C) = P(C \cap A) = P(\{1\}) = 1/4$ であるのでペア毎に独立である. しかしながら, $P(A \cap B \cap C) = P(\{1\}) = 1/4 \neq 1/8 = P(A)P(B)P(C)$ であるので独立ではない. ∎

問 2.4　例 2.1 で扱った A, B は独立であるか. また, A, C は独立であるか.

という荒唐無稽の主張に数学的立場からは反論できない.

条件付き確率

定義 2.3 (条件付き確率)

事象 A, B について $P(A) > 0$ とする. A という条件の下での B の**条件付き確率** (Conditional Probability) を以下のように定義する:

$$P(B|A) = \frac{P(A \cap B)}{P(A)}. \tag{2.7}$$

事象 A の確率は "全面積が 1 である Ω の中での A の占める面積の割合" のようなものであった. 定義 2.7 では事象 A が与えられた場合に, A を全事象と考えて "A の中に占める事象 B の面積の割合" として捉えることができる.

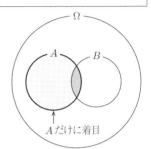
A だけに着目

命題 2.1 (条件付き確率は確率)

$P(C) > 0$ をみたす事象 C を与えたとき, $(\Omega, P(\cdot|C))$ は確率空間となる. すなわち, (K1), (K2), (K3) をみたす.

証明 事象 A について $P(A|C) \stackrel{(2.7)}{=} P(A \cap C)/P(C) \stackrel{問2.3}{\leq} 1$ かつ非負なので (K1) が従う. $P(\Omega|C) \stackrel{(2.7)}{=} P(\Omega \cap C)/P(C) = 1$ から (K2) が従う. $A \cap B = \varnothing$ となる事象 A, B について $P(A \cup B|C) \stackrel{(2.7)}{=} P((A \cap C) \cup (B \cap C))/P(C) \stackrel{(*)}{=} \{P(A \cap C) + P(B \cap C)\}/P(C) \stackrel{(2.7)}{=} P(A|C) + P(B|C)$ から (K3) が従う. (*) の等号は $(A \cap C) \cap (B \cap C) = \varnothing$ と $P(\cdot)$ が (K3) をみたすことから成立する. ∎

次の重要な公式は, 条件付き確率の定義から直接示すことができる.

定理 2.2 (乗法公式, 分割公式) 事象 A, B について以下が成り立つ.

$$P(A) > 0 \implies P(A \cap B) = P(A)P(B|A). \quad \text{(乗法公式)} \tag{2.8}$$

$$0 < P(A) < 1 \implies P(B) = P(A)P(B|A) + P(A^c)P(B|A^c). \text{ (確率の分割公式 I)} \tag{2.9}$$

証明 (2.8) は (2.7) から従う．(2.9) については $(A \cap B) \cap (A^c \cap B) = \emptyset$ より以下から従う．$\mathrm{P}(B) = \mathrm{P}((A \cap B) \cup (A^c \cap B)) \stackrel{(K3)}{=} \mathrm{P}(A \cap B) + \mathrm{P}(A^c \cap B) \stackrel{(2.8)}{=} \mathrm{P}(A)\mathrm{P}(B|A) + \mathrm{P}(A^c)\mathrm{P}(B|A^c)$．

問 2.5 事象 A, B が独立 $\iff \mathrm{P}(B|A) = \mathrm{P}(B)$ を示せ (ただし，$\mathrm{P}(A) > 0$).

例 2.4 (ポーヤ[10]の壷)　壷の中に b 個の青玉と w 個の白玉が入っている．この中から玉を 1 個取り出し，玉の色を確認して元に戻すが，その玉と同じ色の玉 r 個を別に入れる．これを繰り返すとき，1 回目に取り出した玉が白である確率と 2 回目に取り出した玉が白である確率をそれぞれ求めよ．

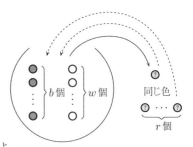

解答　W_i を i 回目に取り出した玉が白玉である事象とする．このとき，

$$\mathrm{P}(W_1) = \frac{w}{b+w}, \qquad \mathrm{P}(W_1^c) = \frac{b}{b+w},$$
$$\mathrm{P}(W_2|W_1) = \frac{w+r}{b+w+r}, \quad \mathrm{P}(W_2|W_1^c) = \frac{w+0}{b+w+r}$$

であるので，確率の分割公式 (2.9) を用いて

$$\mathrm{P}(W_2) = \mathrm{P}(W_1)\mathrm{P}(W_2|W_1) + \mathrm{P}(W_1^c)\mathrm{P}(W_2|W_1^c)$$
$$= \frac{w}{b+w} \cdot \frac{w+r}{b+w+r} + \frac{b}{b+w} \cdot \frac{w}{b+w+r} = \frac{w}{b+w}$$

となり，$\mathrm{P}(W_1) = \mathrm{P}(W_2)$ がわかる．一般的に $\mathrm{P}(W_1) = \mathrm{P}(W_2) = \cdots = w/(b+w)$ もわかる (章末問題 2.12, 3.14).

問 2.6 例 2.4 について $(b,w,r) = (1,2,1),\ (1,2,2)$ のそれぞれに対する確率 $\mathrm{P}(W_1), \mathrm{P}(W_2), \mathrm{P}(W_3)$ を玉の変化の様子を図示しながら求めよ．

問 2.7 壷の中に 6 個の青玉と 4 個の白玉が入っている．この中から玉を 1 個取り出し，元に戻さず次の玉を取り出す．このとき 1 回目に取り出した玉が白である確率と 2 回目に取り出した玉が白である確率をそれぞれ求めよ．

問 2.7 のように玉を元に戻さず脇において取り出す取り出し方を**非復元抽出**といい，元に戻しながら取り出す取り出し方を**復元抽出**という (章末問題 2.10).

---

[10] G. Pólya (1887–1985) ハンガリー生まれのアメリカの数学者．片仮名表記で "ポリア" として書かれることもあり，数学教育に関する著書，柿内 賢信訳『いかにして問題をとくか』(丸善) でもそう表記されている．

ベイズ[11]の定理

事象 A を $0 < P(A) < 1$ とする．A, A^c は排反であり $A \cup A^c = \Omega$ となり，Ω を二つに"分割"している．これを一般化して n 個の事象 $A_1, A_2, \ldots, A_n$ について，排反な事象つまり $A_i \cap A_j = \emptyset \ (i \neq j)$ で，$A_1 \cup A_2 \cup \cdots \cup A_n = \Omega$ であり，任意の $1 \leqq k \leqq n$ について $P(A_k) > 0$ となるとき Ω の**分割**とよぶ．

定理 2.3 (確率の分割公式，ベイズの定理) $A_1, A_2, \ldots, A_n$ を Ω の分割とする．このとき事象 B について以下が成り立つ:

$$P(B) = \sum_{k=1}^n P(A_k)P(B|A_k). \quad \text{(確率の分割公式 II)} \tag{2.10}$$

さらに，事象 B についても $P(B) > 0$ とする．このとき $k = 1, \ldots, n$ について以下が成り立つ:

$$P(A_k|B) = \frac{P(A_k)P(B|A_k)}{\displaystyle\sum_{i=1}^n P(A_i)P(B|A_i)}. \quad \text{(ベイズの定理)} \tag{2.11}$$

証明 (2.10) は (2.9) と同様で，分割の定義により以下から従う．

$$P(B) \stackrel{(K3)}{=} \sum_{k=1}^n P(A_k \cap B) \stackrel{(2.8)}{=} \sum_{k=1}^n P(A_k)P(B|A_k).$$

(2.11) は $P(A_k|B) \stackrel{(2.7)}{=} \dfrac{P(A_k \cap B)}{P(B)} \stackrel{(2.10)}{=} \dfrac{P(A_k)P(B|A_k)}{\displaystyle\sum_{i=1}^n P(A_i)P(B|A_i)}$ から従う． ∎

(2.11) において $P(A_k)$ は**事前確率**，$P(A_k|B)$ は**事後確率**とよばれる．

例 2.5 壺 A_1 には青玉 8 個，白玉 2 個が入っており，壺 A_2 には青玉 2 個，白玉 8 個が入っている．壺 A_1, A_2 を公正なコインを投げていずれか一方を選んで玉を取り出したとき，玉の色を確認

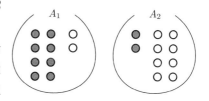

---

[11] T. Bayes (1702–1761) イギリスの数学者．ベイズの定理は遺作として出版された．データ解析において，先験的情報を取り込んだ手法はベイズ流（ベイジアン）といわれ，現代の統計科学では多くの広がりをもつ重要な方法となっている．

したら青であった．この条件の下で，選ばれた壺が A_1 である確率を求めよ．

解答 A_1, A_2 を選ぶ確率は $\mathrm{P}(A_1) = \mathrm{P}(A_2) = 1/2$ である．青玉を取る事象を B とおくと，求める確率は，$\mathrm{P}(A_1|B)$ である．$\mathrm{P}(B|A_1) = 8/(8+2)$, $\mathrm{P}(B|A_2) = 2/(2+8)$ であるので，ベイズの定理より，$\mathrm{P}(A_1|B) \stackrel{(2.11)}{=} \dfrac{\mathrm{P}(A_1)\mathrm{P}(B|A_1)}{\mathrm{P}(A_1)\mathrm{P}(B|A_1) + \mathrm{P}(A_2)\mathrm{P}(B|A_2)} = \dfrac{\frac{1}{2} \cdot \frac{8}{10}}{\frac{1}{2} \cdot \frac{8}{10} + \frac{1}{2} \cdot \frac{2}{10}} = \dfrac{4}{5}$． ∎

事前確率 (玉を取り出す前) は $1/2$ であるが[12]，事後確率 (青玉を取り出した後) は $4/5$ と増加した．青玉を確認した後では確率が変化することになる．

問 2.8 例 2.5 において，壺 A_1 に青玉 5 個，白玉 5 個が入っていて他は同様とする．このとき，選ばれた壺が A_1 である確率を求めよ．

§ 2.3 順列，組合せ

定義 2.4 (順列，組合せ)
自然数 $n \geq 1$, $1 \leq k \leq n$ について，$\Omega = \{1, 2, 3, \ldots, n\}$ の中から異なる要素を k 個取り出して順番を考慮して一列に並べたものを長さ k の **順列** といい，その総数を $(n)_k$ で表す．また，順番を考慮せずに同様に k 個取り出して作られる集合に着目する．これを Ω から k 個取り出したときの **組合せ** といい，その総数を $\binom{n}{k}$ で表し，**二項係数** とよぶ．

定義 2.4 は組合せ論の立場に立った定義方法で，一般的には (2.17) で拡張して定義する[13]．

例 2.6 $\Omega = \{1, 2, 3\}$ について，長さ 2 の順列の総数と 2 個取り出したときの組合せの総数を求めよ．

---

[12] 公正なコインを投げずに壺を選ぶ場合，事前確率 (A_1, A_2 を選ぶ確率) が $1/2$ であることの客観的な根拠はない．
[13] 高等学校の教科書では，$(n)_k$ と $\binom{n}{k}$ の記号をそれぞれ ${}_n\mathrm{P}_k$ と ${}_n\mathrm{C}_k$ を用いて表していた．本書では記号を前者に統一して使用するが，定義 2.4 で扱われる順列，組合せとしての意味では ${}_n\mathrm{P}_k$ と ${}_n\mathrm{C}_k$ を使用し，(2.17) と拡張して定義する際には $(n)_k$ と $\binom{n}{k}$ を使用するように区別している書籍もある．

解答 長さ 2 の順列は $(1,2), (1,3), (2,1), (2,3), (3,1), (3,2)$ であるので, $(3)_2 = 6$ であり, 2 個取り出したときの組合せは $\{1,2\}, \{1,3\}, \{2,3\}$ であるので, $\binom{3}{2} = 3$. ∎

問 2.9 例 2.6 で現れる順列について樹形図を描き, その総数が $3 \times 2 = 6$ で, 同様に, 組合せの総数は $(3 \times 2)/2 = 3$ であることを説明せよ.

定理 2.4 (順列の総数)

$$(n)_k = n(n-1)\cdots(n-k+1) = \prod_{j=0}^{k-1}(n-j). \tag{2.12}$$

ただし, $\prod$ は複数の積 $\prod_{j=0}^{n} x_j = x_0 x_1 \cdots x_n$ を表す記号である.

証明 ①から⑰ の番号が書いてある区別のできる玉を $\boxed{1}, \ldots, \boxed{k}$ の番号が書いてある区別のできる壺に入れる. ただし, 壺には玉が 1 個しか入らない. 壺 $\boxed{1}$ に着目すると, n 個の玉のどれでも入れることができ, 壺 $\boxed{2}$ には残りの $n-1$ 個の玉のどれでも入れることができる. それを壺 $\boxed{k}$ まで繰り返す. 樹形図を考えればかけ算で計算できることがわかり, (2.12) をえる. ∎

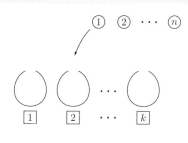

(2.12) より $(n)_n = n(n-1)\cdots 2 \cdot 1$ となるが, これを n の**階乗**といい, $n!$ で表す. ここでの n は $n \geq 1$ である整数を扱うが, $n = 0$ に関しては $0! = 1$ と約束する. $1 \leq k \leq n$ について (2.12) を書き直すと $(n)_k = n!/(n-k)!$ となるが, これから $(n)_0 = 1$ と約束する.

定理 2.5 (組合せの総数)

$$\binom{n}{k} = \frac{(n)_k}{k!} = \frac{n(n-1)\cdots(n-k+1)}{k!}. \tag{2.13}$$

証明 (2.12) の証明と同様に考えるが, k 個の壺には番号がついていない. k 個の並べ方は $k!$ 通りあり, これを同一視した分, $k!$ で割れば (2.13) がわかる. ∎

問 2.10 3個の白玉と2個の青玉を一列に並べる．並べ方の総数は $\binom{5}{2}$ であることを組合せの定義と壷の例を用いて説明せよ．

(2.13) を階乗を用いて表現すると $\binom{n}{k} = \dfrac{n!}{k!\,(n-k)!}$ となるが，これから $\binom{n}{0} = 1$ と約束する．

例 2.7 (パスカル[14] の漸化式)　自然数 $n \geq 1$, $1 \leq k \leq n$ について，以下を示せ．

$$\binom{n}{k} + \binom{n}{k-1} = \binom{n+1}{k}. \tag{2.14}$$

解答　(2.14) の右辺は $\{1,\ldots,n,n+1\}$ から k 個取り出すときの組合せの総数である．この取り出し方に関して，最後の要素 $(n+1)$ に着目する．

1. $n+1$ を取り出す場合：$\{1,\ldots,n\}$ から $k-1$ 個を選んで最後の要素の $n+1$ をあわせて k 個にすればよいので $\binom{n}{k-1}$ 通り．

2. $n+1$ を取り出さない場合：$\{1,\ldots,n\}$ から k 個を選ぶので $\binom{n}{k}$ 通り．

項目 1, 2 は共通部分がなく，必ずどちらかに該当しているので (2.14) がわかる．■

例 2.8 (二項定理)　自然数 $n \geq 1$ について以下が成り立つことを示せ．

$$(1+x)^n = \sum_{k=0}^{n} \binom{n}{k} x^k. \tag{2.15}$$

$$(a+b)^n = \sum_{k=0}^{n} \binom{n}{k} a^k b^{n-k}. \tag{2.16}$$

解答　多項式 $(1+x)^n = \underbrace{(1+x)(1+x)\cdots(1+x)}_{n\,個}$ における x^k の係数を考える．
n 個の各因数から 1 または x のどちらかを取り出す際に，x を k 個取り出すときの組

---

[14] B. Pascal (1623–1662) フランスの数学者，物理学者．フェルマー (P. Fermat (1601–1665) フランスの数学者，物理学者) との往復書簡から確率論が始まったとされる．"パスカルの三角形" とよばれるものは (2.14) を三角形の上で表現したものである．パスカルは哲学者として "人間は考える葦である" という言葉を残している．

合せの総数となる．よって，定義 2.4 が適用でき，k について足すと (2.15) が従う．
(2.15) について $x = a/b$ として両辺に b^n をかければ (2.16) をえる．

問 2.11 以下を答えよ．

1. $\sum_{k=0}^{n} \binom{n}{k} = 2^n, \quad \sum_{k=0}^{n} (-1)^k \binom{n}{k} = 0$ を示せ．

2. (2.15) を帰納法で示せ．

一般化二項係数

定義 2.5 (一般化二項係数)

$x \in \mathbb{R}$ と整数 k について，以下のように定義された $\binom{x}{k}$ を**一般化二項係数**とよぶ：

$$(x)_k = \begin{cases} x(x-1)\cdots(x-k+1) & (k \geq 1) \\ 1 & (k = 0) \\ 0 & (k < 0), \end{cases} \quad \binom{x}{k} = \begin{cases} \dfrac{(x)_k}{k!} & (k \geq 0) \\ 0 & (k < 0). \end{cases}$$
(2.17)

このように拡張的に定義したことにより，便利になることもある．たとえば，α を実数としたとき $(1+x)^\alpha$ の原点まわりのテイラー[15]展開

$$(1+x)^\alpha = \sum_{k=0}^{\infty} \binom{\alpha}{k} x^k \quad (|x| < 1) \tag{2.18}$$

が知られており，**一般化二項定理**とよばれている[16]．

問 2.12 $n \geq 0$ を整数とする．$f(x) = (1+x)^\alpha \ (\alpha \in \mathbb{R})$ について，$f^{(n)}(0)/n!$ を求めよ．また，$\binom{-1}{n} = (-1)^n$ を示し，$|x| < 1$ について $(1+x)^{-1}$ を原点まわりにテイラー展開せよ．

スターリングの公式

階乗 $n!$ は驚くほど速く大きくなってしまう．その

---

[15] B. Taylor (1685–1731) イギリスの数学者．ケンブリッジ大学で学び，英国学士院の事務局長も務めた．テイラー展開は 1715 年に出版された著書『増分法』にある．

[16] (2.18) で α が自然数 n であれば右辺は有限個の和となり，二項定理 (2.15) と一致する．

ため，"!"の記号が使用されているとのことである．"驚くほど"とはどの程度なのかを調べたのがスターリング[17]の公式である．

公式 2.1 (スターリングの公式)
$$n! \sim \sqrt{2\pi n}\left(\frac{n}{e}\right)^n. \qquad (2.19)$$
ただし，$a_n \sim b_n$ の記号は $\lim_{n\to\infty} a_n/b_n = 1$ を意味する．

(2.19) の右辺は，$n!$ は n^n よりは小さいので，e^n で割り，少し割りすぎたので $\sqrt{2\pi n}$ で微調整していると解釈できる．たとえば，$20! = 2432902008176640000 \fallingdotseq 2.4329 \cdot 10^{18}$ である．一方で，スターリングの公式によると
$$\log_{10}(20!) \fallingdotseq \frac{\log_{10}(40\pi)}{2} + 20\{\log_{10}(20) - \log_{10} e\} \fallingdotseq 18.384315$$
であり，$20! \fallingdotseq 10^{0.384315} \cdot 10^{18} \fallingdotseq 2.4228 \cdot 10^{18}$ となり，真の値との相対誤差[18]はおおよそ $|2.4228/2.4329 - 1| \fallingdotseq 0.42\%$ となる．n を大きくしていくと (2.19) により相対誤差は 0 に収束するが，小さな n でも近似はそう悪くはない．

問 2.13　$5! = 120$, $30! = 2.652528598121911 \cdot 10^{32}$ についてそれぞれスターリングの公式を用いて近似させよ．

◆◆章末問題 2 ◆◆

2.1 (ベルトラン[19]のパラドックス)　半径 1 の円 O にランダムに弦を引く．円 O と弦の二つの共有点 A, B について線分 AB の長さが円 O に内接する正三角形の一辺の長さよりも長くなる確率を考える．以下の二つの異なる考え方に沿ってそれぞれ求めよ．

1. 中心 O と線分 AB までの距離 l が $0 < l < 1$ についてランダムに選ばれると考えたとき．
2. 中心角 $\theta = \angle\mathrm{AOB}$ が $0 < \theta < 180°$ についてランダムに選ばれると考えたとき．

2.2 500 円玉，100 円玉，50 円玉，10 円玉を 1 枚ずつ同時に投げたときに，表が出たコインの数が 2 である確率を求めよ．ただし，確率空間 (Ω, P) と該当する事象を記述

---

[17] J. Stirling (1692–1770) イギリスの数学者．スターリング数でも知られる．
[18] |近似値/真の値 − 1| をいう．相対誤差に対して |近似値 − 真の値| を絶対誤差という．
[19] J. Bertrand (1822–1900) フランスの数学者．任意の $n \geqq 2$ について n と $2n$ の間に素数が存在することを予想したことでも有名である．この問題はチェビシェフ (p.94) により証明され，現在では簡単な証明が知られている．

すること.

2.3 事象 A, B が独立であれば, A^c, B^c は独立となることを問 2.2 と (2.4) を用いて示せ. また, 同様の条件のとき A^c, B や A, B^c は独立となるか？

2.4 事象 A, B, C について以下の様子をベン図を描いた上で (2.4) を用いて示せ.
$P(A \cup B \cup C) = P(A) + P(B) + P(C) - P(A \cap B) - P(B \cap C) - P(C \cap A) + P(A \cap B \cap C)$.

2.5 壷の中に 1 から 100 の番号が書かれた玉があり, その中から 1 個を取り出す. このとき, 以下を求めよ.

1. 取り出された玉の番号が 2 の倍数または 3 の倍数となる確率.
2. 取り出された玉の番号が 2 の倍数または 3 の倍数または 5 の倍数となる確率.

2.6 (クーポンコレクタ問題 I) A 君は 5 種類あるクーポンを毎日 1 枚ずつ集めており, 5 種類とも同じ確率で現れる. A 君はお気に入りの特定の 3 種類さえ集まれば満足である. 6 日目まで (6 日目を含む) にお気に入りの 3 種類のクーポンが集まる確率を求めよ.

2.7 壷の中に重さが全て異なる 5 つの玉がある. その中から玉を元に戻さず順番に 2 個取り出す. 最初に取り出した玉より 2 番目に取り出した玉の方が軽かった. この条件の下で, 2 番目に取り出した玉が五つの中で最も軽い玉である確率を求めよ (数え上げと条件付き確率の両方で計算を確かめてみよ).

2.8 (不公平から公平を作る) $0 < p < 1$ とする. 表が出る確率が p, 裏が出る確率が $1-p$ の王冠を 3 回投げる. このとき, 以下の問に答えよ.

1. 2 回目と 3 回目で同じ面が出る確率を求め, それが $1/2$ 以上であることを示せ.
2. 1 回目と 2 回目で違う面が出るという条件の下で, 2 回目と 3 回目で同じ面が出る確率は p に依存せず $1/2$ であることを示せ.

2.9 (モンティ・ホール[20]の問題) A 君はバラエティ番組に出演している. 三つのドアがあり, 一つのドアの後ろには新車が, 残りの二つのドアの後ろにはヤギが隠れている. どこに新車があるか司会者は知っており, A 君が選んだドアではない二つのドアのうち, ヤギがいる方のドアを開けて見せた. 続いて, 司会者は新車を選びたい A 君に "選んだドアを変更してもよい" といった. A 君はドアを変えるべきか. 条件付き確率を計算して議論せよ.

2.10 (非復元抽出, 復元抽出) 壷の中に 6 個の青玉と 4 個の白玉が入っている. この中から玉を 1 個取り出し, 元に戻さず次の玉を取り出す. それをもう一度繰り返し合計 3 個の玉を取り出す (非復元抽出). このとき, 2 個が青で 1 個が白である確率を求めよ. また, 3 個の玉を取り出す際に, 取り出した玉を毎回元に戻して次の玉を取り出す場合 (復元抽出), 2 個が青で 1 個が白である確率を求めよ.

2.11 例 2.5 の設定で, 公正なコインを投げて壷 A_1, A_2 のいずれか一方を選んだ後に玉を 8 個だけ復元抽出で取り出す. 青玉が 5 個, 白玉が 3 個であったとき, 選ばれた壷が A_1 である確率を (直感的に考えた後に) 求めよ.

---

[20] 米国のテレビ番組の司会者の名前. Monty Hall (1921–2017)

2.12 (ポーヤの壷 I) 例 2.4 において，n 回繰り返したときの取り出した玉の色の列を $(C_1, \ldots, C_n)$ つまり $C_i \in \{W_i, W_i^c\}$ として，そのうちの白玉の個数を $k = |\{1 \leq i \leq n : C_i = W_i\}|$ とする．この条件をみたす任意の $(C_1, \ldots, C_n)$ について，$\mathrm{P}(C_1 \cap \cdots \cap C_n)$

$$= \begin{cases} \displaystyle\prod_{j=0}^{n-1}(b+jr) \Big/ \prod_{m=0}^{n-1}(b+w+mr) & (k=0) \\ \displaystyle\prod_{i=0}^{k-1}(w+ir) \prod_{j=0}^{n-k-1}(b+jr) \Big/ \prod_{m=0}^{n-1}(b+w+mr) & (1 \leq k \leq n-1) \\ \displaystyle\prod_{i=0}^{n-1}(w+ir) \Big/ \prod_{m=0}^{n-1}(b+w+mr) & (k=n) \end{cases} \quad (2.20)$$

が知られている．

1. $(b, w, r, n, k) = (1, 2, 1, 4, 2)$ とする．条件をみたす $(C_1, \ldots, C_4)$ を列挙して，それぞれ (2.20) と等しいことを確かめよ．また，白玉を取る順番に関して (2.20) の解釈を与えよ．
2. $i = 1, 2, \ldots$ に対して $\mathrm{P}(W_i) = w/(b+w)$ を示せ．

2.13 (先手が有利？ I) 壷の中に 1 個の赤玉と $n-1$ 個の白玉がある $(n \geq 2)$．A 君が先手で B 君が後手で 1 個ずつ A, B, A, B, ... の順番で壷からランダムに取り出し，赤玉を取った方が勝ちとする．

1. 非復元抽出とする．$i = 1, 2, \ldots, n$ について赤玉が i 回目に取られて勝負が決まる事象を A_i とするとき，$\mathrm{P}(A_i)$ を求め，先手の A 君が勝つ確率を求めよ．
2. 復元抽出とする．このときも同様に先手の A 君が勝つ確率を求めよ．

2.14 (先手が有利？ II) A 君と B 君は大中小の三つのサイコロのいずれかを選択して投げ，得点が多い方が勝ちとするゲームを行う．大ならば 4 以下の目の場合は 2 点，5 以上の目の場合は 10 点，中ならば 4 以下の目の場合は 4 点，5 以上の目の場合は 0 点，小ならば 何が出ても 3 点入るとする．勝負は 1 回だけで，どのサイコロを選んでもよいが，先手が選んだサイコロを後手は選ぶことはできない．このとき，先手と後手ではどちらが有利であるか？

2.15 (誕生日の問題) n 人のクラスの中に誕生日が同じ人がいる確率を求めよ．ただし，1 年を 365 日として，どの日も同じ確率で生まれるものとする．さらに，$n = 40$ のときの確率と，確率が $1/2$ を超える最小の n を計算機を使って求めよ．

2.16 ある病気の検査について，患者のうち 98% が陽性反応を示し，患者でない者は 3% が陽性反応を示すものとする．患者である確率が 0.1% であるとき，検査を受けて陽性となった人が実際に患者である確率を求めよ．

2.17 二項定理を用いて $\displaystyle\sum_{k=0}^{n} k\binom{n}{k}$, $\displaystyle\sum_{k=0}^{n} \frac{\binom{n}{k}}{k+1}$ の値を計算せよ．

2.18(ファンデルモンド[21]の恒等式)　M, N, n を非負整数で $M \leqq N$ とするとき，
$\sum_{k=0}^{\infty} \binom{M}{k} \binom{N-M}{n-k} = \binom{N}{n}$ を示せ．

2.19(重複組合せ)　区別がつかない 4 個の玉を $\boxed{1}, \boxed{2}, \boxed{3}$ の番号が書いてある壺に入れる．ただし，壺には玉がいくつでも入るものとする．玉の入れ方は何通りあるか．一般に，区別がつかない k 個の玉を $\boxed{1}, \boxed{2}, \ldots, \boxed{n}$ の番号が書いてある n 個の壺に入れる入れ方は何通りあるか．

2.20　整数 $n \geqq m \geqq 0$ について $\sum_{k=m}^{n} \binom{k}{m} = \binom{n+1}{m+1}$ を示せ．

2.21　n 人でじゃんけんを 1 回行う ($n \geqq 2$)．
1. $n = 3$ のとき k 人が勝つ確率 ($k = 1, 2$) とあいこの確率をそれぞれ求めよ．
2. 一般に n 人のとき，k 人が勝つ確率 ($k = 1, 2, \ldots, n-1$) とあいこの確率をそれぞれ求めよ．

2.22　$\binom{-10}{2}$ を求めよ．実数 $\beta \in \mathbb{R}$ とするとき，整数 $n \geqq 0$ について以下を示せ．
$$\binom{-\beta}{n} = (-1)^n \binom{n+\beta-1}{n}, \quad \binom{-1/2}{n} = \binom{2n}{n}\left(-\frac{1}{4}\right)^n.$$
さらに，これらを用いて以下を示せ．
$$(1-x)^{-\beta} = \sum_{n=0}^{\infty} \binom{n+\beta-1}{n} x^n \quad (|x|<1),$$
$$(1-4x)^{-1/2} = \sum_{n=0}^{\infty} \binom{2n}{n} x^n \quad (|x|<1/4).$$

2.23　$n!$ についてのスターリングの公式の相対誤差は，おおよそ $1/(12n)$ 程度であるが，詳しくは
$$\left| \frac{n!}{\sqrt{2\pi n}(n/e)^n} - 1 - \frac{1}{12n} \right| \leqq \frac{1}{288n^2} + \frac{1}{9940n^3} \quad (n \geqq 2)$$
が知られている．これにより，計算機を使って $n = 5, 30$ のときの相対誤差を評価せよ．

2.24　スターリングの公式を用いて $\binom{2n}{n} \sim \frac{4^n}{\sqrt{\pi n}}$ を示せ．また，$0 < a < 1$ のとき $\lim_{n \to \infty} \frac{1}{n} \log \binom{n}{\lfloor an \rfloor}$ を求めよ．ただし，$\lfloor x \rfloor$ は $x \in \mathbb{R}$ 以下の最大の整数とする．

---

[21] A. Vandermonde (1735–1796) フランスの数学者．ファンデルモンドの行列式は線形代数でしばしば出てくる．

3 確率分布の基礎

§ 3.1 　確率変数, 確率分布

1個のサイコロを1回投げたときに出た目を X とする. X は $\{1,\dots,6\}$ のうちどれかの値をとるが, X が何であるかを投げる前に知ることはできない. しかしながら, サイコロ投げを何度も繰り返してみたときの経験則から, 出る目の頻度はどれも同じくらいの割合であるという "法則" は知っている. X は一般に確率変数といわれ, その法則のことは確率分布といわれる.

■**確率変数, 確率分布の考え方**■　§2.1 で述べた確率空間 (Ω, P) を用いて説明する. Ω から実数に値をとる写像 $X: \Omega \to \mathbb{R}$ のことを**確率変数** (Random Variable) といい[1], 大文字の X, Y, Z などで表す.

$\omega \in \Omega$ について, 写像としての移り先の $X(\omega)$ は実数である. この値を**実現値** (Realization) といい, x や $x_1, x_2, \dots$ など小文字で表す. ω は "ランダムの種" のようなもので, 確率変数を通して $X(\omega) = x$ と実現値となって人間の目に見えるというように解釈する. 確率変数 X は ω に依存して変化す

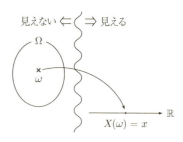

るが, それを**ランダムな量**であるという. 確率論や推測統計を学ぶにあたってランダムな量と定数とを区別することは大変重要なことである.

---

[1] 確率変数が写像であることは, 高等学校でも学習することになっている. 実際, 文部科学省の発行する高等学校学習指導要領解説 数学編 理数編 (平成30年7月) の p.106 には "ここで扱う確率変数は, 標本空間の各要素に対し一つの実数を対応させる写像である" という記述がある. 過去 (平成11年12月) に発行された同書の p.110 には直後に "しかし, 実際の指導においては, 写像を用語として用いる必要はない" という記述があった. なお, p.17 で用いられた "頻度確率", "論理的な確率" という用語は, これまで用いられていた "統計的確率", "数学的確率" に代わって新たに加わったものである.

確率変数 X が実現値 x をとる場合を考える。$X : \Omega \to \mathbb{R}$ より $\omega \in \Omega$ について $X(\omega) = x$ となる ω を全て集めた集合は $\{\omega \in \Omega : X(\omega) = x\}$ と表現されるが、写像 X による x の逆像を意味する。

実は確率変数は単なる写像 $X :$ $\Omega \to \mathbb{R}$ ではなく、1 点 $\{x\}$ や任意の区間 $I \subset \mathbb{R}$ に対して、$\{\omega \in \Omega : X(\omega) = x\}$, $\{\omega \in \Omega : X(\omega) \in I\}$ などが事象 (p.19) となることも要求される[2]。つま

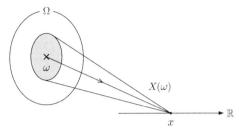

り、$\mathrm{P}(\{\omega \in \Omega : X(\omega) = x_k\})$ や $\mathrm{P}(\{\omega \in \Omega : X(\omega) \in I\})$ に確率としての値が定まる。なお、簡便のためこれらを $\mathrm{P}(X = x)$ や $\mathrm{P}(X \in I)$ と記すのが通例である。以降でも必要でない限り ω を使用しない略記法を用いる。確率空間 (Ω, P) の上で定義された確率変数 X に対して、$\mu(\{x\}) = \mathrm{P}(X = x)$ や $\mu(I) = \mathrm{P}(X \in I)$ とおく。このとき、X から導かれた $(\mathbb{R}, \mu)$ は再び確率空間となり、(K1), (K2), (K3) (定義 2.1, p.20) をみたすことが知られている。μ のことを確率変数 X の**確率分布** (Probability Distribution) または単に**分布**とよぶ。分布が一旦定まってしまえば、確率現象が完全に説明できるので、確率空間まで戻って議論する必要はなくなる。この場合は、確率空間の記述は省略されることが多い。分布は "確率変数 X の実現値" と "対応する確率" との関係を表しており、確率変数と分布は一体のものである[3]。以下で離散型確率分布、連続型確率分布について、それぞれを具体的に説明していく。

■離散型確率分布■ 　確率変数 X の実現値全体の集合が $\{x_1, x_2, \ldots\} \subset \mathbb{R}$ と数列のように書くことができるとき、X を**離散型確率変数** (Discrete Random Variable) といい、その分布を**離散型確率分布**という。X の実現値全体の集合は無限集合とは限らず、$\{x_1, x_2, \ldots, x_n\}$ のように有限個でも構わない。X の実現値全体の集合が $\{x_1, x_2, \ldots\}$ の離散型確率分布であるとき、関数 f を使っ

---

[2] 一般的には "可測性" といわれる条件であるが、本書では扱わない。
[3] そのため、確率変数または分布のもつ性質を述べる際には区別なく使用する。たとえば、"確率変数 X の平均" のことを "X の分布の平均" といったりする。

て分布を

$$f(x_k) = \mu(\{x_k\}) = \mathrm{P}(X = x_k) \quad (k = 1, 2, \ldots) \tag{3.1}$$

と表記する．これで確率分布を表現していることになり，f のことを**確率関数** (Probability Function) という．また，$p_k = f(x_k) = \mathrm{P}(X = x_k)$ とおいて以下のように確率分布を表すこともある．

$$\begin{array}{|c|c|c|c|c|c|c|} \hline X & x_1 & x_2 & \cdots & x_k & \cdots & 合計 \\ \hline 確率 & p_1 & p_2 & \cdots & p_k & \cdots & 1 \\ \hline \end{array} \tag{3.2}$$

確率を表す数列 $\{p_k\}$ は

$$任意の\ k \geqq 1\ について\ p_k \geqq 0, \quad \sum_{k=1}^{\infty} p_k = 1 \tag{3.3}$$

をみたす[4]．

例 3.1 大小のサイコロ 1 個ずつを同時に 1 回投げたとき，出た目の合計を X とする．$X = 3$ となる確率を求めよ．

解答 確率空間を以下で定める：

$$\Omega = \left\{ \begin{array}{ccc} (1,1), & \cdots, & (1,6) \\ \vdots & \ddots & \vdots \\ (6,1), & \cdots, & (6,6) \end{array} \right\}, \quad \left\{ \begin{array}{ll} \omega = (i,j) \in \Omega & \\ \mathrm{P}(\{\omega\}) = 1/36 & (\omega \in \Omega) \\ \mathrm{P}(A) = \sum_{\omega \in A} \mathrm{P}(\{\omega\}) & (A \subset \Omega). \end{array} \right. \tag{3.4}$$

確率変数 X は任意の $\omega = (i,j) \in \Omega$ について $X(\omega) = X((i,j)) = i + j$ と定式化される．これにより，求める確率は以下のようになる：

$$\mathrm{P}(X = 3) = \mathrm{P}(\{(i,j) \in \Omega : X((i,j)) = 3\}) = \mathrm{P}(\{(i,j) \in \Omega : i + j = 3\})$$

$$= \mathrm{P}(\{(1,2),(2,1)\}) \stackrel{(K3)}{=} \mathrm{P}(\{(1,2)\}) + \mathrm{P}(\{(2,1)\}) = 2/36 = 1/18.$$

写像の言葉でいうと，事象 $\{X = 3\}$ とは 3 の逆像 $X^{-1}(3) = \{(1,2),(2,1)\}$ に他ならない． ■

確率変数を用いた議論は例 3.1 と同様に確率空間の上の写像として明確に定式化すべきであるが，以降では必要でない限りこのような議論は行わない．

---

[4] X の実現値全体の集合が明らかな場合は，"$\{p_k\}$ によって分布が定まる" ということもある．X の実現値全体の集合の要素数が n 個の場合は (3.1) について $p_1, \ldots, p_n > 0$ であり $p_{n+1} = p_{n+2} = \cdots = 0$ として扱う．また，番号のつけ方により，たとえば $p_0, p_1, \ldots$ のように 1 以外から始まることもある．

例 3.2 (1回のサイコロ投げ) 確率変数 X の確率関数を $f(k) = \mathrm{P}(X = k) = a \ (k = 1, 2, \ldots, 6)$ としたとき定数 a を求めよ.

解答 $p_k = f(k) = \mathrm{P}(X = k) = a \ (k = 1, 2, \ldots, 6)$ について (3.3) をみたすことより $a = 1/6$.

例 3.2 の確率分布は例 2.1 (p.20) で扱った 1 回のサイコロ投げを表す.

問 3.1 確率変数 X の確率関数を $f(k) = a \begin{pmatrix} 4 \\ k \end{pmatrix} \ (k = 0, \ldots, 4)$ としたとき定数 a を求めよ.

連続型確率分布 人の身長や体重などのように連続した値を扱う場合は, 離散型確率分布ではうまく定式化できない. そのような場合も確率変数 X が用いられるが, X が任意の区間 $I = [a, b] \subset \mathbb{R}$ に入る確率 $\mu(I) = \mathrm{P}(X \in I) = \mathrm{P}(a \leqq X \leqq b)$ が定まれば分布が決まるものを扱う. ここでは, 関数 $f : \mathbb{R} \to \mathbb{R}$ が存在し, 任意の実数 $a \leqq b$ について

$$\mathrm{P}(a \leqq X \leqq b) = \int_a^b f(x) dx \tag{3.5}$$

をみたすものを考える. ただし, $f(x)$ は

$$\text{任意の } x \in \mathbb{R} \text{ について } f(x) \geqq 0, \quad \int_{-\infty}^{\infty} f(x) dx = 1 \tag{3.6}$$

をみたすとする.

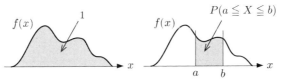

このような X を**連続型確率変数** (Continuous Random Variable) といい, 対応する確率分布を**連続型確率分布**という[5]. さらに $f(x)$ を**確率密度関数** (Probability Density Function) というが, "密度関数" または "密度" と省略し

---

[5] 分布関数 (p.41) が連続であることによる. 本書で "連続型確率分布" というと密度をもつ場合を意味し, 正確にいうと "絶対連続" な分布という. 実は密度をもたないが分布関数は連続である "特異分布" という奇妙な確率分布もあり, 任意の分布は離散型分布, 絶対連続分布, 特異分布の凸結合 (和が 1 となる非負の線形結合) で書けることが知られている.

てよぶこともある[6]．ここで，例 1.1 (p.1) で学んだ相対度数を縦軸とする度数分布多角形を思い出そう．データ数を大きくして，階級の幅を狭くしていくとある曲線に近づくが，その極限が確率密度関数であると考えることができる．なお，(3.6) は (3.3) の連続版の性質である．連続型確率分布に関して (3.5) は重要で X の確率分布が f の定積分で定義されていることに注意する．

注意 3.1 連続型確率変数 X について，1 点 a をとる確率 $\mathrm{P}(X=a)$ は 0 である．実際，(3.5) で $b=a$ と代入すると積分は 0 になることから従う．これにより，たとえば (3.5) に含まれる "$\leqq$" は "$<$" に置き換えることが可能であり，$\mathrm{P}(a \leqq X \leqq b) = \mathrm{P}(a < X \leqq b) = \mathrm{P}(a \leqq X < b) = \mathrm{P}(a < X < b)$ となる．

例 3.3 a を定数として，確率変数 X の密度関数を

$$f(x) = \begin{cases} a(1-x) & (0 \leqq x \leqq 1) \\ 0 & (その他) \end{cases}$$

とするとき a を求めよ．また，確率 $\mathrm{P}\left(1/2 < X \leqq 2/3\right)$, $\mathrm{P}\left(1/2 \leqq X < 3\right)$ を求めよ．

解答

$1 \stackrel{(3.6)}{=} \int_{-\infty}^{\infty} f(x) dx = \int_0^1 a(1-x) dx = a/2$ より $a=2$ である．確率は以下のようになる：

$$\mathrm{P}\left(\frac{1}{2} < X \leqq \frac{2}{3}\right) \stackrel{(3.5)}{=} \int_{\frac{1}{2}}^{\frac{2}{3}} 2(1-x) dx = \frac{5}{36},$$

$$\mathrm{P}\left(\frac{1}{2} \leqq X < 3\right) \stackrel{(3.5)}{=} \int_{\frac{1}{2}}^{1} 2(1-x) dx + \int_1^3 0\, dx = \frac{1}{4}.$$

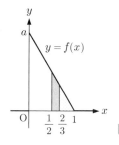

例 3.3 のような問題では，密度のグラフを図示すべきである．そのことにより，積分範囲を視覚的に確認することができるだけでなく，この例のように積分計算の代わりに台形，三角形の面積の計算で十分であることに気づくこともある．

---

[6] 密度関数は "関数" を省略してよぶことが許されているが，確率関数や分布関数は意味が変わってしまうため許されていない．

問 3.2 確率変数 X の密度を $f(x) = \begin{cases} ax(1-x) & (0 \leqq x \leqq 1) \\ 0 & (その他) \end{cases}$ とする．このとき定数 a を求めよ．さらに，$P(-1 < X < 1/2)$ を求めよ．

■**分布関数**　これまで，確率変数 X の分布は，離散型では確率関数，連続型では確率密度関数を用いて与えられた．これらの代わりに任意の $x \in \mathbb{R}$ について $P(X \leqq x)$ でも分布の情報が全てえられる．つまり，

$$F(x) = P(X \leqq x) \tag{3.7}$$

とおくと $F : \mathbb{R} \to [0,1]$ となるが，これにより分布が定まる．(3.7) を**確率分布関数** (Probability Distribution Function) または**分布関数**とよぶ[7]．確率関数や密度関数との関係は以下のとおりである：

$$F(x) = \begin{cases} \displaystyle\sum_{k : x_k \leqq x} f(x_k) & (離散型) \\ \displaystyle\int_{-\infty}^{x} f(t)dt & (連続型). \end{cases} \tag{3.8}$$

特に，連続型の場合，$F(x) = f'(x)$ より，以下のような関係になっている：

$$(密度関数) \quad f(x) \underset{微分}{\overset{積分}{\rightleftarrows}} F(x) \quad (分布関数). \tag{3.9}$$

(3.9) の微積分の関係により，分布関数を大文字の F で表し，確率密度関数 (または確率関数) は小文字の f で表すことが慣例となっている．また，確率分布が決まる情報を○として $X \sim ○$ と表記する．たとえば，分布関数 $F(x)$ や密度関数 (または確率関数) $f(x)$ は確率分布を定めるので，$X \sim F(x)$ や $X \sim f(x)$ と表し，"確率変数 X は○で決まる分布に従う" という．"確率変数 X は○をもつ"，"確率変数 X は○で表される" などと砕けた表現をする場合

---

[7] (3.7) は $F(x) = \mu((-\infty, x])$ を表すが，確率関数や密度関数とは異なり，分布関数はこの意味でいつでも定義できる．本来ならば $F(x)$ の性質を見て，離散型や連続型のように分類するが，理解の都合のため導入の順番を逆にしている．なお，X の実現値が $\mathbb{R}$ の要素ではなく一般の集合の要素の場合は，分布 μ は定義できるものの分布関数 $F(x)$ が定義できないことがある．

もあるが，それも同じ意味である[8]．分布関数から $a < b$ について以下のように確率を計算することができる：

$$P(a < X \leqq b) = F(b) - F(a). \tag{3.10}$$

実際，(3.10) の右辺は $P(X \leqq b) - P(X \leqq a)$ から左辺と等しい[9]．さらに，分布関数は以下の性質をもつ：

(B1) $F : \mathbb{R} \to [0, 1]$ は広義単調増加である．つまり，$a < b$ ならば $F(a) \leqq F(b)$ である．

(B2) $F(x)$ は右連続，つまり $\lim_{h \to +0} F(x + h) = F(x)$ である．

(B3) $\lim_{x \to -\infty} F(x) = 0$, $\lim_{x \to \infty} F(x) = 1$．

逆に (B1), (B2), (B3) をみたす関数 $F(x)$ が与えられたとき，それに対応する確率分布，確率変数が存在することが知られている．

問 3.3 分布関数 (3.7) は (B1), (B2), (B3) をみたすことを示せ．

例 3.4 例 3.3 について分布関数を求め，グラフの概形を描け．これを用いて，確率 $P(1/2 < X \leqq 2/3)$, $P(1/2 \leqq X < 3)$ を求めよ．

解答 分布関数は，

$$F(x) \overset{(3.8)}{=} \int_{-\infty}^{x} f(t)dt = \begin{cases} 0 & (x < 0) \\ 2x - x^2 & (0 \leqq x \leqq 1) \\ 1 & (x > 1) \end{cases}$$

であり[10]，図のとおり．
確率はそれぞれ $F(x)$ を用いて計算される：$P(1/2 < X \leqq 2/3) \overset{(3.10)}{=} F(2/3) - F(1/2) = 8/9 - 3/4 = 5/36$, $P(1/2 \leqq X < 3) \overset{(3.10)}{=} F(3) - F(1/2) = 1 - 3/4 = 1/4$.

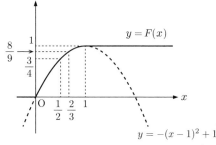

問 3.4 問 3.2 について，分布関数を求めグラフを描け．

---

[8] "分布を求めよ (与えよ)" という問題に対しては，特に指定がない限り分布が定まるような情報である確率関数，密度，分布関数などの一つを挙げておけば十分である．

[9] (3.10) は離散型でも連続型でも成立する．特に連続型の場合は，注意 3.1 で指摘したとおり，(3.10) で用いられている "<" と "≦" はどちらを使用しても確率は変わらない．

[10] 例 3.3 の密度のグラフの x の場合分けに着目して積分する．$x > 1$ のとき $F(x) = 0$ ではないことに注意しよう．

■ **確率変数の変換** ■ 確率変数 $X \sim F(x)$ について，"適切な関数"[11] $g: \mathbb{R} \to \mathbb{R}$ で変換した $Y(\omega) = g(X(\omega))$ も確率変数となることが知られている．たとえば，$aX+b$, X^2, $|X|$, e^{tX} などは全て確率変数となる．なお，確率変数 X, Y の分布が区別できるようにそれぞれの確率関数または密度関数を f_X, f_Y と確率変数を明記することがあり，分布関数も同様に F_X, F_Y と書くこともある[12]．以下で連続型確率変数の簡単な変換の例を見てみよう．

例 3.5 (**確率変数の変換**) 確率変数 X が連続型であり，密度 $f_X(x)$ をもつとする．定数 a,b を用いて変換された確率変数 $Y = aX + b$ $(a \neq 0)$ と $Z = X^2$ について，それぞれの密度 $f_Y(y)$, $f_Z(z)$ を求めよ．

解答 $f_Y(y)$ は以下のとおり．

$$f_Y(y) = \begin{cases} \dfrac{1}{a} f_X\!\left(\dfrac{y-b}{a}\right) & (a > 0) \\ -\dfrac{1}{a} f_X\!\left(\dfrac{y-b}{a}\right) & (a < 0). \end{cases} \tag{3.11}$$

ここでは $a > 0$ のときのみを示す．X, Y の分布関数を F_X, F_Y とすると

$$F_Y(y) = \mathrm{P}(Y \leqq y) = \mathrm{P}(aX + b \leqq y) \stackrel{(*)}{=} \mathrm{P}(X \leqq (y-b)/a) = F_X((y-b)/a)$$

となる．$(*)$ は $a > 0$ を用いた．上式を y で微分すれば (3.11) がわかる．また，

$$f_Z(z) = \begin{cases} \{f_X(\sqrt{z}) + f_X(-\sqrt{z})\}/(2\sqrt{z}) & (z > 0) \\ 0 & (z \leqq 0). \end{cases} \tag{3.12}$$

となる．実際に，$F_Z(z) = \begin{cases} F_X(\sqrt{z}) - F_X(-\sqrt{z}) & (z > 0) \\ 0 & (z \leqq 0) \end{cases}$ であるが，$z > 0$ について $F_Z(z) = \mathrm{P}(X^2 \leqq z) = \mathrm{P}(-\sqrt{z} \leqq X \leqq \sqrt{z}) = \mathrm{P}(X \leqq \sqrt{z}) - \mathrm{P}(X \leqq -\sqrt{z}) = F_X(\sqrt{z}) - F_X(-\sqrt{z})$ であり，$z \leqq 0$ では $F_Z(z) = 0$ となることからわかる．これを微分すれば (3.12) が従う． ∎

問 3.5 例 3.5 について，$a < 0$ のとき (3.11) を示せ．また，$|X|$ の密度 $f_{|X|}$ を f_X を用いて表せ．

■ **多次元同時分布** ■ 二つの確率変数 X, Y の性質を同時に知りたい場合がある．その際には (X, Y) を新たな確率変数と考える．この確率分布を **2 次元同時分布** (2-dimensional Joint Distribution) という．確率変数の個数によって

---

[11] "適切な関数"を厳密に定義するのは他書に譲る．さしあたっては連続関数と思ってもよい．
[12] f_X は X における偏微分の記号ではないことに注意する．

3次元や4次元も考えられるが，一般的には**多次元同時分布**という．単に**多次元分布**や**同時分布**と省略していうことも多い[13]．2次元分布に関する分布関数は (3.7) を拡張して，任意の $x, y \in \mathbb{R}$ について

$$F(x,y) = \mathrm{P}(X \leqq x, Y \leqq y) \tag{3.13}$$

と定義する．(3.13) の右辺の確率の中の事象は $\{\omega \in \Omega : X(\omega) \leqq x\} \cap \{\omega \in \Omega : Y(\omega) \leqq y\}$ である積事象を表している．2次元分布関数を扱う際に，一方の確率変数だけの分布を考えたい場合がある．実際に，$F_X(x)$, $F_Y(y)$ を

$$F_X(x) = \lim_{y \to \infty} F(x,y) = \mathrm{P}(X \leqq x), \quad F_Y(y) = \lim_{x \to \infty} F(x,y) = \mathrm{P}(Y \leqq y) \tag{3.14}$$

で定めると，$F_X(x)$, $F_Y(y)$ はそれぞれ分布関数となる[14]．$F_X(x)$, $F_Y(y)$ をそれぞれ X, Y の**周辺分布関数**といい，周辺分布関数から定まる確率分布をそれぞれ X, Y の**周辺分布** (Marginal Distribution) という．多次元分布を扱う際にも，離散型確率分布と連続型確率分布について具体的に考えていく．

■**2次元離散型確率分布**■　X, Y ともに離散型確率変数であり，それぞれの実現値全体の集合が $\{x_1, x_2, \ldots, x_m, \ldots\}$, $\{y_1, y_2, \ldots, y_n, \ldots\}$ であるとする．これらは有限個の場合もあり，その場合は m 個，n 個などに置き換えて解釈してもらいたい．

$$p_{ij} = f(x_i, y_j) = \mathrm{P}(X = x_i, Y = y_j) \quad (i = 1, 2, \ldots, j = 1, 2, \ldots) \tag{3.15}$$

とおき，$f(x_i, y_j)$ を**2次元確率関数**という．2次元確率関数は以下をみたす．

$$p_{ij} = f(x_i, y_j) \geqq 0, \quad \sum_{i=1}^{\infty} \sum_{j=1}^{\infty} f(x_i, y_j) = 1. \tag{3.16}$$

2次元確率関数が与えられたとき，$C \subset \mathbb{R}^2$ を (X, Y) の実現値全体の集合の部

---

[13] 他にも**結合分布**というよび方もある．"2次元同時"や"結合"などは，"分布"の修飾語としてが使われているが，後で出てくる多次元の分布関数，確率関数，確率密度関数に対しても同様に使われる．たとえば，"2次元密度関数"や"(X,Y) の同時密度"や"結合密度関数"など自由に使われるが同じ意味である．

[14] (3.14) の左の式は，y が大きくなるとき (3.13) の右辺に現れる事象 $\{\omega \in \Omega : X(\omega) \leqq x\} \cap \{\omega \in \Omega : Y(\omega) \leqq y\}$ について $\{\omega \in \Omega : Y(\omega) \leqq y\}$ が単調に増大して Ω に近づくことから正当化される．

分集合で $\{(X,Y) \in C\}$ が事象となるものについて
$$P((X,Y) \in C) = \sum_{i,j:(x_i,y_j) \in C} f(x_i, y_j) \tag{3.17}$$
のように計算する．また，2次元分布関数との関係は
$$F(x,y) = \sum_{i:x_i \leqq x} \sum_{j:y_j \leqq y} f(x_i, y_j) \tag{3.18}$$
となっている[15]．X, Y の周辺分布は以下で定義される**周辺確率関数** $f_X(x_i)$, $f_Y(y_j)$ により定めるのが簡便である．これらを $p_{i\bullet}$, $p_{\bullet j}$ と書くこともある：
$$\begin{cases} p_{i\bullet} = \sum_{j=1}^{\infty} p_{ij} = P(X = x_i) = \sum_{j=1}^{\infty} f(x_i, y_j) = f_X(x_i). \\ p_{\bullet j} = \sum_{i=1}^{\infty} p_{ij} = P(Y = y_j) = \sum_{i=1}^{\infty} f(x_i, y_j) = f_Y(y_j). \end{cases} \tag{3.19}$$

例 3.6 例 3.1 と同じ設定の下，大小それぞれのサイコロの出た目を X, Y とする．(X,Y) の2次元分布と X, Y の周辺分布をそれぞれ求めよ．

解答 確率空間を (3.4) として，任意の $(i,j) \in \Omega$ について $X((i,j)) = i$, $Y((i,j)) = j$ と定式化する．(X,Y) に関して2次元確率分布は，任意の $1 \leqq i, j \leqq 6$ について $f(i,j) = P(X = i, Y = j) = P(\{(i,j)\}) = 1/36$ である．また，X, Y の周辺分布は
$$\begin{cases} f_X(i) = P(X = i) = \sum_{j=1}^{6} f(i,j) = \dfrac{1}{6} \quad (1 \leqq i \leqq 6). \\ f_Y(j) = P(Y = j) = \sum_{i=1}^{6} f(i,j) = \dfrac{1}{6} \quad (1 \leqq j \leqq 6). \end{cases}$$

問 3.6 例 3.6 の X, Y について $Z = \begin{cases} -1 & (X > Y) \\ 0 & (X = Y) \\ 1 & (X < Y) \end{cases}$ とする．このとき，(X, Z) の2次元確率分布を求めよ．これを用いて Z の周辺分布を求めよ．

X, Y の実現値全体の集合が，それぞれ有限集合 $\{x_1, x_2, \ldots, x_m\}$, $\{y_1, y_2, \ldots, y_n\}$ であれば，(X,Y) や X, Y のそれぞれの分布は以下の表で表され，**確率分布表**という．

---

[15] (3.18) について，(3.17) の $C \subset \mathbb{R}^2$ をどのように選んでいるか考えてみよ．

X \ Y	y_1	y_2	$\cdots$	y_n	
x_1	p_{11}	p_{12}	$\cdots$	p_{1n}	$p_{1\bullet}$
x_2	p_{21}	p_{22}	$\cdots$	p_{2n}	$p_{2\bullet}$
$\vdots$	$\vdots$	$\vdots$	$\ddots$	$\vdots$	$\vdots$
x_m	p_{m1}	p_{m2}	$\cdots$	p_{mn}	$p_{m\bullet}$
	$p_{\bullet 1}$	$p_{\bullet 2}$	$\cdots$	$p_{\bullet n}$	1

$$\begin{cases} p_{ij},\ p_{i\bullet},\ p_{\bullet j} \geqq 0, \\ \sum_{i=1}^{m}\sum_{j=1}^{n} p_{ij} = 1, \\ \sum_{i=1}^{m} p_{i\bullet} = 1,\ \sum_{j=1}^{n} p_{\bullet j} = 1. \end{cases}$$

確率分布表において，周辺分布は表の"周辺"に書かれており，すぐれた命名法であることがわかる．

例 3.7 10 本のくじの中に 2 本の当たりくじがある．A 君が 1 回くじを引いた後に非復元抽出 (p.26) で続けて B 君が 1 回くじを引く．X, Y を A 君，B 君がそれぞれ引いた当たりの数とする．このときの (X, Y) の確率分布表を求めよ．

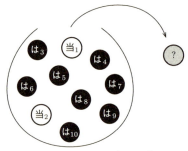

解答 確率空間 (Ω, P) を以下のように定義する：$\Omega = \{(i, j) : 1 \leqq i, j \leqq 10, i \neq j\}$ とすると，$|\Omega| = (10)_2 = 90$ であるので $P(\{(i,j)\}) = 1/90$ で定式化される．当たりを $\{1, 2\}$ とすると，二つの確率変数 X, Y は $(i, j) \in \Omega$ について

$$X((i,j)) = \begin{cases} 1 & (i \in \{1,2\}) \\ 0 & (i \in \{3,4,\ldots,10\}), \end{cases} \quad Y((i,j)) = \begin{cases} 1 & (j \in \{1,2\}) \\ 0 & (j \in \{3,4,\ldots,10\}) \end{cases}$$

と表される．これにより，

$$P(X=0, Y=0) = P(\{(i,j) \in \Omega : 3 \leqq i \neq j \leqq 10\}) = \frac{8 \cdot 7}{90} = \frac{56}{90}$$

がわかる．確率分布表の他の箇所の計算も同様にしてできる．

X \ Y	0	1
0	56/90	
1		
		1

問 3.7 例 3.7 について確率分布表を完成させよ．

2 次元連続型確率分布　X, Y ともに連続型確率変数とする．ここでは，2 変数関数 $f : \mathbb{R}^2 \to \mathbb{R}$ が存在し，任意の実数 $a \leqq b, c \leqq d$ について

$$P(a \leqq X \leqq b,\ c \leqq Y \leqq d) = \int_c^d \int_a^b f(x,y)dxdy \qquad (3.20)$$

をみたすものを考える．ただし，$f(x,y)$ は (3.6) に対応する性質

$$\text{任意の } x, y \in \mathbb{R} \text{ について } f(x,y) \geqq 0,\quad \int_{-\infty}^{\infty} \int_{-\infty}^{\infty} f(x,y)dxdy = 1 \quad (3.21)$$

をみたすとする．$f(x,y)$ を (X,Y) の **2 次元確率密度関数**という．(3.20) の代わりに，$\{(X,Y) \in C\}$ が事象となるような $C \subset \mathbb{R}^2$ について，

$$P((X,Y) \in C) = \iint_{(x,y) \in C} f(x,y)dxdy \qquad (3.22)$$

と考えてもよい．また，分布関数との関係は

$$F(x,y) = \int_{-\infty}^y \int_{-\infty}^x f(u,v)dudv,\quad \frac{\partial^2}{\partial x \partial y}F(x,y) = f(x,y) \qquad (3.23)$$

となり，2 次元分布に関しても (3.9) のような微積分の関係となっている．また，X, Y の周辺分布を以下のように**周辺確率密度関数**を用いて定める：

$$f_X(x) = \int_{-\infty}^{\infty} f(x,y)dy,\quad f_Y(y) = \int_{-\infty}^{\infty} f(x,y)dx. \qquad (3.24)$$

多次元確率密度関数や周辺確率密度関数も省略して**密度関数**あるいは単に**密度**とよぶこともある．なお，(3.21) により $f_X(x), f_Y(y)$ は (3.6) をみたす．

例 3.8　(X,Y) の 2 次元密度関数を

$$f(x,y) = \begin{cases} c & ((x,y) \in D) \\ 0 & (\text{その他}) \end{cases}$$

とする．ただし，$D = \{(x,y) : 0 \leqq x \leqq 2, 0 \leqq y \leqq 1\}$ である．このとき，c の値と X, Y の周辺分布をそれぞれ求めよ．さらに，$P(X \leqq 1, Y > 1/2), P(X < Y), P(Y \leqq 1/3)$ をそれぞれ求めよ．

解答 2次元密度関数 $f(x,y)$ のグラフは D 上の高さ c の直方体の形になる．定数 c は $1 = \int_{-\infty}^{\infty}\int_{-\infty}^{\infty} f(x,y)dxdy = cS(D) = 2c$ をみたす．ただし，$S(D)$ は D の面積を表す．これにより，$c = 1/2$．また，X の周辺密度関数は $f_X(x) =$
$$\begin{cases} \int_0^1 \frac{1}{2}dy = \frac{1}{2} & (0 \leq x \leq 2) \\ 0 & (その他) \end{cases}$$
であり，同様に，Y の周辺密度関数は $f_Y(y) =$
$$\begin{cases} \int_0^2 \frac{1}{2}dx = 1 & (0 \leq y \leq 1) \\ 0 & (その他) \end{cases}$$
となる．さらに，$P(X \leq 1, Y > 1/2) \stackrel{(3.22)}{=}$
$\iint_{x \leq 1, y > 1/2} f(x,y)dxdy \stackrel{f(x,y) の定義}{=} \iint_{D \cap \{x \leq 1, y > 1/2\}} \frac{1}{2}dxdy = \frac{1}{2} \cdot 1 \cdot \frac{1}{2} = \frac{1}{4}$ となる．同様に $P(X < Y) \stackrel{(3.22)}{=} \iint_{D \cap \{x < y\}} \frac{1}{2}dxdy = \frac{1}{4}$ であり，$P(Y \leq 1/3) \stackrel{Y の周辺密度}{=} 1 \cdot \frac{1}{3} = \frac{1}{3}$．■

問 3.8 (X, Y) の2次元密度関数を $f(x,y) = \begin{cases} c & (0 \leq y \leq x, 0 \leq x \leq 1) \\ 0 & (その他) \end{cases}$ とする．このとき，c の値と X, Y の周辺分布をそれぞれ求めよ．さらに，$P(X+Y \leq 1)$ を求めよ．

■**確率変数の独立 I**■ 事象 A, B が独立であることを定義2.2 (p.24) で定義したが，これを踏まえて確率変数 X, Y の独立性を定義する．

定義 3.1 (確率変数の独立 I)

確率変数 (X, Y) の2次元確率分布関数 $F(x, y)$ について
$$F(x, y) = F_X(x)F_Y(y) \tag{3.25}$$
が任意の実数 $x, y \in \mathbb{R}$ について成立するとき，X, Y は**独立**であるという．ただし，$F_X(x), F_Y(y)$ はそれぞれ X, Y の周辺分布関数 (3.14) である．

確率変数の独立のチェックは定義どおり分布関数で行うよりも確率関数や密度関数で行う場合が多い．

定理 3.1 (確率変数の独立のための必要十分条件)　(X,Y) の 2 次元分布が $f(x,y)$ で表されているとする．X, Y が独立であるためには

$$f(x,y) = f_X(x)f_Y(y) \tag{3.26}$$

が任意の実数 $x, y \in \mathbb{R}$ について成立することが必要十分条件となる．ただし，(X,Y) が離散型であれば f, f_X, f_Y は確率関数を表し，連続型であれば f, f_X, f_Y は密度関数を表す．

証明　離散型の場合は定義 3.1 と (3.18), (3.19) から従い，同様に，連続型の場合は定義 3.1 と (3.20), (3.24) から従う．

例 3.9　例 3.7 の X, Y は独立ではないことを示せ．一方で，例 3.8 の X, Y は独立であることを示せ．

解答　例 3.7 の X, Y は $f(0,0) = \mathrm{P}(X=0, Y=0) = 56/90 \neq (4/5)^2 = \mathrm{P}(X=0)\mathrm{P}(Y=0) = f_X(0)f_Y(0)$ であることから，(3.26) をみたさず独立ではない．例 3.8 の X, Y は (i) $(x,y) \in D$ であれば $f(x,y) = 1/2 = 1/2 \cdot 1 = f_X(x)f_Y(y)$ であり，(ii) $(x,y) \notin D$ であれば $f(x,y) = 0$ であり，$f_X(x), f_Y(y)$ のうち少なくとも一方は 0 である．(i), (ii) により，任意の実数 $x, y \in \mathbb{R}$ について (3.26) をみたすので独立である．

例 3.7 の X, Y は，くじを引いて元に戻さないことの影響を受けるので独立ではないことは感覚的にも正しい．数学的には (3.25) または (3.26) に関する反例を一つでも挙げれば十分である．独立であることを示すには<u>任意の</u>実数 $x, y \in \mathbb{R}$ について (3.26) の条件のチェックが必要となる．

問 3.9　以下の確率変数の独立性を調べよ．
1. 例 3.6 の X, Y．　2. 問 3.6 の X, Z．
3. 例 3.8 の X, Y．　4. 問 3.8 の X, Y．

確率変数の独立 II　一般的に述べるために，$X_1, X_2, \ldots, X_n$ についても分布関数 $F(x_1, \ldots, x_n) = \mathrm{P}(X_1 \leqq x_1, \ldots, X_n \leqq x_n)$ を定義し，X_k の周辺分布関数を以下で定める．

$$F_{X_k}(x_k) = \lim_{\substack{x_1 \to \infty, \ldots, x_n \to \infty \\ x_k \text{を除く}}} F(x_1, \ldots, x_n) \quad (k = 1, \ldots, n).$$

定義 3.2 (確率変数の独立 II)

確率変数列 $X_1, \ldots, X_n$ が独立であるとは，$F(x_1, \ldots, x_n) = \prod_{k=1}^{n} F_{X_k}(x_k)$ が任意の実数 $x_1, \ldots, x_n \in \mathbb{R}$ で成立することである．無限個の確率変数列が独立であるとは，任意の有限個の確率変数が独立であることで定義される．

$n \geq 3$ について n 次元確率関数または n 次元確率密度関数 $f(x_1, \ldots, x_n)$ は 2 次元の場合と同様にそれぞれ (3.15), (3.20) を n 変数に拡張して定義する．周辺確率関数や周辺密度関数 $f_{X_k}(x_k)$ $(k=1, \ldots, n)$ も x_k 以外の座標に関して確率を全て足したものとして，それぞれ (3.19), (3.24) を拡張して同様に定義する．これを用いて定理 3.1 に対応する定理をまとめておく．

命題 3.1 (n 個の確率変数の独立のための必要十分条件)

$X_1, X_2, \ldots, X_n$ の n 次元分布が $f(x_1, x_2, \ldots, x_n)$ で表されているとする．$X_1, X_2, \ldots, X_n$ が独立であるためには

$$f(x_1, x_2, \ldots, x_n) = \prod_{k=1}^{n} f_{X_k}(x_k) \tag{3.27}$$

が任意の実数 $x_1, x_2, \ldots, x_n \in \mathbb{R}$ について成立することが必要十分条件となる．ただし，$X_1, X_2, \ldots, X_n$ が離散型であれば $f, f_{X_1}, \ldots, f_{X_n}$ は確率関数を表し，連続型であれば $f, f_{X_1}, \ldots, f_{X_n}$ は密度関数を表す．

証明 定理 3.1 の証明と同様で，定義 3.2 と n 次元分布の確率関数，周辺確率関数，周辺密度関数の定義により従う． ∎

独立同分布 (iid) 1 個のサイコロを 5 回続けて投げるなど同一の条件の下での独立な試行のことを高等学校では "反復試行" といった．これを確率分布を通して明確にしたものが "独立同分布" である．独立同分布の概念は推測統計では標本抽出として自然に現れる．

定義 3.3 (独立同分布 (iid))

確率変数 X, Y が同分布であるとは X の分布関数と Y の分布関数が等し

いことをいい，$X \stackrel{\mathrm{D}}{=} Y$ と書く．同分布の確率変数が独立 (定義 3.1) であるときに **独立同分布** (Independent and Identically Distributed) といい，頭文字をとって iid と表記し，X, Y (iid) と書く．n 個の確率変数 $X_1, \ldots, X_n$ についても独立 (定義 3.2) で，それぞれの分布関数が同じである場合を同様に独立同分布といい，$X_1, \ldots, X_n$ (iid) と書き，特に共通の分布を表すものが ○ のとき $X_1, \ldots, X_n \stackrel{\mathrm{iid}}{\sim} \bigcirc$ と書く．

例 3.10 例 3.6 の大小のサイコロを投げたときの出る目を表す X, Y は，$X \neq Y$ であるが X, Y (iid) と定式化されることを説明せよ．

解答 $X = Y$ とすると任意の $\omega \in \Omega$ について $X(\omega) = Y(\omega)$ より実現値が恒等的に等しく，いつも同じ目が出ることになり矛盾する．よって，$X \neq Y$ である．しかしながら，$X \stackrel{\mathrm{D}}{=} Y$ ではある．実際，$k = 1, \ldots, 6$ が出る確率は $\mathrm{P}(X = k) = \mathrm{P}(Y = k) = 1/6$ より，分布関数が等しくなるため定義 3.3 から従う．問 3.9 より，X, Y の独立性がわかるので X, Y (iid) である． ■

問 3.10 例 3.10 の X について $Z = 7 - X$ とする．このとき，$X \stackrel{\mathrm{D}}{=} Z$ であることを示せ．また，X, Z (iid) であるか？

例 3.10 と同様に，n 回のサイコロ投げ (問 3.11) は iid の典型例である[16]．

問 3.11 (n 回のサイコロ投げ)　確率変数列 $X_1, X_2, \ldots, X_n$ の n 次元分布が以下の n 次元確率関数で与えられたとする：

$$f(x_1, x_2, \ldots, x_n) = \mathrm{P}(X_1 = x_1, X_2 = x_2, \ldots, X_n = x_n) = (1/6)^n. \quad (3.28)$$

ただし，$x_1, \ldots, x_n \in \{1, 2, \ldots, 6\}$ である．このとき，$X_1, X_2, \ldots, X_n$ (iid) であることを示せ．

§ 3.2　期待値 (平均)，分散，共分散

期待値の考え方　例 3.2 (p.39) の 1 回のサイコロ投げを表す確率変数 X は，$\{1, \ldots, 6\}$ のいずれかであることしかわからない．"だいたいどのくらいの値をとるか？" と強いて問われれば $1 \cdot 1/6 + \cdots + 6 \cdot 1/6 = 7/2 = 3.5$ くらい

---

[16] サイコロ投げのような自明なモデルに関しては，例 3.6 のように確率関数は省略して説明されることが多い．しかしながら，数学的に明確な議論が必要な場合は (3.28) の $n = 2$ の記号などを用いる．

の値をとると答えることが考えられる．このことを確率空間 (Ω, P) を通してビルの高さで例えてみよう．

例 3.2 (具体的には例 2.1 (p.20)) では $\Omega = \{1, 2, \ldots, 6\}$ で任意の $k \in \Omega$ について $\mathrm{P}(\{k\}) = 1/6$ であった．これを全体の面積が $\mathrm{P}(\Omega) = 1$ である土地が，面積 $\mathrm{P}(\{k\}) = 1/6$ である土地 $\{k\}$ $(k \in \Omega)$ によって 6 つに区分けされていると思うことにする．さらに，土地 $\{k\}$ 毎に高さ $X(k) = k$ のビルがそれぞれ建っているときに，"土地全体での高さ"を考えてみよう．これは，それぞれのビルの高さだけでなく，建っている土地面積に応じて反映される．そのため，"その土地でのビルの高さ $X(k) = k$" に "土地面積 $\mathrm{P}(\{k\})$" をかけたものを合計した値として理解できる．これを一般的に考えたものが期待値 (平均) である．

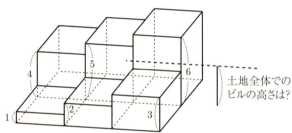

期待値 (平均)

定義 3.4 (期待値 (平均))

以下で定義される値を X の**期待値** (Expectation) または**平均**といい，本書では区別なく使用する．

1. 確率関数 (3.1) で決まる分布をもつ離散型確率変数について，
$$\mathrm{E}(X) = \sum_{k=1}^{\infty} x_k \mathrm{P}(X = x_k) = \sum_{k=1}^{\infty} x_k f(x_k). \quad (3.29)$$

2. 密度関数 (3.5) で決まる分布をもつ連続型確率変数について，
$$\mathrm{E}(X) = \int_{-\infty}^{\infty} x f(x) dx. \quad (3.30)$$

§ 3.2 期待値 (平均), 分散, 共分散

期待値は確率関数や密度関数に応じて適切に計算しなければいけない[17]. また, 確率変数 X は §3.1 で見たように $\omega \in \Omega$ に依存したランダムな量であるが, 期待値 $\mathrm{E}(X)$ は ω には依存しない定数である (ランダムな量ではない!). このことは以降に現れる分散などでも同じである.

例 3.11 例 3.2 (p.39) のサイコロ投げにおける確率変数 X の期待値 $\mathrm{E}(X)$ を求めよ.

解答 $\mathrm{E}(X) \stackrel{(3.29)}{=} \sum_{k=1}^{6} k \mathrm{P}(X=k) = (1+2+\cdots+6)/6 = 7/2.$

問 3.12 問 3.1 (p.39) における確率変数 X の期待値 $\mathrm{E}(X)$ を求めよ.

連続型確率変数に関しても定義どおり計算してみよう.

例 3.12 例 3.3 (p.40) における確率変数 X の期待値を求めよ.

解答 $\mathrm{E}(X) = \int_{-\infty}^{0} 0\, dx + \int_{0}^{1} x \cdot 2(1-x) dx + \int_{1}^{\infty} 0\, dx = \frac{1}{3}.$

問 3.13 問 3.2 (p.41) における確率変数 X の期待値 $\mathrm{E}(X)$ を求めよ.

期待値の有限, 無限に関しては注意を払う必要がある.

例 3.13 (ペテルスブルグ[18]のゲーム)　A 君はコインを表が出るまで投げ続け, k 回目で初めて表が出れば 2^k 円の賞金がもらえるゲームを行った. ただし, $k=1,2,\ldots$ である. ゲームの主催者は A 君にゲームの賞金の期待値と同額の参加費を要求した. 参加費を求めよ.

$\overbrace{\text{裏 裏} \cdots \text{裏}}^{k-1\,回} \text{表}$

2^k 円

解答　X を賞金とする. k 回目に初めて表が出る確率は $k-1$ 回目まで全て裏で k 回目で表が出るので $(1/2)^{k-1} \cdot 1/2 = 2^{-k}$ である. よって, $\mathrm{P}(X=2^k) = 2^{-k}$ ($k=1,2,\ldots$) と分布が定まる. 期待値は $\mathrm{E}(X) \stackrel{(3.29)}{=} \sum_{k=1}^{\infty} 2^k 2^{-k} = \infty$ と発散する.

賞金はそれほど期待できないにもかかわらず, いくらでも高い参加費が要求

---

[17] 離散型の場合, 脚注 4 (p.38) のとおり確率関数次第で (3.29) の和が有限和となることがあり, 番号のつけ方次第で和が $k=1$ からではなく $k=0$ などから始まることもある. 連続型の場合も同様で, 密度関数によっては有限区間の積分となることがある.

[18] ペテルスブルグはゲームを研究した D. ベルヌイ (1700–1782) が住んでいたロシアの街の名前. 彼の従兄弟の N. ベルヌイ (1687–1759) からモンモール (p.74) への手紙に書かれていた問題であった. 彼は "効用" という用語を導入して解釈を与え, 1738 年にペテルスブルグの紀要論文として発表した.

されてしまう．現実との感覚のギャップがあることから，**ペテルスブルグのパラドックス**とよばれることもある．これからわかるように，$0 < X < \infty$ であったとしても $\mathrm{E}(X) = \infty$ となることもあるので注意が必要である[19]．

問 3.14 (コーシー分布) X の密度関数が $f(x) = \{\pi(1+x^2)\}^{-1}$ とする．$f(x)$ が密度の性質 (3.6) をみたすことを確かめ，X の期待値を求めよ．

定理 3.2 (期待値の変換) 適切な関数 $g: \mathbb{R} \to \mathbb{R}$ について次が成り立つ：

1. 確率関数 (3.1) で決まる分布をもつ離散型確率変数について，
$$\mathrm{E}(g(X)) = \sum_{k=1}^{\infty} g(x_k) \mathrm{P}(X = x_k) = \sum_{k=1}^{\infty} g(x_k) f(x_k). \quad (3.31)$$

2. 密度関数 (3.5) で決まる分布をもつ連続型確率変数について，
$$\mathrm{E}(g(X)) = \int_{-\infty}^{\infty} g(x) f(x) dx. \quad (3.32)$$

証明 (3.31) のみを示す．$g(X)$ は確率変数となり，定義により $\mathrm{E}(g(X)) \stackrel{(3.29)}{=} \sum_{k=1}^{\infty} g(x_k) \mathrm{P}(g(X) = g(x_k)) \stackrel{(*)}{=} \sum_{k=1}^{\infty} g(x_k) \mathrm{P}(X = x_k)$ により従う．なお，$(*)$ の等号成立は g が 1 対 1 である必要はないことに注意する (問 3.15)． ∎

問 3.15 確率変数 X の分布が $\mathrm{P}(X = k) = \mathrm{P}(X = -k) = \dfrac{1}{4}$ ($k = 1, 2$) であるとき，$\mathrm{E}(X^2)$ を求めよ．

X の実現値全体の集合が無限集合の場合は，例 3.13 のように収束しない場合もあるが，収束する場合のみを扱いたい．たとえば連続型の場合，$\mathrm{E}(|g(X)|) \stackrel{(3.32)}{=} \displaystyle\int_{-\infty}^{\infty} |g(x)| f(x) dx$ と表されるが，この広義積分が収束して値が定まる場合にのみ (3.32) は定義され，そうでない場合は扱わない．離散型も同様に定義され，この条件を**可積分**という[20]．本書では特にことわらない限り，期待値を扱う際にはいつも可積分性を暗黙に仮定する．2 次元分布に関し

---

[19] 本書では，X は常に実数 $\mathbb{R}$ の値をとることを仮定している．それとは別に，∞ を特別な数のように扱い，事象 $\{X = \infty\}$ を考えて矛盾なく定義する考え方もある．期待値の配慮など注意すべきことも多いが，これにより確率現象をうまく説明することも可能となる．

[20] 絶対可積分ともいう．積分の定義は言及しないが，微積分で習う (広義) リーマン積分ではなく，"ルベーグ積分"といわれる積分で考える方が良いことが多い．というのも，ルベーグ積分では期待値が定義できる確率変数が増えるだけでなく，離散型と連続型の分布を統一的に扱え，さらには極限操作に強いという特徴をもつためである (参考文献 [8], [9], [10])．

て, 定理 3.2 を踏まえて期待値を定義するが可積分性も暗に仮定している:

定義 3.5 (2 変数の期待値)

$h: \mathbb{R}^2 \to \mathbb{R}$ を適切な関数とする. (X, Y) を 2 次元確率変数とするとき, $h(X, Y)$ の期待値を以下のように定義する.

1. 2 次元確率関数 (3.15) で決まる分布をもつ離散型確率変数について,
$$\mathrm{E}(h(X,Y)) = \sum_{i=1}^{\infty}\sum_{j=1}^{\infty} h(x_i, y_j) f(x_i, y_j). \tag{3.33}$$

2. 2 次元密度関数 (3.20) で決まる分布をもつ連続型確率変数について,
$$\mathrm{E}(h(X,Y)) = \int_{-\infty}^{\infty}\int_{-\infty}^{\infty} h(x,y) f(x,y) dx dy. \tag{3.34}$$

期待値の性質をまとめておく:

定理 3.3 (期待値の性質) a, b を定数とし X, Y, Z を確率変数とする. このとき, 以下が成り立つ:

$$\mathrm{E}(a) = a. \tag{3.35}$$

$$\mathrm{E}(aX + bY) = a\mathrm{E}(X) + b\mathrm{E}(Y). \quad \textbf{(期待値の線形性 I)} \tag{3.36}$$

$$Z \geqq 0 \Longrightarrow \mathrm{E}(Z) \geqq 0. \quad \text{一般に}, X \geqq Y \Longrightarrow \mathrm{E}(X) \geqq \mathrm{E}(Y). \tag{3.37}$$

$$X, Y \text{ が独立} \Longrightarrow \mathrm{E}(XY) = \mathrm{E}(X)\mathrm{E}(Y). \tag{3.38}$$

一般的に, 適切な関数 $g_i : \mathbb{R} \to \mathbb{R}$ $(i = 1, 2)$ について

$$X, Y \text{ が独立} \Longrightarrow \mathrm{E}(g_1(X)g_2(Y)) = \mathrm{E}(g_1(X))\mathrm{E}(g_2(Y)). \tag{3.39}$$

証明 $\mathrm{P}(X = a) = 1$ となる確率変数 X について (3.29) を適用すれば (3.35) がわかる. (3.36) の証明は (X, Y) が 2 次元密度 $f(x, y)$ をもつ連続型の場合に示すが, 離散型の場合も同様である. (3.34) で $h(x, y) = ax + by$ ととると,

$$\mathrm{E}(aX + bY) \stackrel{(3.34)}{=} \int_{-\infty}^{\infty}\int_{-\infty}^{\infty} (ax + by) f(x,y) dx dy$$

$$\stackrel{\text{線形性}}{=} a\int_{-\infty}^{\infty} x \left\{ \int_{-\infty}^{\infty} f(x,y) dy \right\} dx + b\int_{-\infty}^{\infty} y \left\{ \int_{-\infty}^{\infty} f(x,y) dx \right\} dy$$

$$\stackrel{(3.24)}{=} a\int_{-\infty}^{\infty} x f_X(x) dx + b\int_{-\infty}^{\infty} y f_Y(y) dx \stackrel{(3.30)}{=} a\mathrm{E}(X) + b\mathrm{E}(Y)$$

より，(3.36) がわかる．$Z \geqq 0$ とすると，Z の密度関数は $f_Z(z) = 0$ $(z \leqq 0)$ となるので $\mathrm{E}(Z) = \int_0^\infty z f_Z(z) dz \geqq 0$ となる．これにより，$Z = X - Y$ とおいて (3.36) を適用させると (3.37) がわかる．(3.34) で $h(x,y) = xy$ ととると，独立性より，

$$\mathrm{E}(XY) \stackrel{(3.34)}{=} \int_{-\infty}^\infty \int_{-\infty}^\infty xy f(x,y) dx dy \stackrel{独立,(3.26)}{=} \int_{-\infty}^\infty \int_{-\infty}^\infty xy f_X(x) f_Y(y) dx dy$$

$$= \left\{\int_{-\infty}^\infty x f_X(x) dx\right\}\left\{\int_{-\infty}^\infty y f_Y(y) dy\right\} \stackrel{(3.30)}{=} \mathrm{E}(X)\mathrm{E}(Y)$$

となり，(3.38) がわかる．(3.39) の証明は (3.38) と同様に行うことができる．なお，これらの証明は積分の順序交換を行っているが，可積分性により正当化される． ■

問 3.16 期待値の性質を用いて $|\mathrm{E}(X)| \leqq \mathrm{E}(|X|)$ を示せ．

なお，(3.37) の条件 "$X \geqq Y$" は，高度な概念を用いて緩和されることもあるが[21]，そのことよりも以下を知っておくことの方が重要である．

注意 3.2 (3.38) の逆は正しくない．つまり，独立の条件は $\mathrm{E}(XY) = \mathrm{E}(X)\mathrm{E}(Y)$ より強い．

問 3.17 (X,Y) の分布が 2 次元確率関数 $f(1,0) = f(0,1) = f(-1,0) = f(0,-1) = 1/4$ で与えられているとする．このとき，$\mathrm{E}(XY) = \mathrm{E}(X)\mathrm{E}(Y)$ は成り立つが，X, Y は独立でないことを示せ (周辺確率関数を求めよ)．

例 3.14 例 3.6 (p.45) の X, Y について，サイコロの出た目の和 $X + Y$ の期待値と積 XY の期待値をそれぞれ求めよ．

解答 和の期待値は $\mathrm{E}(X+Y) \stackrel{(3.36)}{=} \mathrm{E}(X) + \mathrm{E}(Y) \stackrel{例3.11}{=} 7$ である．積の期待値は $\mathrm{E}(XY) \stackrel{(3.38)}{=} \mathrm{E}(X)\mathrm{E}(Y) \stackrel{例3.11}{=} 49/4$ である．(3.38) を使用するための独立性は問 3.9 から従う． ■

問 3.18 例 3.8 (p.47) の X, Y について以下を求めよ．
1. $\mathrm{E}(3X + 2Y)$． 2. $\mathrm{E}(XY)$．
ただし，(3.34) により直接求める方法と定理 3.3 を使う方法の両方を行え．

---

[21] 一般に，確率変数 X, Y が $X = Y$ や $X \geqq Y$ で表記された場合は，任意の $\omega \in \Omega$ について $X(\omega) = Y(\omega)$ や $X(\omega) \geqq Y(\omega)$ ではなく，それぞれ $\mathrm{P}(X = Y) = 1$, $\mathrm{P}(X \geqq Y) = 1$ と確率 0 を除いて考えた方が良いことがある (そうでなければ厳密な議論ができないこともある)．このことを強調するときには $X = Y$ a.s. や $X \geqq Y$ a.s. というように表記する．"a.s." とは Almost Surely の頭文字であり確率 0 を除いたことを意味するが，本書では以降でも確率 0 の議論を行わない．

定理 3.3 の内容を n 個の確率変数で考えると以下のとおりとなる.

命題 3.2 (n 個の確率変数の期待値の性質)
$a_1, \ldots, a_n$ を定数で, $X_1, \ldots, X_n$ を確率変数とする. このとき
$$\mathrm{E}\left(\sum_{k=1}^{n} a_k X_k\right) = \sum_{k=1}^{n} a_k \mathrm{E}(X_k). \quad \text{(期待値の線形性 II)} \tag{3.40}$$
さらに, 適切な関数 $g_i : \mathbb{R} \to \mathbb{R}$ ($i = 1, \ldots, n$) について
$$X_1, \ldots, X_n \text{ が独立} \Longrightarrow \mathrm{E}\left(\prod_{k=1}^{n} g_k(X_k)\right) = \prod_{k=1}^{n} \mathrm{E}(g_k(X_k)). \tag{3.41}$$

証明 定理 3.3 の証明を n 変数で書き直せばよい. ■

■分散■ 二種類の公平なギャンブル G_1, G_2 を考える. G_1 は勝てば 1 円もらえ, 負ければ 1 円払うもので, G_2 は勝てば 2 円もらえ, 負ければ 2 円払うものとする. 期待値はどちらも 0 で差はないが, ギャンブルとしてのリスクは G_2 の方が大きい. リスクは期待値 0 との隔たり具合として表れ, 分散といわれるもので定式化される.

定義 3.6 (確率変数の分散)
確率変数 X について, 期待値との差 $X - \mathrm{E}(X)$ を**偏差** (Deviation) といい, 偏差の二乗の期待値を**分散** (Variance) として以下のように定義する.
$$\mathrm{V}(X) = \mathrm{E}((X - \mathrm{E}(X))^2). \tag{3.42}$$

散らばり具合を表すため, 偏差 $X - \mathrm{E}(X)$ 自体の期待値を考えたいところであるが, 0 となってしまう. そのため, 偏差の二乗の期待値である $\mathrm{V}(X)$ を扱う[22]. 分散は以下のように計算される.

---

[22] $\mathrm{E}(|X - \mathrm{E}(X)|)$ で散らばり具合を表してもよいかもしれないが, (3.42) と比較して数学的に扱い辛い. なお, X^2 が可積分であるときのみ $\mathrm{V}(X)$ が存在することが知られている. 以降で分散を扱う際にはこれを仮定する.

命題 3.3 (分散の計算方法 I)

1. 確率関数 (3.1) で決まる分布をもつ離散型確率変数について,

$$V(X) = \sum_{k=1}^{\infty}(x_k - E(X))^2 P(X=x_k) = \sum_{k=1}^{\infty}(x_k - E(X))^2 f(x_k). \tag{3.43}$$

2. 密度関数 (3.5) で決まる分布をもつ連続型確率変数について,

$$V(X) = \int_{-\infty}^{\infty}(x - E(X))^2 f(x)dx. \tag{3.44}$$

証明 定義 (3.42) に対して, $g(x) = (x - E(X))^2$ として定理 3.2 を適用する. ∎

分散は以下の性質をみたす.

定理 3.4 (分散の性質) 確率変数 X について以下が成り立つ:

$$V(X) \geqq 0. \tag{3.45}$$

$$V(X) = 0 \iff \text{ある定数 } a \text{ について } P(X=a) = 1. \tag{3.46}$$

$$V(X) = E(X^2) - \{E(X)\}^2. \tag{3.47}$$

$$\text{定数 } a,b \text{ について } V(aX+b) = a^2 V(X). \tag{3.48}$$

$$\text{確率変数 } X, Y \text{ が独立} \implies V(X+Y) = V(X) + V(Y). \tag{3.49}$$

$$\text{確率変数 } X_1,\ldots,X_n \text{ が独立} \implies V\left(\sum_{k=1}^{n} X_k\right) = \sum_{k=1}^{n} V(X_k). \tag{3.50}$$

証明 (3.37) について X, Y をそれぞれ $(X-E(X))^2$, 0 として適用すれば (3.45) がわかる. (3.46) は, $V(X) = 0$ ならば離散型の場合は (3.43) について $x_1 = x_2 = \cdots = E(X)$ となることから従う[23]. 逆は分散の定義から従う. また, $E(X)$ は確率変数ではなく定数であることに注意して,

$$V(X) \stackrel{(3.42)}{=} E(X^2 - 2E(X)X + \{E(X)\}^2)$$

$$\stackrel{(3.35),(3.36)}{=} E(X^2) - 2E(X)E(X) + \{E(X)\}^2 = E(X^2) - \{E(X)\}^2.$$

これにより (3.47) がわかる. さらに,

$$V(aX+b) \stackrel{(3.42)}{=} E(\{aX+b-E(aX+b)\}^2) \stackrel{(3.36)}{=} E(\{a(X-E(X))\}^2)$$

---

[23] 連続型の場合, (3.44) と注意 3.1 (p.40) により $V(X) = 0$ をみたすものは存在しない.

$$= \mathrm{E}\left(a^2\{(X-\mathrm{E}(X))^2\}\right) \stackrel{(3.36)}{=} a^2\mathrm{E}\left(\{(X-\mathrm{E}(X))^2\}\right) \stackrel{(3.42)}{=} a^2\mathrm{V}(X).$$

これより (3.48) がわかる. 最後に, X, Y が独立であれば

$$\mathrm{V}(X+Y) \stackrel{(3.47)}{=} \mathrm{E}\left(\{X+Y\}^2\right) - \{\mathrm{E}(X+Y)\}^2$$

$$\stackrel{(3.36)}{=} \mathrm{E}(X^2) + 2\mathrm{E}(XY) + \mathrm{E}(Y^2)$$
$$\quad - [\{\mathrm{E}(X)\}^2 + 2\mathrm{E}(X)\mathrm{E}(Y) + \{\mathrm{E}(Y)\}^2]$$

$$\stackrel{(3.47)}{=} \mathrm{V}(X) + \mathrm{V}(Y) + 2\{\mathrm{E}(XY) - \mathrm{E}(X)\mathrm{E}(Y)\} \stackrel{(3.38)}{=} \mathrm{V}(X) + \mathrm{V}(Y)$$

であるので, (3.49) がわかる. (3.50) は (3.49) の証明と同様で (3.41) を用いる[24]. ∎

注意 3.3 期待値は無条件で $\mathrm{E}(X+Y) = \mathrm{E}(X) + \mathrm{E}(Y)$ とできるが[25], 分散は $\mathrm{V}(X+Y) \stackrel{?}{=} \mathrm{V}(X) + \mathrm{V}(Y)$ の等号成立のためには独立性などの条件が必要である.

計算を容易にするため, 命題 3.3 ではなく以下を用いることが多い.

命題 3.4 (分散の計算方法 II)
1. 確率関数 (3.1) で決まる分布をもつ離散型確率変数について,

$$\mathrm{V}(X) = \sum_{k=1}^{\infty} x_k^2 \mathrm{P}(X=x_k) - \{\mathrm{E}(X)\}^2 = \sum_{k=1}^{\infty} x_k^2 f(x_k) - \{\mathrm{E}(X)\}^2. \tag{3.51}$$

2. 密度関数 (3.5) で決まる分布をもつ連続型確率変数について,

$$\mathrm{V}(X) = \int_{-\infty}^{\infty} x^2 f(x) dx - \{\mathrm{E}(X)\}^2. \tag{3.52}$$

証明 (3.47) に対して, $g(x) = x^2$ として定理 3.2 を適用する. ∎

問 3.19 問 3.1 (p.39), 例 3.3 (p.40), 問 3.2 (p.41) における確率変数 X の分散をそれぞれ求めよ.

---

[24] (3.49) や (3.50) を示すためには, $X_1, \ldots, X_n$ が独立である必要はなく, 任意のペアの確率変数 X_i, X_j ($i \neq j$) が "無相関" でありさえすればよい. 無相関は定義 3.9 で後述するが独立よりも弱い概念である.

[25] もちろん, 各確率変数の可積分性 (p.54) は前提とする. たとえば, X を例 3.13 の $\mathrm{E}(X) = \infty$ となる非可積分な確率変数で $Y = -X$ なら $\mathrm{E}(X+Y) = \mathrm{E}(X) + \mathrm{E}(Y)$ は成立しない.

■ 標準偏差 ■ 分散は確率変数 $(X - \mathrm{E}(X))^2$ の期待値であるが，これにより，たとえば，X の測定単位が kg であれば分散の単位は kg^2 となる．これに対して，$\sqrt{\mathrm{V}(X)}$ を考えると測定単位が kg と揃うのでこちらを考えることがある．

定義 3.7 (確率変数の標準偏差)

確率変数 X の**標準偏差** (Standard Deviation) $\overset{シグマ}{\sigma}(X)$ を以下で定義する．
$$\sigma(X) = \sqrt{\mathrm{V}(X)}. \tag{3.53}$$

標準偏差を扱う際には，定義どおり分散に置き直して考えていけばよい．

例 3.15 確率変数 X, Y は独立で，標準偏差がそれぞれ $\sigma(X) = 3$, $\sigma(Y) = 4$ であるとき，$\sigma(X + Y)$ を求めよ．

解答 $\mathrm{V}(X) \overset{(3.53)}{=} \{\sigma(X)\}^2 = 3^2$ であり同様に $\mathrm{V}(Y) = 4^2$ となる．よって，$\sigma(X+Y) \overset{(3.53)}{=} \sqrt{\mathrm{V}(X+Y)} \overset{(3.49)}{=} \sqrt{\mathrm{V}(X) + \mathrm{V}(Y)} = 5$ となる． ∎

問 3.20 例 3.15 における X, Y について，$\sigma(2X - 3Y)$ の値を求めよ．

注意 3.4 平均，分散，標準偏差は分布関数から計算できる．そのため，同分布 $X \overset{\mathrm{D}}{=} Y$ ならば定義 3.3 からこれらの値はそれぞれ等しい[26]．しかしながら，これらが全て等しくても一般には分布は等しくならない．たとえば，X, Y の分布を $\mathrm{P}(X = 1) = \mathrm{P}(X = -1) = \dfrac{1}{2}$, $\mathrm{P}(Y = 2) = \mathrm{P}(Y = -2) = \dfrac{1}{8}$, $\mathrm{P}(Y = 0) = \dfrac{3}{4}$ で定めたときは，平均，分散は等しくなるものの (計算してみよ!)，分布は異なっている．

■ 共分散 ■ 二つの確率変数 X, Y の関係を知る尺度として共分散とよばれるものがある．

定義 3.8 (共分散)

(X, Y) の**共分散** (Covariance) $\mathrm{Cov}(X, Y)$ を以下で定義する：
$$\mathrm{Cov}(X, Y) = \mathrm{E}(\{X - \mathrm{E}(X)\}\{Y - \mathrm{E}(Y)\}). \tag{3.54}$$

---

[26] 特に X, Y (iid) を仮定する場合が多いが，その際にはこの事実を注意せずに用いる．

定義からすぐわかるが，$\mathrm{Cov}(X,X) = \mathrm{V}(X)$ であり，このことから共分散の命名法も納得がいくであろう．他にも以下をみたす．

定理 3.5 (共分散の性質) 確率変数 X, Y, Z について以下が成り立つ：

$$\mathrm{Cov}(X,Y) = \mathrm{E}(XY) - \mathrm{E}(X)\mathrm{E}(Y). \tag{3.55}$$

$$\text{定数 } a, b \text{ について } \mathrm{Cov}(aX, bY) = ab\mathrm{Cov}(X,Y). \tag{3.56}$$

$$\mathrm{Cov}(X+Y, Z) = \mathrm{Cov}(X,Z) + \mathrm{Cov}(Y,Z). \tag{3.57}$$

$$\mathrm{V}(X+Y) = \mathrm{V}(X) + \mathrm{V}(Y) + 2\mathrm{Cov}(X,Y). \tag{3.58}$$

$$X, Y \text{ が独立} \Longrightarrow \mathrm{Cov}(X,Y) = 0. \tag{3.59}$$

証明 $\mathrm{Cov}(X,Y) \stackrel{(3.54)}{=} \mathrm{E}(XY - Y\mathrm{E}(X) - X\mathrm{E}(Y) + \mathrm{E}(X)\mathrm{E}(Y)) \stackrel{(3.36)}{=} \mathrm{E}(XY) - \mathrm{E}(X)\mathrm{E}(Y)$ より (3.55) がわかる．(3.56) は

$$\mathrm{Cov}(aX, bY) \stackrel{(3.55)}{=} \mathrm{E}(abXY) - \mathrm{E}(aX)\mathrm{E}(bY) \stackrel{(3.36)}{=} ab\{\mathrm{E}(XY) - \mathrm{E}(X)\mathrm{E}(Y)\}$$
$$\stackrel{(3.55)}{=} ab\mathrm{Cov}(X,Y)$$

から従う．(3.57) は $\mathrm{Cov}(X+Y, Z) \stackrel{(3.55)}{=} \mathrm{E}((X+Y)Z) - \mathrm{E}(X+Y)\mathrm{E}(Z)$ から上記と同様な展開を行えば $\mathrm{Cov}(X,Z) + \mathrm{Cov}(Y,Z)$ がえられる．(3.58) は (3.49) の証明に (3.55) を適用する．(3.59) は (3.55) に (3.38) を適用する． ∎

なお，注意 3.2 と同様のことであるが，(3.59) の逆は一般には成立しない．

相関係数

定義 3.9 (相関係数)

$\mathrm{V}(X)\mathrm{V}(Y) > 0$ であるとき，(X,Y) の**相関係数** (Correlation Coefficient) $\rho(X,Y)$ を以下のように定義する：

$$\rho(X,Y) = \mathrm{Cov}(X,Y)/\sqrt{\mathrm{V}(X)\mathrm{V}(Y)}. \tag{3.60}$$

$\rho(X,Y) > 0$, $\rho(X,Y) < 0$ をそれぞれ (X,Y) は**正の相関**，**負の相関**があるといい，$\rho(X,Y) = 0$ を**無相関**という．

$\rho(X,Y)$ を扱う際は注意 1.3 (p.12) と同様に $\mathrm{V}(X)\mathrm{V}(Y) > 0$ を仮定する．

定理 3.6 (相関係数の性質)

$$|\rho(X,Y)| \leqq 1. \tag{3.61}$$

証明 分散 $V(X)$, $V(Y)$ は定数で, $\rho(X,Y)$ を扱っているので $V(X) > 0$, $V(Y) > 0$ であることに注意して, 以下をえる:

$$0 \stackrel{(3.45)}{\leqq} V\left(\frac{X}{\sqrt{V(X)}} + \frac{Y}{\sqrt{V(Y)}}\right)$$

$$\stackrel{(3.58)}{=} V\left(\frac{X}{\sqrt{V(X)}}\right) + V\left(\frac{Y}{\sqrt{V(Y)}}\right) + 2\mathrm{Cov}\left(\frac{X}{\sqrt{V(X)}}, \frac{Y}{\sqrt{V(Y)}}\right)$$

$$\stackrel{(3.48),(3.56)}{=} 1 + 1 + 2\frac{\mathrm{Cov}(X,Y)}{\sqrt{V(X)V(Y)}} = 2(1+\rho(X,Y)).$$

これにより $\rho(X,Y) \geqq -1$ がわかる. 同様に $V\left(\frac{X}{\sqrt{V(X)}} - \frac{Y}{\sqrt{V(Y)}}\right)$ を計算して $\rho(X,Y) \leqq 1$ がわかり (3.61) をえる. ∎

問 3.21 任意の $t \in \mathbb{R}$ について $E(\{t(X-E(X)) + (Y-E(Y))\}^2) \geqq 0$ が成り立つことを利用して (3.61) を示せ.

問 3.22 例 3.7 (p.46) の X, Y について共分散 $\mathrm{Cov}(X,Y)$ と相関係数 $\rho(X,Y)$ を求めよ. 同様に例 3.8 (p.47) の X, Y についてもこれらを求めよ.

定理 3.6 において $E(X) = E(Y) = 0$ とすると $|E(XY)| \leqq \sqrt{E(X^2)E(Y^2)}$ であるが, コーシー・シュワルツの不等式 (1.16) (p.14) の確率変数を使ったいい換えである. 以下の二乗した形もよく使われる:

$$\{E(XY)\}^2 \leqq E(X^2)E(Y^2). \tag{3.62}$$

§ 3.3　母関数, 条件付き期待値

モーメント　確率変数 X について $E(X^n)$ を X の n 次モーメントとよぶ. たとえば, 1 次モーメントは期待値であるが, (3.48) により, 分散は 1 次と 2 次モーメントを用いて表される. 例 3.13 でわかるとおり, モーメントは必ずしも存在するとは限らない[27]. モーメントは分布の情報

---

[27] しかしながら, X^n が可積分ならば低次のモーメント $E(X^k)$ $(k = 1, \ldots, n)$ は存在することが知られている.

の多くを含んでいるが，任意の次数のモーメントが全てわかったとしても，一般には分布を決定することはできない．分布を決定するものとして"母関数"があり，ここでは確率母関数とモーメント母関数をそれぞれ紹介する．

■ 確率母関数 ■

定義 3.10 (確率母関数 (Probability Generating Function))

X が整数値をとるとき，確率母関数を以下で定義する：
$$G_X(t) = E(t^X) \quad (t \in \mathbb{R}). \tag{3.63}$$

特に，X が非負の整数をとる場合，(3.31) (p.54) に $g(x) = t^x$ を適用すると

$$G_X(t) = \sum_{k=0}^{\infty} P(X=k)t^k = P(X=0) + P(X=1)t + P(X=2)t^2 + \cdots \tag{3.64}$$

と計算されるが，$G_X(1) = 1$ であり $|t| \leq 1$ の範囲では収束することがわかる[28]．この範囲では端点を除いて項別に微分できることが知られており，

$$G_X^{(n)}(t) = \sum_{k=n}^{\infty} (k)_n P(X=k) t^{k-n} = E((X)_n t^{X-n})$$

となる．ただし，$(k)_n$ は順列 (2.12) の記号 $k(k-1) \cdots (k-n+1)$ である[29]．$\lim_{t \to 1-0} G_X^{(n)}(t)$ を $G_X^{(n)}(1)$ と書くことにすると，$G_X^{(n)}(1) = E((X)_n)$ がわかり[30] これを n 次階乗モーメント とよぶ．階乗モーメントから (3.40) を用いて n 次モーメントを計算することができる．

命題 3.5 (平均，分散の計算 I)

平均と分散は確率母関数を用いて以下で計算される：
$$E(X) = G'_X(1), \quad V(X) = G''_X(1) + G'_X(1) - \{G'_X(1)\}^2. \tag{3.65}$$

---

[28] $G_X(t)$ が与えられたとき，確率 $P(X=k)$ を求める際は t^k の係数を調べればよい (たとえば章末問題 3.10, 3.13)．$G_X(t)$ は X のとる値が有限個であれば多項式となるが，一般には解析関数 (テイラー展開可能な関数) である．

[29] たとえば $G'_X(t) = E(Xt^{X-1})$ であるが，$E(\cdot)$ の中身の微分と考えることができる．

[30] 正確には級数 $\sum_{k=n}^{\infty} (k)_n P(X=k)$ が収束するという条件が必要である (アーベルの定理)．

証明 $G_X^{(n)}(1) = E((X)_n)$ について $n=1$ とすれば前半がわかり，$n=2$ とすれば $G_X''(1) = E(X(X-1)) \stackrel{(3.36)}{=} E(X^2) - E(X)$ から (3.47) とあわせて後半をえる．∎

例 3.16 例 3.2 (p.39) の 1 回のサイコロ投げに表れる X について，確率母関数を求め，平均，分散を求めよ．

解答 確率母関数は $G_X(t) = \sum_{k=1}^{6} t^k/6$ であり，$G_X'(t) = \sum_{k=1}^{6} k t^{k-1}/6$ より，平均は $E(X) = G_X'(1) = 7/2$ である．$G_X''(t) = \sum_{k=2}^{6} k(k-1) t^{k-2}/6$ から $G_X''(1) = 70/6$. よって，$V(X) \stackrel{(3.65)}{=} 70/6 + 7/2 - (7/2)^2 = 35/12$. ∎

モーメント母関数

> **定義 3.11 (モーメント母関数 (Moment Generating Function))**
> X のモーメント母関数を以下で定義する：
> $$M_X(t) = E(e^{tX}) = E(\exp(tX)) \quad (t \in \mathbb{R}). \tag{3.66}$$

ただし，$\exp\{f(x)\}$ は $e^{f(x)}$ を意味し，ベキの $f(x)$ の部分が複雑な場合はこの記号を用いるが，本書では併用する．(3.31) または (3.32) に $g(x) = e^{tx}$ と適用して計算されるが，具体的な分布については第 4 章で行う[31]．また，e^{tX} をテイラー展開して期待値の線形性を用いると，以下のように表記できる：
$$M_X(t) = \sum_{n=0}^{\infty} \frac{E(X^n)}{n!} t^n. \tag{3.67}$$

$M_X(t)$ は離散型分布でも連続型分布でも同様に考えることができるが，定義できる分布は (3.67) の右辺が $t=0$ の近傍で収束するものに限定される[32]．

---

[31] X が密度をもち $X > 0$ であれば $M_X(-t) \stackrel{(3.32)}{=} \int_0^{\infty} \exp(-tx) f(x) dx$ という形になる．これは密度関数 $f(x)$ のラプラス変換となるため，モーメント母関数はラプラス変換の確率論での方言といえる．

[32] この条件により任意の次数のモーメントが存在することが導かれ，数学的には大変扱いやすくなる．一方で，$\varphi_X(t) = E(\exp(\sqrt{-1} tX))$ とおけば $\varphi_X(t)$ はどのような分布でも定義できる．$\varphi_X(t)$ を X の**特性関数**といい，理論上は大変重要な関数であるが本書では扱わない．$\varphi_X(t)$ の計算には複素関数論の知識が必要であるためである．なお，$\varphi_X(-t)$ は密度関数のフーリエ変換となるため，特性関数も確率論での方言といえる．

$M_X(t)$ を t で微分すれば $M'_X(t) = \{E(e^{tX})\}' \stackrel{(*)}{=} E((e^{tX})') = E(Xe^{tX})$ となる[33]. これを繰り返すと $M_X^{(n)}(t) = E(X^n e^{tX})$ であり, $t=0$ における連続性も正当化されるので

$$E(X^n) = M_X^{(n)}(0) \tag{3.68}$$

と任意のモーメントが計算できる.

命題 3.6 (平均, 分散の計算 II)

平均と分散はモーメント母関数を用いて以下で計算される:

$$E(X) = M'_X(0), \quad V(X) = M''_X(0) - \{M'_X(0)\}^2. \tag{3.69}$$

証明 (3.68) について $n=1$ とすれば前半がわかり, $n=2$ とすれば $M''_X(0) = E(X^2)$ から (3.47) とあわせて後半がわかる. ∎

問 3.23 例 3.16 の X について $M_X(t)$ を求め, 平均, 分散を求めよ.

母関数の性質と iid　　iid の確率変数と確率母関数の関係を述べる.

命題 3.7 (分布の一意性, iid の場合 I)

確率変数 $X, Y, X_1, \ldots, X_n$ の確率母関数がそれぞれ定義できるとき, 以下がいえる:

$$X \stackrel{D}{=} Y \iff G_X(t) = G_Y(t). \tag{3.70}$$

$$X, Y \text{ が独立} \implies G_{X+Y}(t) = G_X(t) G_Y(t). \tag{3.71}$$

$$X_1, X_2, \ldots, X_n \text{ が独立} \implies G_{X_1 + \cdots + X_n}(t) = \prod_{k=1}^n G_{X_k}(t). \tag{3.72}$$

$$X_1, X_2, \ldots, X_n \text{ (iid)} \implies G_{X_1 + \cdots + X_n}(t) = \{G_{X_1}(t)\}^n. \tag{3.73}$$

証明　実現値が非負整数値のときのみを示す. (3.70) について, $X \stackrel{D}{=} Y$ であれば $P(X=k) = P(Y=k)$ が任意の $k \geqq 0$ で成立する. これを (3.64) に適用すれば

---

[33] 期待値と微分の交換である $(*)$ は脚注 29 (p.63) と同様の議論で, モーメント母関数が定義されている場合は正当化される.

$G_X(t) = G_Y(t)$ となる．逆に，$G_X(t) = G_Y(t)$ とすると，収束するベキ級数 (3.64) について項別に微分して $G_X^{(k)}(0) = G_Y^{(k)}(0)$ より，$P(X = k) = P(Y = k)$ が任意の $k \geqq 0$ で成立する．(3.71) は，$G_{X+Y}(t) \stackrel{(3.63)}{=} E(t^{X+Y}) \stackrel{指数法則}{=} E(t^X t^Y) \stackrel{独立,(3.39)}{=} E(t^X)E(t^Y) \stackrel{(3.63)}{=} G_X(t)G_Y(t)$ から従う．(3.72) はこれを n 回繰り返す．(3.73) は (3.72) に (3.70) を適用する． ∎

命題 3.7 のモーメント母関数版である以下の命題も有用である：

命題 3.8 (分布の一意性，iid の場合 II)

確率変数 $X, Y, X_1, \ldots, X_n$ のモーメント母関数がそれぞれ定義できるとき，以下がいえる：

$$X \stackrel{D}{=} Y \iff M_X(t) = M_Y(t). \tag{3.74}$$

$$X, Y \text{ が独立} \implies M_{X+Y}(t) = M_X(t)M_Y(t). \tag{3.75}$$

$$X_1, X_2, \ldots, X_n \text{ が独立} \implies M_{X_1+\cdots+X_n}(t) = \prod_{k=1}^n M_{X_k}(t). \tag{3.76}$$

$$X_1, X_2, \ldots, X_n \text{ (iid)} \implies M_{X_1+\cdots+X_n}(t) = \{M_{X_1}(t)\}^n. \tag{3.77}$$

証明 $M_X(t) = G_X(e^t)$ であり，定理 3.7 の証明の方法と本質的に同じである． ∎

条件付き期待値 条件付き期待値を定義する準備として定義確率変数を導入する．

命題 3.9 (定義確率変数)

事象 A について

$$\mathbb{I}_A(\omega) = \begin{cases} 1 & (\omega \in A) \\ 0 & (\omega \notin A) \end{cases} \tag{3.78}$$

で定義された確率変数を A の**定義確率変数**といい，事象 A, B について以

§3.3 母関数，条件付き期待値　67

下をみたす．
$$\mathbb{I}_{A \cap B} = \mathbb{I}_A \mathbb{I}_B, \quad \mathbb{I}_{A^c} = 1 - \mathbb{I}_A. \tag{3.79}$$

$$\mathrm{E}(\mathbb{I}_A) = \mathrm{P}(A), \quad \mathrm{V}(\mathbb{I}_A) = \mathrm{P}(A)\mathrm{P}(A^c). \tag{3.80}$$

証明 (3.79) について，$\mathbb{I}_{A \cap B}(\omega)$ は $\omega \in A$ と $\omega \in B$ の両方が成り立つときに限り 1 で，他は 0 となることから従う．$\mathbb{I}_{A^c} = 1 - \mathbb{I}_A$ も同様である．(3.80) の期待値は $\mathrm{E}(\mathbb{I}_A) \stackrel{(3.29)}{=} 1 \cdot \mathrm{P}(\mathbb{I}_A = 1) + 0 \cdot \mathrm{P}(\mathbb{I}_A = 0) = \mathrm{P}(A)$ であり，分散は (3.79) で $A = B$ とすると $\mathbb{I}_A^2 = \mathbb{I}_A$ となるが，$\mathrm{V}(\mathbb{I}_A) \stackrel{(3.47)}{=} \mathrm{E}(\mathbb{I}_A^2) - \{\mathrm{E}(\mathbb{I}_A)\}^2 = \mathrm{E}(\mathbb{I}_A) - \{\mathrm{E}(\mathbb{I}_A)\}^2 = \mathrm{P}(A) - \{\mathrm{P}(A)\}^2 = \mathrm{P}(A)\{1 - \mathrm{P}(A)\}$ から従う． ∎

定義 3.12 (条件付き期待値)

$\mathrm{P}(A) > 0$ をみたす事象 A について，事象 A が与えられたときの確率変数 X の**条件付き期待値** (Conditional Expectation) を以下のように定義する：
$$\mathrm{E}(X|A) = \frac{\mathrm{E}(X \mathbb{I}_A)}{\mathrm{E}(\mathbb{I}_A)}. \tag{3.81}$$
確率変数 Y が与えられたときの確率変数 X の条件付き期待値 $\mathrm{E}(X|Y)$ を
$$\mathrm{E}(X|Y) = \psi(Y) \tag{3.82}$$
で定義する．ただし，関数 $\psi(y)$ は
$$\psi(y) = \mathrm{E}(X|Y = y) = \begin{cases} \displaystyle\sum_{k=1}^{\infty} x_k \mathrm{P}(X = x_k | Y = y) & (離散型) \\ \displaystyle\int_{-\infty}^{\infty} x f(x,y)/f_Y(y) dx & (連続型) \end{cases} \tag{3.83}$$
で定義され，$Y = y$ が与えられたときの X の条件付き期待値という．ここで，$f(x,y)$, $f_Y(y)$ はそれぞれ (X,Y) と Y の密度である．

例 3.17 事象 A, B について $\mathrm{P}(A) > 0$ のとき $\mathrm{E}(\mathbb{I}_B|A) = \mathrm{P}(B|A)$ を示せ．

解答 (3.81) において $X = \mathbb{I}_B$ とおくと，以下がわかる：

$$\mathrm{E}(\mathbb{I}_B|A) \stackrel{(3.81)}{=} \frac{\mathrm{E}(\mathbb{I}_B \mathbb{I}_A)}{\mathrm{E}(\mathbb{I}_A)} \stackrel{(3.79)}{=} \frac{\mathrm{E}(\mathbb{I}_{A \cap B})}{\mathrm{E}(\mathbb{I}_A)} \stackrel{(3.80)}{=} \frac{\mathrm{P}(A \cap B)}{\mathrm{P}(A)} \stackrel{(2.7)}{=} \mathrm{P}(B|A).$$
∎

例 3.17 により,条件付き期待値 (3.81) は条件付き確率 (2.7) の拡張の概念となっていることがわかる.事象 A が与えられたときの X の条件付き期待値 $\mathrm{E}(X|A)$ や $\psi(y) = \mathrm{E}(X|Y=y)$ は,通常の期待値と同じでランダムな量ではない.しかしながら,$\mathrm{E}(X|Y)$ はランダムな量であり,確率変数である.たとえば離散型確率変数の場合,

$$\mathrm{E}(X|Y)(\omega) = \sum_{k=1}^{\infty} x_k \mathrm{P}(X=x_k|Y=y) \quad (\omega \in \{\omega \in \Omega : Y(\omega) = y\})$$
(3.84)

であり,Ω から実数に値をとる写像となるため,$\mathrm{E}(X|Y)$ について期待値をとることに意味をもつ.

命題 3.10 (条件付き期待値の性質 I)

定数 a, b, 確率変数 X, Y, 事象 A (ただし $\mathrm{P}(A) > 0$), 適切な関数 $g : \mathbb{R} \to \mathbb{R}$, $h : \mathbb{R}^2 \to \mathbb{R}$ について以下が成り立つ:

$$\mathrm{E}(aX+b|A) = a\mathrm{E}(X|A)+b, \ \mathrm{E}(aX+b|Y) = a\mathrm{E}(X|Y)+b. \tag{3.85}$$

$$X, Y \text{ が独立} \Longrightarrow \mathrm{E}(X|Y) = \mathrm{E}(X). \tag{3.86}$$

$$\mathrm{E}(\mathrm{E}(X|Y)) = \mathrm{E}(X). \tag{3.87}$$

$$\mathrm{E}(h(X,Y)|Y=y) = \mathrm{E}(h(X,y)|Y=y). \tag{3.88}$$

$$\mathrm{E}(Xg(Y)|Y) = g(Y)\mathrm{E}(X|Y). \quad \text{特に,} \ \mathrm{E}(Y|Y) = Y. \tag{3.89}$$

---

 p.159 で行う.

一般的に,$\psi(Y) = \mathrm{E}(X|Y)$ は以下をみたす:

$$\mathrm{E}(\psi(Y)g(Y)) = \mathrm{E}(Xg(Y)). \tag{3.90}$$

ただし,g は (3.90) の両辺の期待値が存在するような任意の関数である[34].(3.90) で特に g が恒等的に 1 であるとすると (3.87) となる.また,確率変数 $Y_1, \ldots, Y_n$ について $\mathrm{E}(X|Y_1=y_1, \ldots, Y_n=y_n)$ は (3.83) を n 次元に拡張し

---

[34] (3.90) をみたす $\psi(Y)$ は (確率 0 を除いて) 一意的に定まることが知られている.これを $\mathrm{E}(X|Y)$ の定義としてもよく,離散型,連続型の区別なく定義できる.しかしながら,"条件付き確率を使った期待値" という概念が感覚的に理解し辛い一面もある.

て定義され，これを $\psi(y_1,\ldots,y_n)$ と書く．$\mathrm{E}(X|Y_1,\ldots,Y_n)$ は $\psi(Y_1,\ldots,Y_n)$ で定義される[35]．

命題 3.11 (条件付き期待値の性質 II)

X, Y を確率変数として，$f_Y(y)$ を Y の密度とするとき以下が成り立つ：

$$\mathrm{E}(X) = \begin{cases} \displaystyle\sum_{l=1}^{\infty} \mathrm{E}(X|Y=y_l)\mathrm{P}(Y=y_l) & \text{(離散型)} \\ \displaystyle\int_{-\infty}^{\infty} \mathrm{E}(X|Y=y)f_Y(y)dy. & \text{(連続型)} \end{cases} \quad (3.91)$$

また，事象 B について以下が成り立つ：

$$\mathrm{P}(B) = \begin{cases} \displaystyle\sum_{l=1}^{\infty} \mathrm{P}(B|Y=y_l)\mathrm{P}(Y=y_l) & \text{(離散型)} \\ \displaystyle\int_{-\infty}^{\infty} \mathrm{P}(B|Y=y)f_Y(y)dy. & \text{(連続型)} \end{cases} \quad (3.92)$$

証明 (3.91) について離散型の場合を示す．

$$\sum_{l=1}^{\infty} \mathrm{E}(X|Y=y_l)\mathrm{P}(Y=y_l) \overset{(3.83)}{=} \sum_{l=1}^{\infty}\sum_{k=1}^{\infty} x_k \mathrm{P}(X=x_k|Y=y_l)\mathrm{P}(Y=y_l)$$

$$\overset{(2.8)}{=} \sum_{k=1}^{\infty} x_k \sum_{l=1}^{\infty} \mathrm{P}(X=x_k, Y=y_l) \overset{(3.19)}{=} \sum_{k=1}^{\infty} x_k \mathrm{P}(X=x_k) = \mathrm{E}(X).$$

(3.92) は (3.91) で $X = \mathbb{I}_B$ とすれば例 3.17 から従う． ∎

例 3.18 大きなサイコロを N 回投げる．ただし，N は小さなサイコロの出た目として決める．このとき，大きなサイコロの出た目の N 回の合計の期待値を求めよ．

解答 大きなサイコロを投げたときの出る目を $X_1, X_2, \ldots$ とすると N を含めて iid となり，共通の分布は $\mathrm{P}(N=k) = 1/6$ $(k=1,2,\ldots,6)$ である．例 3.11 より $\mathrm{E}(N) = \mathrm{E}(X_1) = 7/2$ であり，求める期待値は

$$\mathrm{E}\left(\sum_{i=1}^{N} X_i\right) \overset{(3.91)}{=} \sum_{k=1}^{6} \mathrm{E}\left(\sum_{i=1}^{N} X_i \,\bigg|\, N=k\right) \mathrm{P}(N=k)$$

---

[35] 条件付き期待値は，他にも事象の適切な集合 $\mathcal{A}$ により $\mathrm{E}(X|\mathcal{A})$ で定義されるものがある．いろいろな種類があるが，どれも定義 3.12 を自然に拡張したものとなっている．本書では，簡単のため $\mathrm{E}(X|Y)$ を主に扱う．

$$\stackrel{(3.88)}{=} \frac{1}{6}\sum_{k=1}^{6} \mathrm{E}\left(\sum_{i=1}^{k} X_i \,\Big|\, N=k\right) \stackrel{独立}{=} \frac{1}{6}\sum_{k=1}^{6} \mathrm{E}\left(\sum_{i=1}^{k} X_i\right)$$

$$\stackrel{(3.40)}{=} \frac{1}{6}\sum_{k=1}^{6}\sum_{i=1}^{k} \mathrm{E}(X_i) = \frac{1}{6}\cdot\frac{7}{2}\cdot\frac{6\cdot 7}{2} = \frac{49}{4}.$$

問 3.24 10円玉を N 回投げる．ただし，N は100円玉を3枚投げたときの表の枚数である．このとき，N 回のうちの10円玉の表が出る回数の期待値を求めよ．

確率変数 Y のとる値が $\{y_1,\ldots,y_n\}$ のみであり，事象列を $A_k = \{\omega \in \Omega : Y(\omega) = y_k\}$ $(k=1,2,\ldots,n)$ とおいたとき，$0 < \mathrm{P}(A_k) < 1$ とすると，$A_1,\ldots,A_n$ は Ω の分割となる．このとき，(3.91) より以下をえる：

$$\mathrm{E}(X) = \sum_{k=1}^{n} \mathrm{E}(X|A_k)\mathrm{P}(A_k). \quad \text{(期待値の分割公式)} \tag{3.93}$$

例 3.19 (破産の問題) A君とB君で公平なコイン投げのギャンブルをする．つまり，コインを投げて表が出たらB君がA君に，裏が出たらA君がB君に1円払い，これを繰り返し，どちらかが0円になる(破産する)まで行う．A君，B君の所持金がそれぞれ a 円，$N-a$ 円とする場合，A君が破産する確率を求めよ．また，どちらかが破産するまでのギャンブルの平均回数も求めよ．

解答 A をA君の所持金が a 円から出発したときのA君が破産する事象，H を最初のコインを投げたときに表が出る事象とする．$\mathrm{P}(H) = 1/2$ であり $\mathrm{P}(A)$ はA君の所持金 a 円に依存するので $p_a = \mathrm{P}(A)$ とおく．$a=0$ のときはA君は破産しているので $p_0 = 1$ であり，同様に $p_N = 0$ もわかる．$1 \leqq a \leqq N-1$ について，最初にコインが表であれば $a+1$ 円から出発した場合と同じ確率となるので $\mathrm{P}(A|H) = p_{a+1}$ であり同様に $\mathrm{P}(A|H^c) = p_{a-1}$ がわかる．このとき，確率の分割公式 (2.10) により $\mathrm{P}(A) = \mathrm{P}(A|H)\mathrm{P}(H) + \mathrm{P}(A|H^c)\mathrm{P}(H^c)$ であるので，まとめると

$$p_a = \frac{1}{2}p_{a+1} + \frac{1}{2}p_{a-1} \quad (1 \leqq a \leqq N-1), \quad p_0 = 1, \quad p_N = 0 \tag{3.94}$$

となる．

この漸化式(差分方程式)の解は一意に決まることが知られており $p_a = (N-a)/N$ となる．さらに，X をA君の所持金が a 円から出発したときのA君，B君のどちらかが破産するまでのギャンブルの回数とする．$\mathrm{E}(X)$ はA君の所持金 a 円に依存するので

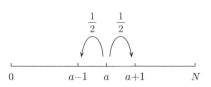

$e_a = \mathrm{E}(X)$ とおく. $a = 0, N$ のときには A 君, B 君それぞれが既に破産しているので $e_0 = 0, e_N = 0$ となる. $1 \leqq a \leqq N - 1$ について, 最初にコインが表であれば $a + 1$ 円から出発した場合と同じ状態であるが, ギャンブルが1回行われているので $\mathrm{E}(X|H) = e_{a+1} + 1$ であり, 同様に $\mathrm{E}(X|H^c) = e_{a-1} + 1$ もわかる. よって, $\mathrm{E}(X) \stackrel{(3.93)}{=} \mathrm{E}(X|H)\mathrm{P}(H) + \mathrm{E}(X|H^c)\mathrm{P}(H^c)$ であるので, まとめると

$$e_a = \frac{1}{2}e_{a+1} + \frac{1}{2}e_{a-1} + 1 \quad (1 \leqq a \leqq N-1), \quad e_0 = 0, \quad e_N = 0. \quad (3.95)$$

この漸化式 (差分方程式) の解も一意に決まることが知られており $e_a = a(N - a)$ である. ∎

問 3.25 任意の $a = 0, \ldots, N$ について $p_a = (N - a)/N$ は (3.94) をみたし, $e_a = a(N - a)$ は (3.95) をみたすことを示せ.

◆章末問題 3 ◆

3.1 A 大学では, サークル運営委員会の委員を 6 名選出しなければならない. サークルは 6 団体あり, それぞれ 2 名ずつ合計 12 名の代表が出るが, 委員はその中からランダムに選出される. このとき, 委員が選出されるサークルの団体数の期待値を求めよ.

3.2 確率空間を $\Omega = \{x_1, \ldots, x_n\}$, $\mathrm{P}(\{x_k\}) = 1/n \ (k = 1, \ldots, n)$ と有限で一様なものとして定める. 確率変数 X が $X(x_k) = x_k$ で定められたとき, 期待値は標本平均 (1.2) (p.4) つまり $\mathrm{E}(X) = \overline{x} = \frac{1}{n}\sum_{k=1}^{n} x_k$ となり, 分散は, 標本分散 (1.5) (p.6) つまり $\mathrm{V}(X) = s_x^2 = \frac{1}{n}\sum_{k=1}^{n}(x_k - \overline{x})^2$ となることを示せ[36].

3.3 X の密度関数を $f(x) = \begin{cases} cx^2 & (0 \leqq x \leqq 3) \\ 0 & (\text{その他}) \end{cases}$ とする. このとき以下を答えよ.

1. c の値を求め, 密度関数, 分布関数のグラフを描け.
2. $\mathrm{E}(X), \mathrm{V}(X), \mathrm{E}(4X + 3), \sigma(4X + 3)$ を求めよ

3.4 (X, Y) の 2 次元密度関数を $f(x, y) = \begin{cases} c(x^2 + xy) & (0 \leqq x \leqq 1, 0 < y < 2) \\ 0 & (\text{その他}) \end{cases}$

とする. このとき以下を答えよ.

1. c の値を求め, X, Y のそれぞれの周辺密度関数, 周辺分布関数を求めよ. また, X, Y は独立であるか調べよ.
2. $\mathrm{E}(X), \mathrm{V}(X), \mathrm{E}(Y), \mathrm{V}(Y), \mathrm{P}(X < Y), \mathrm{P}(Y < 1/2 | X > 1/2)$ を求めよ.

---

[36] このことにより, 確率変数の期待値, 分散は, 1 変量データの標本平均, 標本分散の拡張と考えることもできる.

3.5 $\rho(X,Y)$ が定義できるとき,$\rho(X,Y)=\pm 1$ であるための必要十分条件は定数 a,b が存在して $Y=a+bX$ となることを示せ.

3.6 (X,Y) の分布が以下の確率分布表で定まるとする.以下を答えよ.

X \ Y	0	1	
0	1/3	1/4	
1	1/6	1/4	
			1

1. X,Y の周辺分布と平均 $E(X)$,$E(Y)$,分散 $V(X)$,$V(Y)$ をそれぞれ求めよ.
2. $E(X+Y)$,$E(XY)$,$Cov(X,Y)$,$\rho(X,Y)$ を求めよ.
3. X,Y は独立であるかどうか確かめよ.
4. 条件付き確率 $P(X=k|Y=0)$ $(k=0,1)$ を求め,条件付き期待値 $E(X|Y=0)$ を求めよ.

3.7 $E(X)=1$,$V(X)=2$ のとき $E((X+1)^2)$ と $V(4X+3)$ の値を求めよ.

3.8 (畳み込み) 確率変数 X,Y のそれぞれの密度を $f_X(x)$,$f_Y(y)$ として,(X,Y) の 2 次元密度関数を $f(x,y)$ とする.$Z=X+Y$ とすると,Z の分布関数と密度関数は

$$F_Z(z) = \int_{-\infty}^{\infty}\int_{-\infty}^{z-y} f(x,y)dxdy, \quad f_Z(z) = \int_{-\infty}^{\infty} f(z-y,y)dy$$

となることを示せ.特に,X,Y が独立のときには,以下のように書けることを示せ[37].

$$F_Z(z) = \int_{-\infty}^{\infty} F_X(z-y)f_Y(y)dy, \quad f_Z(z) = \int_{-\infty}^{\infty} f_X(z-y)f_Y(y)dy. \quad (3.96)$$

3.9 (X,Y) の 2 次元密度関数を $f(x,y) = \begin{cases} cx & (0<x<1, 0<y<1) \\ 0 & (その他) \end{cases}$ とする.
このとき,以下の問に答えよ.
1. c の値を求め,X,Y それぞれの周辺密度を求めよ.
2. X,Y は独立であることを示し,$X+Y$ の密度を求めよ.
3. $P(X\leq 1/2, Y>1/3)$,$E(X+Y)$,$E(XY)$ の値を求めよ.
4. モーメント母関数 $M_X(t)$,$M_Y(t)$,$M_{X+Y}(t)$ を求めよ.

3.10 1 個のサイコロを 10 回投げたときの出る目の合計を Y とする.このとき,Y の確率母関数 $G_Y(t)$ を求め,$Y=25$ となる確率を求めよ.

3.11 (止め時の問題) A 君はサイコロを 1 回または 2 回または 3 回だけ投げて,最後に出た目の数 ×1 万円の賞金をもらえるギャンブルを行う.ただし,1 回目に投げたときに出た目を見て 2 回目を投げるかどうかを決め,2 回目に投げたときに出た目を見て 3 回目を投げるかどうかを決める.i 回目に投げたときのサイコロの出た目を X_i $(i=1,2,3)$ として以下を答えよ.

---

[37] (3.96) を X,Y の畳み込み (Convolution) の分布という.

1. 1回目で $X_1 \geqq k$ ならば止め，そうでなければ2回目を行うが3回目は行わない戦略をとる．期待値を計算することにより最適となる整数 k を求めよ．
2. 1回目で $X_1 \geqq k$ ならば止め，そうでなければ2回目を行い，2回目で $X_2 \geqq l$ ならば止め，そうでなければ3回目を行う戦略をとる．期待値を計算することにより最適となる整数 k, l を求めよ．

3.12 例 3.19 において，公正なコインではなく確率 $0 < p < 1/2$ で表が出る王冠を用いることにした．このときの破産確率 p_a と平均破産時間 e_a に対する差分方程式を立てて $p_a = 1 - \dfrac{\left(\frac{1-p}{p}\right)^a - 1}{\left(\frac{1-p}{p}\right)^N - 1}$, $e_a = \dfrac{a}{1-2p} - \dfrac{N}{1-2p}\dfrac{\left(\frac{1-p}{p}\right)^a - 1}{\left(\frac{1-p}{p}\right)^N - 1}$ を確かめよ．

3.13(ランダムウォーク) $X_1, X_2, \ldots$ を iid の確率変数列として $\mathrm{P}(X_1 = 1) = \mathrm{P}(X_1 = -1) = 1/2$ とする．また，$n \geqq 1$ について $S_n = \sum_{k=1}^{n} X_k$ とおき，$S_0 = 0$ とする．1. 確率母関数 $\mathrm{G}_{X_1}(t)$, $\mathrm{G}_{S_{2n}}(t)$ を求め $\mathrm{P}(S_{2n} = 0) = \binom{2n}{n} 2^{-2n}$ を示せ．

2. $N = \sum_{n=1}^{\infty} \mathbb{I}_{\{S_{2n}=0\}}$ について $\mathrm{E}(N)$ を求めよ[38]．3. $\mathrm{E}(S_{n+1}|S_n) = S_n$ を示せ[39]．

3.14(ポーヤの壷 II) 例 2.4 (p.26) において，X_n を n 回目に玉を取り出す直前での，全体の玉の数のうちの白玉の数の割合とする ($n \geqq 1$)．このとき，$\mathrm{E}(X_{n+1}|X_n) = X_n$ であることを示せ．これを用いて，章末問題 2.12 の 2 (p.34) の別解を与えよ．

3.15 条件付き期待値の関係式 (3.90) を示せ．

3.16(イェンセン[40] の不等式) g を凸関数[41] とする．

$$\mathrm{E}(g(X)) \geqq g(\mathrm{E}(X)) \tag{3.97}$$

をイェンセンの不等式という．このとき，以下を答えよ．
1. (3.97) で $g(x) = x^2$ とすると何を意味するか？
2. $\dfrac{a^n + b^n}{2} \geqq \left(\dfrac{a+b}{2}\right)^n$ $(a, b > 0, n \geqq 1)$ を示せ．
3. (3.97) を示せ．

---

[38] $\{S_n\}$ をランダムウォークという．N はランダムウォークが原点に帰ってくる回数を表す．

[39] これはマルチンゲールといわれる性質の一部である．マルチンゲールは公平なギャンブルを条件付き期待値で表現した概念であり，破産の問題 (p.70) を通して考えるとランダムウォークがその典型例となっている．なお，マルチンゲールは数理ファイナンスにおける数学理論の中核をなす概念となっている．

[40] J. Jensen (1859–1925) デンマークの数学者．大学などの学術的な地位に就くことなくコペンハーゲンの電話会社で働いた．

[41] ある区間で定義された実数値関数 g が凸であるとは，区間内の $a < b$ について $g(ta + (1-t)b) \leqq tg(a) + (1-t)g(b)$ が任意の $0 \leqq t \leqq 1$ で成立することである．つまり，$\mathrm{A}(a, g(a))$, $\mathrm{B}(b, g(b))$ とするとグラフ $g(t)$ が弦 AB の下側にあることを意味する．

4

いろいろな確率分布と極限定理

§ 4.1 離散型確率分布

ここでは，p.37 で扱った離散型確率分布の具体例を挙げる．

■**ベルヌイ**[1]**分布**■　$0 < p < 1$ として，成功する確率が p で失敗する確率が $1-p$ の試行を，成功確率が p の**ベルヌイ試行**とよぶ．ベルヌイ試行を表す確率変数 X は確率関数

$$f(k) = \mathrm{P}(X = k) = p^k(1-p)^{1-k} \quad (k = 0,\ 1) \tag{4.1}$$

で定められ，**ベルヌイ分布**とよび，$X \sim \mathrm{Be}(p)$ と書く．(4.1) は $\mathrm{P}(X=1) = p$, $\mathrm{P}(X=0) = 1-p$ を意味するが，成功を 1，失敗を 0 として解釈する．$\mathrm{P}(A) = p$ をみたす事象 A に対して (3.78) で定めた定義確率変数 $\mathbb{I}_A$ は $\mathbb{I}_A \sim \mathrm{Be}(p)$ となる．(3.80) から

$$X \sim \mathrm{Be}(p) \Longrightarrow \mathrm{E}(X) = p, \quad \mathrm{V}(X) = p(1-p) \tag{4.2}$$

がわかり，確率母関数は以下のようになる：

$$X \sim \mathrm{Be}(p) \Longrightarrow \mathrm{G}_X(t) \stackrel{(3.64)}{=} pt + 1 - p. \tag{4.3}$$

例 4.1　(モンモール[2] の問題 (マッチング問題))

A 君と B 君はトランプを使って以下のマッチングのゲームを行った．A 君はハートの 1 から 10 まで，B 君はスペード

---

[1] Jakob Bernoulli (1654–1705) スイスの数学者．兄弟や親戚にも数学者が多数いる．ペテルスブルグのゲーム (p.53) で紹介した D. ベルヌイは甥にあたる．

[2] P. Montmort (1678–1719) フランスの数学者．モンモールのオリジナルの問題はカードを箱から取り出す設定であり，さらに 1 から 10 までではなく 13 までを扱っていたので，彼自身は "トレーズ" (Treize, フランス語で 13) とよんだ．また，著作の中で章末問題 3.10 (p.72) を一般的な問題として考案しているが，完全に解いたのはドアブル (p.96) である．

の 1 から 10 までもっている．それぞれが同時に 1 枚ずつカードを出しあい，同じ数字であればマッチングが起こったということにする．ただし，カードは元に戻さず 10 枚とも行うことにする．10 枚のうちマッチングが起こった総数を X とするとき，X の平均を求めよ．

解答 任意の $k = 1, 2, \ldots, 10$ について A_k を "k 枚目のカードについてマッチングが起こる" 事象とすると，$P(A_k) = 1/10$ であるので，定義確率変数 $\mathbb{I}_{A_k}$ は $\mathbb{I}_{A_k} \sim \mathrm{Be}(1/10)$ となる．求める 10 回のマッチングの総数 X は $X = \sum_{k=1}^{10} \mathbb{I}_{A_k}$ であるので $\mathrm{E}(X) = \mathrm{E}\left(\sum_{k=1}^{10} \mathbb{I}_{A_k}\right) \stackrel{(3.40)}{=} \sum_{k=1}^{10} \mathrm{E}(\mathbb{I}_{A_k}) \stackrel{(3.80)}{=} 10 \cdot \mathrm{P}(A_k) = 1$. ∎

$\mathbb{I}_{A_1}, \ldots, \mathbb{I}_{A_{10}}$ は独立ではなく，$\mathrm{E}(X)$ の計算は独立性を用いていないことに注意する[3]．

問 4.1 例 4.1 において，k 枚目のカードだけに着目することにより $\mathrm{P}(A_k) = 1/10$ を説明し，同様な方法で $1 \leq i < j \leq 10$ について $\mathrm{P}(A_i \cap A_j)$ を求めよ．さらに，$\mathbb{I}_{A_1}, \ldots, \mathbb{I}_{A_{10}}$ は独立ではないことを示せ．

二項分布 $n \geq 1$, $0 < p < 1$ として，確率変数 X の確率分布を確率関数

$$f(k) = \mathrm{P}(X = k) = \binom{n}{k} p^k (1-p)^{n-k} \quad (k = 0, \ldots, n) \tag{4.4}$$

で定め，パラメータ n, p の**二項分布** (Binomial Distribution) とよび，$X \sim \mathrm{Bin}(n, p)$ と書く．(4.4) は確率関数の性質 (3.3) をみたす[4]．

定理 4.1 (二項分布の性質 I) $X \sim \mathrm{Bin}(n, p)$ は成功確率が p のベルヌイ試行を n 回だけ独立に繰り返したときの成功の回数の分布と等しい．さらに，確率母関数は

$$\mathrm{G}_X(t) = (pt + 1 - p)^n. \tag{4.5}$$

---

[3] 注意 3.3 (p.59) の期待値の性質と分散の性質の違いを確認すること．

[4] 実際，(4.4) の右辺は非負のものの積であるので全体は非負であり，$\sum_{k=0}^n \mathrm{P}(X = k) = \sum_{k=0}^n \binom{n}{k} p^k (1-p)^{n-k} \stackrel{(2.16)}{=} \{p + (1-p)\}^n = 1$ であることから従う．

証明 独立性により，成功が k 回なので p^k，失敗が $n-k$ 回なので $(1-p)^{n-k}$ で，n 回の試行から成功の場所を k 回だけ決める場合の数は $\binom{n}{k}$ であることより，それぞれをかければ (4.4) となる (厳密な議論は章末問題 4.2)．確率母関数 (4.5) の計算は章末問題 4.3 で行う． ∎

注意 4.1 定理 4.1 は $X \sim \mathrm{Bin}(n,p)$ が以下のようにベルヌイ確率変数の iid の和として表現されることを主張している．

$$X \stackrel{\mathrm{D}}{=} \sum_{k=1}^n X_k \quad \left(X_1,\ldots,X_n \stackrel{\mathrm{iid}}{\sim} \mathrm{Be}(p)\right). \tag{4.6}$$

問 4.2 (復元抽出) 壺の中に 6 個の青玉と 9 個の白玉が入っている．3 個の玉を復元抽出 (章末問題 2.10 (p.33)) で取り出し，玉の色を確認する．このとき，確認した玉の中の青玉の個数 X の分布を求めよ．

問 4.2 は復元抽出であるが，非復元で玉を取り出せば二項分布ではなく超幾何分布とよばれる別の分布に従う (章末問題 4.8)．

定理 4.2 (二項分布の性質 II) $X \sim \mathrm{Bin}(n,p)$ について以下が成立する:

$$\mathrm{E}(X) = np, \quad \mathrm{V}(X) = np(1-p). \tag{4.7}$$

証明 $X, X_1,\ldots,X_n$ を (4.6) の確率変数とすると，平均は $\mathrm{E}(X) \stackrel{(4.6)}{=} \mathrm{E}\left(\sum_{k=1}^n X_k\right)$
$\stackrel{(3.40)}{=} \sum_{k=1}^n \mathrm{E}(X_k) \stackrel{(4.2)}{=} np$ となり，分散は $X_1,\ldots,X_n$ の独立性から $\mathrm{V}(X) = \mathrm{V}\left(\sum_{k=1}^n X_k\right)$
$\stackrel{(3.50)}{=} \sum_{k=1}^n \mathrm{V}(X_k) \stackrel{(4.2)}{=} np(1-p)$ となり，(4.7) がわかる． ∎

問 4.3 二項分布の確率母関数 (4.5) を微分して (4.7) を示せ ((3.65) を適用)．

例 4.2 公正なコインを 100 回投げるとき，表が出る回数を X とする．X の分布を求め，平均，分散を求めよ．

解答 分布は $X \sim \mathrm{Bin}(100, 1/2)$ となる．具体的には，(4.4) より，$\mathrm{P}(X=k) = \binom{100}{k} 2^{-100}$ $(k=0,1,\ldots,100)$ である．(4.7) により平均は $\mathrm{E}(X) = 50$，分散は $\mathrm{V}(X) = 25$ となる． ∎

"100回コインを投げたときに50回くらい表が出る"と直感的に思うのは期待値の計算を自然に行っていることになる.

問 4.4 1個のサイコロを6回投げたときに1が出る回数を X とする. X の分布,平均,分散を求めよ.

ポアソン分布 $\lambda > 0$ として,確率変数 X の確率分布を確率関数

$$f(k) = \mathrm{P}(X = k) = e^{-\lambda}\frac{\lambda^k}{k!} \quad (k = 0, 1, 2, \ldots) \tag{4.8}$$

で定め,パラメータ λ の**ポアソン**[5]**分布**とよび,$X \sim \mathrm{Po}(\lambda)$ と書く. (4.8) は確率関数の性質 (3.3) をみたす[6].

命題 4.1 (ポアソン分布の性質 I)

$X \sim \mathrm{Po}(\lambda)$ について平均,分散,母関数は以下のとおり:

$$\mathrm{E}(X) = \mathrm{V}(X) = \lambda. \tag{4.9}$$

$$\mathrm{G}_X(t) = \exp\{\lambda(t-1)\}, \quad \mathrm{M}_X(t) = \exp\{\lambda(e^t - 1)\}. \tag{4.10}$$

証明 $\mathrm{E}(X) \stackrel{(3.29),(4.8)}{=} \sum_{k=0}^{\infty} k\left(e^{-\lambda}\frac{\lambda^k}{k!}\right) = \sum_{k=1}^{\infty} k\left(e^{-\lambda}\frac{\lambda^k}{k!}\right) \stackrel{l=k-1}{=} \lambda \sum_{l=0}^{\infty} e^{-\lambda}\frac{\lambda^l}{l!}$
$= \lambda$ である. 分散と確率母関数,モーメント母関数は問 4.5 として残す. ∎

問 4.5 $X \sim \mathrm{Po}(\lambda)$ について分散を直接計算し,母関数 (4.10) を示せ.

命題 4.1 から,平均が λ となることから"平均 λ のポアソン分布"ということもある. 成功確率が p のベルヌイ試行の n 回の独立試行における成功の回数 X_n は定理 4.1 より二項分布 $\mathrm{Bin}(n,p)$ に従った. n が大きい場合を考えてみよう. 二項分布に限らず,n に依存した確率関数または密度が,他の分布の

---

[5] S. Poisson (1781–1840) フランスの数学者. ポアソン方程式などでも知られる. "大数の法則"(p.94) を命名したのはポアソンである. なお, "ポアソン"はフランス語で"魚"の意味であり,フランス料理のコースで目にするかもしれない.

[6] 実際,各項は正であり,$\sum_{k=0}^{\infty} \mathrm{P}(X=k) = e^{-\lambda} \sum_{k=0}^{\infty} \frac{\lambda^k}{k!} \stackrel{(*)}{=} e^{-\lambda}e^{\lambda} = 1$. ただし, $(*)$ の等号は e^x の原点におけるテイラー展開 $e^x = \sum_{k=0}^{\infty} \frac{x^k}{k!}$ を用いている.

確率関数または密度と似通った形をすることがある．これは n に依存した分布の分布関数 $F_n(x)$ の各点が，ある分布の分布関数 $F(x)$ の各点に収束することに起因する ($F(x)$ の不連続な点は除く)．このことを "**分布収束する**" という．一般に，$F(x)$ が n に依存する場合も含めて $F_n(x)$ が $F(x)$ に "近い" ときに本書では "分布が**近似される**" ということにする[7]．

> **定義 4.1 (分布の近似)**
> 確率変数 X_n の分布が，n が大きいときに○で定まる分布により近似されるとき，$X_n \overset{\cdot}{\sim} ○$ で表す．

条件をうまく定めれば，二項分布はポアソン分布で近似されたり (定理 4.3)，正規分布で近似されたりする (定理 4.14)．

定理 4.3 (ポアソン分布の性質 II (二項分布のポアソン近似)) $X_n \sim \mathrm{Bin}(n,p)$ について $np = \lambda > 0$ と保って n を大きくすると，$X_n \overset{\cdot}{\sim} \mathrm{Po}(\lambda)$．

証明 $np = \lambda$ として確率関数 (4.4) を変形すると，以下がわかる：

$$P(X_n = k) \overset{X_n \sim \mathrm{Bin}(n,p)}{=} \frac{n!}{(n-k)!\, k!} p^k (1-p)^{n-k}$$

$$\overset{np=\lambda}{=} \frac{1(1-1/n)\cdots(1-(k-1)/n)\lambda^k}{k!} \left(1 - \frac{\lambda}{n}\right)^{n-k}.$$

k, λ が固定されていることに注意して $n \to \infty$ とすると $\lim_{n \to \infty}\left(1 - \frac{\lambda}{n}\right)^n = e^{-\lambda}$ であるので $\lim_{\substack{n \to \infty \\ np = \lambda}} P(X_n = k) = e^{-\lambda} \lambda^k / k!$ がわかり，対応する分布関数も収束する． ∎

定理 4.3 はポアソンの**小数の法則** (Poisson Law of Small Numbers) とよばれることもあり，一般にはより広い範囲の条件の下で成り立つ．二項分布 $\mathrm{Bin}(n,p)$ の期待値 np がポアソン分布 $\mathrm{Po}(\lambda)$ の期待値 λ に保たれたまま極限をとっていることに注意しよう．小数の法則の本質は $np = \lambda > 0$ において $n \to \infty$ とするため，$p \to 0$ でなければならない点である．二項分布の解釈 (定理 4.1) とあわせると，ポアソン分布は滅多に起きない試行を多数繰り返すときに起きる数を表す分布と考えることができる．たとえば，各個人が一日の

---

[7] 分布収束を感覚的に述べた表現であるが，中心極限定理 (p.98) の理解を助けることになる．

うち交通事故で死亡する確率は小さいが，人数を都道府県単位で集計すると無視できない数だけ集まってしまう．他にも，大量生産する工業製品に含まれる不良品の数などがポアソン分布に従うと考えられる．

例 4.3 工場 A で生産される製品 B は 100 個のうち約 1 個の割合で不良品が出る．B を 200 個箱詰めするとき，一箱の中に入っている不良品の数 X の分布を求めよ．また，3 個以上入っている確率をポアソン分布で近似せよ．

解答 正確な分布は $X \sim \mathrm{Bin}(200, 1/100)$．$\mathrm{E}(X) \stackrel{(4.7)}{=} 200 \cdot 1/100 = 2$ より，定理 4.3 から $X \stackrel{\sim}{\cdot} \mathrm{Po}(2)$ と近似される．$\mathrm{P}(X \geqq 3) = 1 - \sum_{k=0}^{2} e^{-2} 2^k / k! = 1 - e^{-2}(1 + 2 + 2) \fallingdotseq 0.323324$ より約 32%．なお，二項分布での正確な値はおおよそ 0.323321．■

■幾何分布■ $0 < p < 1$ として，確率変数 X の確率分布を確率関数

$$f(k) = \mathrm{P}(X = k) = (1-p)^{k-1} p \quad (k = 1, 2, \ldots) \tag{4.11}$$

で定め，パラメータ p の**幾何分布** (Geometric Distribution) とよび，$X \sim \mathrm{Ge}(p)$ と書く．(4.11) は確率関数の性質 (3.3) をみたす[8]．

命題 4.2 (幾何分布の性質 I)

$X \sim \mathrm{Ge}(p)$ は成功確率が p のベルヌイ試行を独立に繰り返したときの成

---

[8] 以下の基本的公式 (テイラー展開) を確認しておく．

$$(1-x)^{-1} = \sum_{k=0}^{\infty} x^k \quad (|x| < 1). \tag{4.12}$$

(4.12) の右辺を $k = 1$ からの和であるように誤って暗記している人も少なくない．公式として暗記したいなら，右辺を無限等比級数として考え，|公比| < 1 の下で "(初項)/(1 − 公比)" と覚えておこう．(4.11) の右辺の各項は $0 < p < 1$ から非負であり，公比 $|1 - p| < 1$ から $\sum_{k=1}^{\infty} \mathrm{P}(X = k) = \sum_{k=1}^{\infty} p(1-p)^{k-1} \stackrel{公式}{=} \dfrac{p}{1-(1-p)} = 1$ より (3.3) をみたす．また，(4.12) について収束半径内の $|x| < 1$ では項別に何回でも微分してもよく，たとえば以下をえる：

$$(1-x)^{-2} = \sum_{k=1}^{\infty} k x^{k-1} \quad (|x| < 1). \tag{4.13}$$

功するまでの回数である．さらに以下が成り立つ：

$$\mathrm{E}(X) = 1/p, \quad \mathrm{V}(X) = (1-p)/p^2. \tag{4.14}$$

$$\mathrm{G}_X(t) = pt/\{1-(1-p)t\} \quad (|t| < (1-p)^{-1}). \tag{4.15}$$

証明 n 回目に初めて成功する確率は失敗が $n-1$ 回続き，n 回目で成功するので $(1-p)^{n-1}$ と p をかけたもので (4.11) となる．期待値は $\mathrm{E}(X) = \sum_{k=1}^{\infty} kp(1-p)^{k-1} \stackrel{(4.13)}{=} p\left\{\dfrac{1}{1-(1-p)}\right\}^2 = \dfrac{1}{p}$ となる．分散と確率母関数は問 4.6 として残す． ∎

問 4.6 $X \sim \mathrm{Ge}(p)$ について確率母関数 (4.15) を示し，分散を計算せよ．

例 4.4 公正なコインを表が出るまで繰り返し投げる．表が出るまでの回数を X とするとき，X の分布と平均，分散を求めよ．

解答 $X \sim \mathrm{Ge}(1/2)$ つまり $\mathrm{P}(X=k) = 2^{-k}$ $(k=1,2,\ldots)$ である．よって，$\mathrm{E}(X) \stackrel{(4.14)}{=} 2, \mathrm{V}(X) \stackrel{(4.14)}{=} 2$. ∎

問 4.7 1 個のサイコロを 1 が出るまで繰り返し投げる．1 が出るまでの回数を X とするとき，X の分布と平均，分散を求めよ．

例 4.5 (幾何分布の性質 II) $X \sim \mathrm{Ge}(p)$ について以下を示せ．

$$\mathrm{P}(X > m+n | X > m) = \mathrm{P}(X > n) \quad (m, n = 0, 1, 2, \ldots). \tag{4.16}$$

解答 確率変数 X が $X \sim \mathrm{Ge}(p)$ であるための必要十分条件は

$$\mathrm{P}(X > n) = (1-p)^n \quad (n = 0, 1, 2, \ldots) \tag{4.17}$$

である．よって，$\mathrm{P}(X > m+n | X > m) = \mathrm{P}(X > m+n, X > m)/\mathrm{P}(X > m) = (1-p)^{m+n}/(1-p)^m = (1-p)^n = \mathrm{P}(X > n)$ により従う． ∎

(4.16) の性質を幾何分布の**無記憶性**という．つまり (4.16) は，成功するまでのベルヌイ試行について，はじめの m 回の失敗を忘れても確率に影響を及ぼさないことを意味している．

問 4.8 (4.17) は $X \sim \mathrm{Ge}(p)$ であるための必要十分条件であることを示せ．

§4.2　連続型確率分布

ここでは，p.39 で扱った連続型確率分布の具体例を挙げる．

■一様分布■

区間 $(\alpha, \beta) \subset \mathbb{R}$ について，確率変数 X の確率分布を確率密度関数

$$f(x) = \begin{cases} \dfrac{1}{\beta - \alpha} & (\alpha < x < \beta) \\ 0 & (その他) \end{cases} \tag{4.18}$$

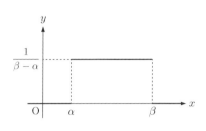

で定め，区間 (α, β) 上の**一様分布** (Uniform Distribution) とよび，$X \sim \mathrm{Unif}(\alpha, \beta)$ と書く．(4.18) は確率密度関数の性質 (3.6) をみたす[9]．

命題 4.3 (一様分布の性質 I)

$X \sim \mathrm{Unif}(\alpha, \beta)$ の平均，分散は

$$\mathrm{E}(X) = \frac{\beta + \alpha}{2}, \quad \mathrm{V}(X) = \frac{(\beta - \alpha)^2}{12}. \tag{4.19}$$

証明　$\mathrm{E}(X) \stackrel{(3.30)}{=} \int_\alpha^\beta \dfrac{x}{\beta - \alpha} dx = \dfrac{\beta + \alpha}{2}$ である．$\mathrm{E}(X^2) \stackrel{(3.32)}{=} \int_\alpha^\beta \dfrac{x^2}{\beta - \alpha} dx = \dfrac{\beta^2 + \alpha\beta + \alpha^2}{3}$ なので $\mathrm{V}(X) \stackrel{(3.47)}{=} \mathrm{E}(X^2) - \{\mathrm{E}(X)\}^2 = \dfrac{(\beta - \alpha)^2}{12}$. ∎

例 4.6　区間 $(0, 1)$ に針を落とし，針は $(0, 1)$ のどこかに一様な確率で刺さるとする．針の刺さる位置を X とするとき，X の平均を求めよ．また，X が $\{1/2\}$, $(0, 1/2)$, 小数第 1 位が 2 である箇所に刺さる確率をそれぞれ求めよ．

解答　$X \sim \mathrm{Unif}(0, 1)$ であるので，$\mathrm{E}(X) \stackrel{(4.19)}{=} 1/2$ である．$\mathrm{Unif}(0, 1)$ は連続型分布であるので $1/2$ の 1 点をとる確率は注意 3.1 (p.40) により $\mathrm{P}(X = 1/2) = 0$ となる．また，(3.5) (p.39) により $\mathrm{P}(0 < X < 1/2) = 1/2$, $\mathrm{P}(0.2 \leqq X < 0.3) = 1/10$ となる．∎

ポアンカレ[10]は著書『確率計算』(1896 年) において "$(0, 1)$ の中にある有理

---

[9] 密度関数は非負であり，x 軸で囲まれた部分の長方形の面積は 1 なので (3.6) をみたす．
[10] H. Poincaré (1854–1912) フランスの数学者．ポアンカレ予想などで知られる．河野伊三

数に針が刺さる確率は？" と同じ問題を提起したが，本書のように公理的に考えたときにはその確率は 0 となり，何度やっても無理数にしか刺さらないことになる[11].

▎指数分布▎

$\lambda > 0$ として，確率変数 X の確率分布を確率密度関数

$$f(x) = \begin{cases} \lambda e^{-\lambda x} & (x > 0) \\ 0 & (その他) \end{cases} \quad (4.20)$$

で定め，パラメータ λ の**指数分布** (Exponential Distribution) とよび，$X \sim \mathrm{Exp}(\lambda)$ と書く．

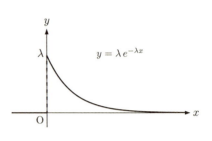

命題 4.4 (指数分布の性質)

$X \sim \mathrm{Exp}(\lambda)$ について，以下が成立する:

$$P(X > s+t | X > t) = P(X > s) = e^{-\lambda s} \quad (s, t > 0). \quad \text{(無記憶性)} \quad (4.21)$$

$$E(X) = \frac{1}{\lambda}, \quad V(X) = \frac{1}{\lambda^2}, \quad M_X(t) = \frac{\lambda}{\lambda - t} \quad (t < \lambda). \quad (4.22)$$

無記憶性といわれている性質 (4.21) をみたす分布は，離散型分布では幾何分布のみであり，連続型分布では指数分布のみであることが知られている．

問 4.9 (4.20) は確率密度関数の性質 (3.6) をみたすことを示し，さらに命題 4.4 を示せ．また，$X \sim \mathrm{Exp}(1)$ のとき $E(X^n)$ $(n = 1, 2, \dots)$ を求めよ．

(4.22) の性質より，$X \sim \mathrm{Exp}(\lambda)$ を平均 $1/\lambda$ の指数分布とよぶこともある．

例 4.7 蛍光灯 A, B の寿命を X 年，Y 年とし，それぞれが平均が 1 年，2 年の独立な指数分布に従うとする．このとき，B が A の 3 倍以上長持ちする確率を求めよ．

郎訳『科学と仮説』(岩波書店) など日本語訳も多数ある．
[11] 有理数に刺さる事象は空事象ではないにもかかわらず確率は 0 となる．これは脚注 21 (p.56) の議論が必要で，有理数が可算個しかないことに起因する．$X \sim \mathrm{Unif}(0, 1)$ の実現値 $X(\omega)$ は計算機の発生する疑似乱数のモデルとして用いられるが，上記の事実に反して，計算機の出力結果は無理数をとらず有理数となる．

解答 X, Y は $X \sim \mathrm{Exp}(1)$, $Y \sim \mathrm{Exp}(1/2)$ であり独立である．求める確率は $\mathrm{P}(Y \geqq 3X)$ であるので (3.92) を用いて事象 $\{Y = y\}$ で条件付けをして以下をえる：

$$\mathrm{P}(Y \geqq 3X) \stackrel{(3.92),(4.20)}{=} \frac{1}{2} \int_0^\infty \mathrm{P}(Y \geqq 3X | Y = y) e^{-y/2} dy$$
$$= \frac{1}{2} \int_0^\infty \mathrm{P}(y \geqq 3X | Y = y) e^{-y/2} dy \stackrel{独立}{=} \frac{1}{2} \int_0^\infty \mathrm{P}(X \leqq y/3) e^{-y/2} dy$$
$$= \frac{1}{2} \int_0^\infty \left(\int_0^{y/3} e^{-x} dx \right) e^{-y/2} dy = \frac{1}{2} \int_0^\infty (1 - e^{-y/3}) e^{-y/2} dy = \frac{2}{5}.$$

問 4.10 例 4.7 において B が A より先に寿命がくる確率を求めよ．また，事象 $\{X = x\}$ で条件付けをして $\mathrm{P}(Y \geqq 3X)$ を計算せよ．(X, Y) の 2 次元分布からも計算してみよ．

正規分布 $\mu \in \mathbb{R}$, $\sigma > 0$ として，確率変数 X の確率分布を確率密度関数

$$f(x) = \frac{1}{\sqrt{2\pi\sigma^2}} \exp\left\{-\frac{(x-\mu)^2}{2\sigma^2}\right\} \quad (x \in \mathbb{R}) \tag{4.23}$$

で定め[12]，パラメータ μ, σ^2 の **正規分布** (Normal Distribution) または **ガウス**[13] **分布** (Gaussian Distribution) とよび，$X \sim \mathrm{N}(\mu, \sigma^2)$ と書く．定理 4.5 で示すが，平均が μ, 分散が σ^2 となることから"平均 μ, 分散 σ^2 の正規分布"ということもある．特に，$X \sim \mathrm{N}(0, 1)$ のときに **標準正規分布** という．標準正規分布の密度関数は

$$\phi(x) = \frac{1}{\sqrt{2\pi}} \exp\left(-\frac{x^2}{2}\right) \quad (x \in \mathbb{R}) \tag{4.24}$$

と少しは簡単な形となり，本書では (4.24) のように ϕ とおく．ここでは (4.23) の性質を調べていく．

---

[12] (4.23) の e の係数の分母の表記は，$\sqrt{2\pi\sigma^2}$ であり，$\sqrt{2\pi}\sigma^2$ や $\sqrt{2\pi}\sigma$ は誤りである．根号の長さが中途半端で $\sqrt{2\pi\sigma^2}$ のような手書きによる曖昧な表記を防ぐためにも σ をあえて前に出して $\sigma\sqrt{2\pi}$ とすることもある．

[13] C. Gauss (1777–1855) ドイツの数学者．数学や物理学において多くの研究が知られている．最小二乗法の研究の際に正規分布を使用した．なお，正規分布の発見者はガウスではなくドモアブル (1733) (p.96) である．

定理 4.4 (正規分布の密度の性質 I)　(4.23) は密度関数の性質 (3.6) をみたす．また，$x = \mu$ で極大かつ最大をとり，$x = \mu \pm \sigma$ で変曲点をとる．

証明　(3.6) を示す．(4.23) は $\sigma > 0$ より正 (非負) となる．一方で，

$$\int_{-\infty}^{\infty} \frac{1}{\sqrt{2\pi\sigma^2}} \exp\left\{-\frac{(x-\mu)^2}{2\sigma^2}\right\} dx = 1 \tag{4.25}$$

を示すには少し複雑な計算を要し，問 4.11 として残しておく．(4.23) について，

$$f'(x) = -\frac{x-\mu}{\sigma^2} f(x), \quad f''(x) = \frac{(x-\mu)^2 - \sigma^2}{\sigma^4} f(x)$$

より増減表を書くと $x = \mu$ で極大かつ最大となり，$x = \mu \pm \sigma$ で変曲点をとる．　∎

問 4.11　(4.23) の f について増減表を書け．また，重積分を用いて (4.25) を示せ．

定理 4.4 により，(4.23) の密度関数のグラフの概形を描くことができる．(4.23) の指数部分に着目すると，グラフは軸 $x = \mu$ に対して対称であり，変曲点において上に凸と下に凸が変化する釣鐘または山のような形となる．軸 $x = \mu$ から変曲点までの距離が σ となるが，x 軸と囲まれた部分の面積が 1 となっているので，σ が大きいほど山が低く，σ が小さいほど山が高くなる[14]．

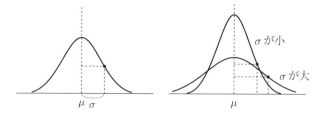

定理 4.5 (正規分布の性質 II)　$X \sim \mathrm{N}(\mu, \sigma^2)$ について平均，分散は

$$\mathrm{E}(X) = \mu, \quad \mathrm{V}(X) = \sigma^2. \tag{4.26}$$

---

[14] 大きな $x > 0$ について $\mathrm{P}(X > x)$ または $\mathrm{P}(X < -x)$ のことを裾確率 (Tail Probability) という．裾とは密度関数の形を山に見たてたときのふもとの意味である．(4.23) に関して $x \to \pm\infty$ とすると指数の二乗の速さで急激に 0 に収束するので，裾の先の部分は x 軸に触れるかのように描く必要がある．裾確率が x に対して比較的大きい，つまり，任意の $\lambda > 0$ について $e^{\lambda x} \mathrm{P}(X > x) \xrightarrow{x \to \infty} \infty$ となる場合を裾が "重い"，そうでない場合を裾が "軽い" という．章末問題 4.27 から正規分布は裾が軽い部類に入ることがわかる．

モーメント母関数は

$$M_X(t) = \exp\left(\mu t + \sigma^2 t^2/2\right). \tag{4.27}$$

証明 $X \sim N(\mu, \sigma^2)$ について

$$E(X) \stackrel{(4.23),(3.30)}{=} \int_{-\infty}^{\infty} x \frac{1}{\sqrt{2\pi\sigma^2}} \exp\left\{-\frac{(x-\mu)^2}{2\sigma^2}\right\} dx$$

$$\stackrel{y=(x-\mu)/\sigma}{=} \int_{-\infty}^{\infty} (\mu + \sigma y) \frac{1}{\sqrt{2\pi}} \exp\left(-\frac{y^2}{2}\right) dy$$

$$= \mu \int_{-\infty}^{\infty} \frac{\exp\left(-\frac{y^2}{2}\right)}{\sqrt{2\pi}} dy + \frac{\sigma}{\sqrt{2\pi}} \lim_{\substack{c_1 \to -\infty \\ c_2 \to \infty}} \left[-\exp\left(-\frac{y^2}{2}\right)\right]_{c_1}^{c_2}$$

$$\stackrel{(4.25)}{=} \mu.$$

分散, モーメント母関数は問 4.12 で行う. ■

問 4.12 定理 4.5 について分散, モーメント母関数 (4.27) を求めよ. また, モーメント母関数を微分することにより (3.69) を用いて (4.26) を示せ. さらに, $X \sim N(0,1)$ のとき $E(X^n)$ $(n = 1, 2, \ldots)$ を求めよ.

定理 4.6 (正規分布の標準化) $0 \neq a, b \in \mathbb{R}$ を定数とする. $X \sim N(\mu, \sigma^2)$ であれば $Y = aX + b$ について $Y \sim N(a\mu + b, a^2\sigma^2)$ となる. 特に,

$$Z = \frac{X - \mu}{\sigma} \tag{4.28}$$

とおくと, $Z \sim N(0,1)$ となる. (4.28) の変換を**標準化**という.

証明 $a > 0$ の場合のみを示す. $X \sim N(\mu, \sigma^2)$ について, X の密度関数を $f_X(x)$ とする. $Y = aX + b$ の密度関数 $f_Y(y)$ は例 3.5 (p.43) を利用して

$$f_Y(y) \stackrel{(3.11)}{=} \frac{1}{a} f_X\left(\frac{y-b}{a}\right) \stackrel{(4.23)}{=} \frac{1}{\sqrt{2\pi a^2 \sigma^2}} \exp\left\{-\frac{\left(\frac{y-b}{a} - \mu\right)^2}{2\sigma^2}\right\}$$

$$= \frac{1}{\sqrt{2\pi a^2 \sigma^2}} \exp\left\{-\frac{(y - b - a\mu)^2}{2(a\sigma)^2}\right\}$$

となる. (4.23) と上記のパラメータを比較すると $Y \sim N(a\mu + b, a^2\sigma^2)$ がわかる. さらに, (4.28) は $Z = \sigma^{-1} X - \sigma^{-1} \mu$ であるので, $a = \sigma^{-1}$, $b = -\sigma^{-1}\mu$ と適用すると, $a\mu + b = 0$, $a^2\sigma^2 = 1$ となり, $Z \sim N(0,1)$ がわかる. ■

問 4.13 定理 4.6 において $a < 0$ の場合を示せ. さらに, Y, Z についての平均, 分

散をそれぞれ計算せよ．

定理 4.6 により，正規分布はスケール変換 aX や位置変換 $X+b$ を施しても正規分布に従うことがわかる．

また，(4.25) は $\mathbb{R}$ 全体での積分であったので計算ができたが，一般的に正規分布の分布関数 (密度の積分) は初等関数

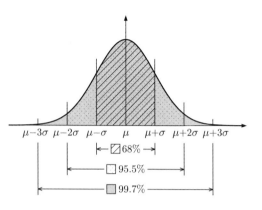

で表すことができない．したがって，正規分布に関する確率を求める際には，基本的に計算機に頼るしかない．たとえば，$X \sim N(\mu, \sigma^2)$ について

$$P(\mu - \sigma \leqq X \leqq \mu + \sigma) \fallingdotseq 0.68$$

$$P(\mu - 2\sigma \leqq X \leqq \mu + 2\sigma) \fallingdotseq 0.955 \qquad (4.29)$$

$$P(\mu - 3\sigma \leqq X \leqq \mu + 3\sigma) \fallingdotseq 0.997$$

であり図のようになる．一般の正規分布 $N(\mu, \sigma^2)$ に関する確率の計算は，標準化 (4.28) により，標準正規分布 $N(0, 1^2)$ に関する確率に帰着される．標準正規分布の分布関数 $\Phi(z)$ を

$$X \sim N(0,1) \text{ について } \Phi(z) = P(X \leqq z) = \int_{-\infty}^{z} \frac{1}{\sqrt{2\pi}} \exp\left(-\frac{x^2}{2}\right) dx \qquad (4.30)$$

とおき，付表 1 (p.180) に $z \geqq 0$ と $\Phi(z)$ の近似値を掲載している[15]．付表 1 により任意の $|z| \leqq 3$ の $\Phi(z)$ の概数がわかる．つまり，$z < 0$ については

$$\Phi(z) = 1 - \Phi(-z) \qquad (4.31)$$

を用いて計算する．(4.31) は分布関数 $\Phi(x)$ に対応する密度関数 (4.24) が y 軸対称であることより従う．なお，確率変数 $X \sim N(0,1)$ と $0 < \alpha < 1$ について

$$1 - \Phi(z_\alpha) = P(X > z_\alpha) = \alpha \qquad (4.32)$$

---

[15] (4.30) は $\Phi(z)$ が付表 1 の上の図で色を塗られた部分の面積であることを意味している．

となる z_α を標準正規分布の**上側** $100\alpha\%$ **点**という．X が正規分布でなく別の分布に従うときにでも，これと同様な方式で上側 $100\alpha\%$ 点が定義される．

> **問 4.14** $X \sim N(0,1)$ の上側 10% 点，上側 5% 点，上側 2.5% 点，上側 1% 点は用いられることが多い．付表 1 でその値を確認せよ (直接値がわからないときには近似値の平均をとること)．

$0 < \alpha < 1$ が与えられたときには，$\alpha = 1 - \Phi(z_\alpha)$ から上側 $100\alpha\%$ 点 z_α の概数を求めることができる．たとえば $z_{0.025} \stackrel{\text{付表1}}{=} 1.96$ などである．もしも付表 1 に値がない場合は近似値を考える．

> **問 4.15** $X \sim N(0,1)$ について密度と必要な区間を図示しながら以下を求めよ．1. $P(X > 1)$. 2. $P(-1 < X \leqq 2)$. 3. 上側 2.28% 点．4. $P(|X| \leqq 0.05)$.

例 4.8 $X \sim N(2, 3^2)$ のとき，$P(X \leqq 2)$, $P(3.5 < X \leqq 5)$ を求めよ．さらに $P(|X-2| > c) = 0.05$ となる c を求めよ．

解答 (4.28) より X を標準化した確率変数 Z は $Z = (X-2)/3 \sim N(0,1)$ となる．

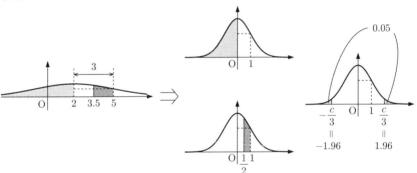

これにより，$P(X \leqq 2) = P\left(\dfrac{X-2}{3} \leqq \dfrac{2-2}{3}\right) = P(Z \leqq 0) \stackrel{\text{図}}{=} \Phi(0) = 1/2$ である．図は標準正規分布の密度関数 $\phi(x)$ のグラフについて，$x \leqq 0$ である左半分の面積 $\Phi(0)$ を表している．以下，同様に行う．$P(3.5 < X \leqq 5) \stackrel{(4.28)}{=}$ $P\left(\dfrac{3.5-2}{3} < \dfrac{X-2}{3} \leqq \dfrac{5-2}{3}\right) = P(0.5 < Z \leqq 1) \stackrel{\text{図}}{=} \Phi(1) - \Phi(0.5) \stackrel{\text{付表1}}{=}$ $0.8413 - 0.6915 = 0.1498$. さらに $0.05 = P(|X-2| > c) = P(|X-2|/3 > c/3) = P(|Z| > c/3)$ となる．これは，$c/3$ が $Z \sim N(0,1)$ の上側 2.5% 点となっていることを示している．つまり，$\phi(x)$ の図で $c/3$ より大きいところと $-c/3$ より小

さいところの面積の和が 0.05 なので $\Phi(c/3) = 1 - 0.05/2 = 0.975$ より付表1から $c/3 = 1.96$ となり, $c = 5.88$.

問 4.16 $X \sim N(4, 5^2)$ について標準化したときの密度と必要な区間を図示しながら以下を求めよ.
1. $P(X > 1)$.
2. $P(X < -2)$.
3. $P(|X - 4| \leqq 0.2)$.
4. $P(2X + 1 \leqq c) = 0.025$ となる c.

正規分布に従う独立な確率変数の和の分布も正規分布に従う:

定理 4.7 (独立な正規分布の和) n 個の正規分布に従う確率変数 $X_k \sim N(\mu_k, \sigma_k^2)$ $(k = 1, 2, \ldots, n)$ が独立とする. このとき,

$$\sum_{k=1}^{n} X_k \sim N\left(\sum_{k=1}^{n} \mu_k, \sum_{k=1}^{n} \sigma_k^2\right). \tag{4.33}$$

証明 命題 3.8 を用いてモーメント母関数で示す. $\sum_{k=1}^{n} X_k$ のモーメント母関数は

$$M_{X_1 + X_2 + \cdots + X_n}(t) \stackrel{(3.76)}{=} \prod_{k=1}^{n} M_{X_k}(t) \stackrel{(4.27)}{=} \prod_{k=1}^{n} \exp\left(\mu_k t + \sigma_k^2 t^2 / 2\right)$$

$$\stackrel{指数法則}{=} \exp\left\{\left(\sum_{k=1}^{n} \mu_k\right) t + \left(\sum_{k=1}^{n} \sigma_k^2\right) t^2 / 2\right\}.$$

(4.27) と比較して, 命題 3.8 の分布の一意性を適用すると (4.33) がわかる. ∎

例 4.9 T 君と K 君が作成した紐 A, B の長さ X cm, Y cm は独立で, それぞれ正規分布 $N(1, 3^2)$, $N(2, 4^2)$ に従うとする. このとき, A, B の長さの和が 3 cm 以上かつ 13 cm 以下である確率を求めよ.

解答 (4.33) で $n = 2$ として適用すると $X + Y \sim N(3, 5^2)$ であるので, 標準化 (4.28) すると $(X + Y - 3)/5 \sim N(0, 1)$ より,

$$P(3 \leqq X + Y \leqq 13) = P\left(\frac{3-3}{5} \leqq \frac{X+Y-3}{5} \leqq \frac{13-3}{5}\right)$$

$$= \Phi(2) - \Phi(0) \stackrel{付表1}{=} 0.9772 - 0.5 = 0.4772.$$

問 4.17 例 4.9 の X, Y について $3X + Y/2$ の分布と $P(3X + Y/2 \leqq z) = 0.9965$ をみたす z の値を求めよ.

§4.2 連続型確率分布   89

注意 4.2 (3.38) (p.55) や (3.59) (p.61) の逆は一般的に正しくないが，正規分布の場合は正しいことが知られている．つまり，正規分布の場合は独立性と無相関であることが同値となる．

■ **ガンマ分布，ベータ分布**　以下の関数を**ガンマ関数**という．

$$\Gamma(s) = \int_0^\infty e^{-x} x^{s-1} dx \quad (s > 0). \tag{4.34}$$

この広義積分は収束することが知られているが，それを認めると

$$\Gamma(1) = 1, \quad \Gamma(s+1) = s\Gamma(s) \tag{4.35}$$

をみたす．実際，

$$\Gamma(1) = \int_0^\infty e^{-x} dx = \lim_{c \to \infty} [-e^{-x}]_0^c = 1,$$

$$\Gamma(s+1) = \int_0^\infty (-e^{-x})' x^s dx = \lim_{c \to \infty} [-e^{-x} x^s]_0^c + s \int_0^\infty e^{-x} x^{s-1} dx = s\Gamma(s)$$

から従う．特に n が 0 以上の整数であれば，(4.35) を帰納的に用いて $\Gamma(n+1) = n!$ がえられる．つまり，ガンマ関数は階乗を自然に補間した関数となる．一方で，**ベータ関数** $\mathrm{B}(a,b)$ は以下のように定義される．

$$\mathrm{B}(a,b) = \int_0^1 x^{a-1}(1-x)^{b-1} dx \quad (a > 0, b > 0). \tag{4.36}$$

ベータ関数は以下をみたすことがわかり（章末問題 4.22），これよりベータ関数の性質はガンマ関数の性質を通して調べることができる．

$$\mathrm{B}(a,b) = \frac{\Gamma(a)\Gamma(b)}{\Gamma(a+b)}. \tag{4.37}$$

さて，ガンマ関数，ベータ関数を用いて全体を 1 にすることにより，確率分布が自然に定義されることを見ていこう．$\lambda > 0, s > 0$ として，確率変数 X の確率分布を確率密度関数

$$f(x) = \begin{cases} \dfrac{\lambda^s}{\Gamma(s)} e^{-\lambda x} x^{s-1} & (x > 0) \\ 0 & (その他) \end{cases} \tag{4.38}$$

で定め，パラメータ λ, s の**ガンマ分布**とよび，$X \sim \mathrm{Ga}(\lambda, s)$ と書く．

問 4.18 (4.25) を用いて
$$\Gamma\left(\frac{1}{2}\right) = \sqrt{\pi} \tag{4.39}$$
を示せ．さらに，(4.35), (4.39) を用いて，
$$\Gamma\left(n + \frac{1}{2}\right) = \frac{(2n)!\sqrt{\pi}}{2^{2n}n!} \quad (n = 0, 1, \ldots) \tag{4.40}$$
を示せ．また，(4.38) の $f(x)$ は密度の性質 (3.6) をみたすことを確かめよ．

ガンマ分布のモーメント母関数は以下のとおり：
$$X \sim \mathrm{Ga}(\lambda, s) \Longrightarrow \mathrm{M}_X(t) = \left(\frac{\lambda}{\lambda - t}\right)^s \quad (t < \lambda). \tag{4.41}$$

問 4.19 $X \sim \mathrm{Ga}(\lambda, s)$ について (4.41) を示し，それにより $\mathrm{E}(X) = s/\lambda$, $\mathrm{V}(X) = s/\lambda^2$ であることを示せ．

注意 4.3 密度に着目すると $\mathrm{Ga}(\lambda, 1)$ は指数分布 $\mathrm{Exp}(\lambda)$ (p.82) と一致することがわかる．指数分布 $\mathrm{Exp}(\lambda)$ に従う n 個の iid の和の分布は $\mathrm{Ga}(\lambda, n)$ に従う (章末問題 4.13)．

一方で，$a, b > 0$ として，確率変数 X の確率分布を確率密度関数
$$f(x) = \begin{cases} \dfrac{1}{\mathrm{B}(a,b)} x^{a-1}(1-x)^{b-1} & (0 < x < 1) \\ 0 & (\text{その他}) \end{cases} \tag{4.42}$$
で定め，パラメータ a, b の**ベータ分布**とよび，$X \sim \mathrm{Beta}(a, b)$ と書く．(4.42) は密度の性質 (3.6) をみたす[16]．平均，分散は
$$X \sim \mathrm{Beta}(a,b) \Longrightarrow \mathrm{E}(X) = \frac{a}{a+b}, \quad \mathrm{V}(X) = \frac{ab}{(a+b)^2(a+b+1)} \tag{4.43}$$
と計算できるが，モーメント母関数は簡単な形にはならない．また，$\mathrm{Beta}(1,1)$ は一様分布 $\mathrm{Unif}(0,1)$ (p.81) と一致することがわかる．

問 4.20 (4.37) とガンマ関数の性質を用いて (4.43) を示せ．

---

[16] 実際，ベータ関数が非負であり積分が 1 になることも定義 (4.36) から従う．

■ χ^2 分布 ■　$n \geqq 1$ を自然数とする．ガンマ分布の特別な場合で，$\mathrm{Ga}(1/2, n/2)$ を自由度 n の χ^2 (カイ二乗) 分布とよび，$X \sim \chi_n^2$ と書く．問 4.19 より，$\mathrm{E}(X) = n$, $\mathrm{V}(X) = 2n$ であり，自由度 n の χ^2 分布の密度は非負の値をとり，n が大きくなるにつれ X は大きな値をとりやすくなる．さらに，χ^2 分布は以下の重要な性質をもつ．

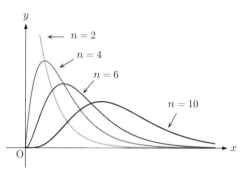

定理 4.8 (χ^2 分布の性質 I) 標準正規分布に従う iid の確率変数の二乗の和は χ^2 分布に従う．つまり，任意の自然数 $n \geqq 1$ について以下が従う：

$$X_1, X_2, \ldots, X_n \overset{\text{iid}}{\sim} \mathrm{N}(0,1) \Longrightarrow \sum_{k=1}^{n} X_k^2 \sim \chi_n^2. \tag{4.44}$$

証明　$Z \sim \chi_n^2$ とすると，(4.41) より $\mathrm{M}_Z(t) = (1-2t)^{-n/2}$ ($t < 1/2$) となる．さらに，$\mathrm{M}_{X_1^2}(t) = (1-2t)^{-1/2}$ もわかる (章末問題 4.15)．よって，$\mathrm{M}_{\sum_{k=1}^n X_k^2}(t) \overset{\text{iid}}{=} (1-2t)^{-n/2}$ となり，モーメント母関数が等しくなるので (3.74) を適用すれば証明が終わる．■

さらに，自由度 n の χ^2 分布 $X \sim \chi_n^2$ の分布関数 $F_{\chi_n^2}(z) = \mathrm{P}(X \leqq z)$ について $F_{\chi_n^2}(z)$ と z の数値は巻末に付表 2 (p.181) としてまとめている．さらに，正規分布における標本平均についての関係で重要な性質がある．

定理 4.9 (χ^2 分布の性質 II)　$X_1, X_2, \ldots, X_n \overset{\text{iid}}{\sim} \mathrm{N}(\mu, \sigma^2)$ とする．$\overline{X} = \sum_{i=1}^{n} X_i/n$ に対して以下が成り立つ：

$$\overline{X} \text{ と } \sum_{i=1}^{n}(X_i - \overline{X})^2 \text{ は独立．} \tag{4.45}$$

$$\frac{1}{\sigma^2} \sum_{i=1}^{n}(X_i - \overline{X})^2 \sim \chi_{n-1}^2. \tag{4.46}$$

証明 χ^2 分布の性質 (定理 4.8) だけではなく，多次元正規分布の性質を用いる．証明は複雑になるため省略する．参考文献 [1, 2] を参照のこと．

定理 4.9 の結果は区間推定や検定 (第 5 章) で用いられるが，(4.46) において自由度が $n-1$ になることに注意しておこう．

■**t 分布**■　$n \geq 1$ を自然数として，確率変数 X の確率分布を確率密度関数

$$f(x) = \frac{1}{n^{1/2} B(\frac{n}{2}, \frac{1}{2})} \left(1 + \frac{x^2}{n}\right)^{-\frac{n+1}{2}} \quad (x \in \mathbb{R}) \tag{4.47}$$

で定め，自由度 n の **t 分布 (ティー分布)** または**スチューデントの t 分布**[17]とよび，$X \sim T_n$ と書く．(4.47) は密度の性質 (3.6) をみたす[18]．自由度 n の t 分布の密度は標準正規分布の密度と似て y 軸で対称であり，n が大きくなるほど裾が軽くなる．自由度が 1 の t 分布はコーシー分布 (p.54) であり自由度が ∞ の t 分布は標準正規分布に対応しており，自由度 n というパラメータによりこれらの分布を補完したものとも考えてもよい (章末問題 4.23)．

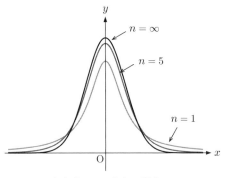

自由度 n の t 分布の密度

定理 4.10 (t 分布の性質)

$$X \sim N(0,1),\ Y \sim \chi_n^2, \quad X, Y \text{ は独立} \Longrightarrow \frac{X}{\sqrt{Y/n}} \sim T_n. \tag{4.48}$$

証明　p.159 で行う．

---

[17] W. Gosset (1876–1937) アイルランドのビール会社 (ギネス社) の技術者．"Student" というペンネームで 1908 年に Biometrika という統計学の専門誌に発表したことが由来である．

[18] $\int_{-\infty}^{\infty} f(x)dx = 1$ は $y = \left(1 + \frac{x^2}{n}\right)^{-1}$ で置換して $B(n/2, 1/2)$ の形を目指して変形すればえられる．

自由度 n の t 分布 T_n の分布関数 $F_{\mathrm{T}_n}(z) = \mathrm{P}(X \leqq z)$ について $F_{\mathrm{T}_n}(z)$ と z の数値は巻末に付表 3 (p.182) としてまとめている.

§ 4.3 極限定理

■極限定理の考え方■ サイコロを繰り返し投げたとき, 投げた回数における 1 の割合は 1/6 に近づくことを理論的に考えてみよう. そのために iid(定義 3.3) の確率変数の和やその平均の性質を述べる[19]. 確率変数列 $X_1, \ldots, X_n$ (iid) について標本和, 標本平均を以下のように定義する[20]:

$$\text{(標本和)}\ S_n = \sum_{k=1}^n X_k, \qquad \text{(標本平均)}\ \overline{X} = \sum_{k=1}^n X_k/n. \qquad (4.49)$$

定理 4.11 (iid の標本和, 標本平均の性質) $X_1, \ldots, X_n$ (iid) について, 平均が $\mu = \mathrm{E}(X_1)$, 分散が $\sigma^2 = \mathrm{V}(X_1)$ とする. このとき, 標本和, 標本平均 (4.49) について以下が成り立つ:

$$\begin{aligned}\text{(標本和)} &\quad \mathrm{E}(S_n) = n\mu, \quad \mathrm{V}(S_n) = n\sigma^2, \\ \text{(標本平均)} &\quad \mathrm{E}(\overline{X}) = \mu, \quad \mathrm{V}(\overline{X}) = \sigma^2/n.\end{aligned} \qquad (4.50)$$

特に, 正規分布の場合は以下の正規分布に従う:

$$X_1, \ldots, X_n \overset{\text{iid}}{\sim} \mathrm{N}(\mu, \sigma^2) \Longrightarrow S_n \sim \mathrm{N}(n\mu, n\sigma^2), \quad \overline{X} \sim \mathrm{N}(\mu, \sigma^2/n). \quad (4.51)$$

証明 標本平均 $\overline{X}$ に関するものだけを示し, 標本和については省略する.

$$\mathrm{E}(\overline{X}) = \mathrm{E}\left(\frac{1}{n}\sum_{k=1}^n X_k\right) \overset{(3.36)}{=} \frac{1}{n}\sum_{k=1}^n \mathrm{E}(X_k) \overset{\text{同分布}}{=} \mu$$

となる. 分散については独立性を用いて

$$\mathrm{V}(\overline{X}) = \mathrm{V}\left(\frac{1}{n}\sum_{k=1}^n X_k\right) \overset{(3.48)}{=} \left(\frac{1}{n}\right)^2 \mathrm{V}\left(\sum_{k=1}^n X_k\right) \overset{\text{独立}}{=} \left(\frac{1}{n}\right)^2 \sum_{k=1}^n \mathrm{V}(X_k) \overset{\text{同分布}}{=} \frac{\sigma^2}{n}$$

---

[19] 他の確率モデルも扱うことができるように少し一般的に説明するが, 常にサイコロを繰り返し投げることを思い浮かべてもらいたい (サイコロの例は例 4.10).

[20] (4.49) の"標本平均"は (1.2) (p.4) と同じ呼称であるが, ここでは確率変数であることに注意する (第 5 章で解説). 標本平均は広く知られた呼称であるが, "標本和"はそうでもない. ここでは標本平均の対応物として便宜的にそうよんでいる. なお, iid に関する標本和のことを"ランダムウォーク"とよぶ書籍もある.

より (4.50) がわかる．また，$X_1, \ldots, X_n \overset{\text{iid}}{\sim} \mathrm{N}(\mu, \sigma^2)$ について，定理 4.6 により $X_1/n, \ldots, X_n/n \overset{\text{iid}}{\sim} \mathrm{N}(\mu/n, \sigma^2/n^2)$ となり，これらに (4.33) を適用すると (4.51) がわかる． ∎

注意 4.4 (4.50) について，標本平均の期待値 $\mathrm{E}(\overline{X})$ は元の期待値 $\mathrm{E}(X_1)$ と変わらないことはわかりやすい．注目すべき点は

<u>分散 $\mathrm{V}(\overline{X})$ は元の分散 $\mathrm{V}(X_1)$ と比べて $1/n$ 倍に小さくなる</u>

という事実で[21]，このことが重要な極限定理を導くことになる．

■**大数の法則**■ 注意 4.4 の現象を直接的に述べたものが大数の法則である．準備としてチェビシェフ[22]の不等式を用意する．

定理 4.12 (チェビシェフの不等式) 確率変数 X の期待値 $\mathrm{E}(X)$ と分散 $\mathrm{V}(X)$ が存在するとき，任意の $\varepsilon > 0$ について

$$\mathrm{P}(|X - \mathrm{E}(X)| \geqq \varepsilon) \leqq \frac{\mathrm{V}(X)}{\varepsilon^2}. \tag{4.52}$$

証明 $A = \{|X - \mathrm{E}(X)| \geqq \varepsilon\}$ とする．このとき，定義確率変数 $\mathbb{I}_A$ を使って

$$\mathrm{V}(X) \overset{(3.42)}{=} \mathrm{E}((X - \mathrm{E}(X))^2) \overset{1 \geqq \mathbb{I}_A \geqq 0, (3.37)}{\geqq} \mathrm{E}((X - \mathrm{E}(X))^2 \mathbb{I}_A)$$

$$\overset{A \text{ の定義}, (3.37)}{\geqq} \mathrm{E}(\varepsilon^2 \mathbb{I}_A) \overset{(3.36)}{=} \varepsilon^2 \mathrm{E}(\mathbb{I}_A) \overset{(3.80)}{=} \varepsilon^2 \mathrm{P}(A) \overset{A \text{ の定義}}{=} \varepsilon^2 \mathrm{P}(|X - \mathrm{E}(X)| \geqq \varepsilon)$$

となるので両辺を $\varepsilon^2 > 0$ で割ると (4.52) がえられる[23]． ∎

定理 4.13 (大数の法則 (Law of Large Numbers)) $X_1, X_2, \ldots, X_n$ を平均 $\mu = \mathrm{E}(X_1)$ が存在する iid の確率変数列とする．このとき，標本平均 $\overline{X}$ は μ と以下の意味で近くなる：

$$\text{任意の } \varepsilon > 0 \text{ について } \lim_{n \to \infty} \mathrm{P}(|\overline{X} - \mu| > \varepsilon) = 0. \tag{4.53}$$

(4.53) の収束を $\overline{X}$ が μ に**確率収束** (Convergence in Probability) するという．

---

[21] $\overline{X}$ を計算する際に $X_1, \ldots, X_n$ を足し上げるが，"小さなものと大きなものが相殺されることにより散らばりが小さくなる" というのが直感的な解釈である．
[22] P. L. Chebyshev (1821–1894) ロシアの数学者．確率論の論文は 4 編しか発表していないとのことであるが，古典ロシア学派における貢献は大きい．
[23] (4.52) は $\mathrm{P}(|X - \mathrm{E}(X)| > \varepsilon) \leqq \mathrm{V}(X)/\varepsilon^2$ としても正しい．

証明 この証明では簡易的に行うため，分散が $\sigma^2 = V(X_k)$ が存在することを仮定するが，定理自体の数学的な事実としてはこの仮定は必要ではない[24]．$E(\overline{X}) = \mu$ であるので，$\overline{X}$ にチェビシェフの不等式を適用させると，

$$0 \leq P(|\overline{X} - \mu| > \varepsilon) \overset{\text{チェビシェフ}}{\leq} \frac{V(\overline{X})}{\varepsilon^2} \overset{(4.50)}{=} \frac{\sigma^2}{n\varepsilon^2} \to 0 \quad (n \to \infty)$$

となり，(4.53) がわかる． ∎

(4.53) は $\overline{X}$ と μ のずれ ($\varepsilon > 0$) が少しでもある確率は n の数が大きくなっていくと 0 に収束することを意味する．定理 4.13 の条件の下で，(4.53) である確率収束の代わりに以下の意味での収束も正しいことが知られている：

$$P\left(\lim_{n \to \infty} X_n = \mu\right) = 1. \tag{4.54}$$

(4.54) の収束を**概収束** (Almost Sure Convergence) とよぶ[25]．

例 4.10 問 3.11 (p.51) のように 1 個のサイコロを n 回投げる．n が大きくなるとき，1 が出る割合は $1/6$ に近づくことを示せ．

解答 k 回目に出たサイコロの目を X_k とすると，$X_1, \ldots, X_n$ は iid である (問 3.11(p.51))．k 回目に 1 が出る事象を $A_k = \{X_k = 1\}$ とし，定義確率変数 $\mathbb{I}_{A_1}, \ldots, \mathbb{I}_{A_n}$ について，標本和 $S_n = \sum_{k=1}^{n} \mathbb{I}_{A_k}$ と標本平均 $\overline{X} = \frac{1}{n} \sum_{k=1}^{n} \mathbb{I}_{A_k}$ を考える．$S_n, \overline{X}$ は，n 回のサイコロ投げのうちそれぞれ 1 が出る回数とその割合 (相対頻度) を表す確率変数となる．$X_1, \ldots, X_n$ の独立性から事象 $A_1, \ldots, A_n$ が独立となり，$\mathbb{I}_{A_1}, \ldots, \mathbb{I}_{A_n}$ も独立となる．また，$k = 1, \ldots, n$ について問 3.11 より $P(A_k) = 1/6$ なので $\mathbb{I}_{A_k} \sim \text{Be}(1/6)$ をみたし，あわせて $\mathbb{I}_{A_1}, \ldots, \mathbb{I}_{A_n} \overset{\text{iid}}{\sim} \text{Be}(1/6)$ となる．よって，定理 4.13 が適用できて，1 が出る回数の割合 ($\overline{X}$ のこと) は $E(\mathbb{I}_{A_1}) = 1/6$ に近づく． ∎

---

[24] 平均が存在するという仮定は必要である．たとえば，コーシー分布 (p.54) は平均が存在しないので定理 4.13 の議論はできない．

[25] 一般的に概収束すれば確率収束するが逆は正しくない．そのため二つの収束 (4.53), (4.54) をそれぞれ大数の弱法則 (Weak Law of Large Numbers) と大数の強法則 (Strong Law of Large Numbers) といって区別する．

大数の "法則" という名前から経験則のように思われがちであるが，このように定式化してしまうと "定理" [26] となることに注意する．

■**二項分布の正規近似**■　二項分布は平均，分散が保たれた正規分布で近似されるが，このことをドモアブル[27]・ラプラスの定理という．

定理 4.14 (ドモアブル・ラプラスの定理)　$0 < p < 1$ は固定され，n は十分大きいとする．このとき，二項分布は平均，分散が保たれた正規分布で近似される：

$$X_n \sim \text{Bin}(n,p) \Longrightarrow X_n \overset{\cdot}{\sim} \text{N}\left(np, \sqrt{np(1-p)}^2\right).$$

いいかえると，自然数 k_1, k_2 について

$$P(k_1 \leqq X_n \leqq k_2) \fallingdotseq P(k_1 \leqq \widetilde{X}_n \leqq k_2). \tag{4.55}$$

ただし，$\widetilde{X}_n \sim \text{N}\left(np, \sqrt{np(1-p)}^2\right)$ である．さらに，少し広く

$$P(k_1 \leqq X_n \leqq k_2) \fallingdotseq P(k_1 - 1/2 \leqq \widetilde{X}_n \leqq k_2 + 1/2) \tag{4.56}$$

で近似する方が (4.55) よりも精度が良く，これを**連続補正**という．

証明　二項分布は (4.6) より，iid の確率変数の和 (標本和) として書けるので，後に示す定理 4.15 に帰着される．なお，(4.4) から直接的に (4.55) を証明するには二項係数に関するスターリングの公式 (2.19) を用いるものが知られている．連続補正は X_n が整数値をとるので $P(X_n = k) = P(k - 1/2 < X_n < k + 1/2)$ となり，これについて正規分布での近似を行う．$k_1 = k_2$ の場合など，(4.55) より (4.56) の方が精度が良いのがわかる． ∎

例 4.11　公正なコインを 1000 回投げたときに，表が 480 回以上，520 回以下出る確率をチェビシェフの不等式とドモアブル・ラプラスの定理を用いてそれぞれ近似させよ．

解答　X を表が出る回数とすると，$X \sim \text{Bin}(1000, 1/2)$ であるので，$P(X = $

---

[26] 真であると既に証明された数学的な命題のこと．
[27] A. De Moivre (1667–1754) フランスの数学者．$(\cos\theta + \sqrt{-1}\sin\theta)^n = \cos n\theta + \sqrt{-1}\sin n\theta$ となるドモアブルの定理でも知られている．1730 年にスターリングと同じ年にスターリングの公式 (2.19) を発表したが，係数 $\sqrt{2\pi}$ を明示的に決定していなかった．翌年にスターリングに感謝しながら決定した．

$k) = \binom{1000}{k} 2^{-1000}$ より正確な値は $P(480 \leq X \leq 520) = \sum_{k=480}^{520} \binom{1000}{k} 2^{-1000}$ と求まるが,後は計算機に頼らざるをえない.二項分布の平均,分散の公式 (4.7) より $E(X) = 500$, $V(X) = 250$ に注意して近似計算を行う.まず,チェビシェフの不等式にこれを適用させると,$P(|X - 500| > \varepsilon) \leq 250/\varepsilon^2$ であり,余事象をとると $P(|X - 500| \leq \varepsilon) \geq 1 - 250/\varepsilon^2$ より $\varepsilon = 20$ と選ぶと $P(480 \leq X \leq 520) \geq 1 - 250/400 = 0.375$ をえる.これは大雑把な近似である.

次に,正規分布での近似を考える.ドモアブル・ラプラスの定理により,$X \sim N(500, 250)$ であるので,$\widetilde{X} \sim N(500, 250)$ について $Z = (\widetilde{X} - 500)/\sqrt{250} \sim N(0, 1)$ となる.これにより,
$P(480 \leq X \leq 520) \fallingdotseq P((480 - 500)/\sqrt{250} \leq (\widetilde{X} - 500)/\sqrt{250} \leq (520 - 500)/\sqrt{250}) \fallingdotseq$
$P(-1.26 \leq Z \leq 1.26) \stackrel{\boxtimes}{=} 2\Phi(1.26) - 1 =$

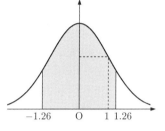

$2 \cdot 0.8962 - 1 = 0.7924$ となる ($\Phi(\cdot)$ は (4.30) (p.86)). さらに連続補正を行うと,$P(480 \leq X \leq 520) \fallingdotseq P(480 - 1/2 \leq \widetilde{X} \leq 520 + 1/2) \fallingdotseq P(-1.29 \leq Z \leq 1.29) = 2 \cdot 0.9015 - 1 = 0.803$. なお,真の値は約 0.80523 である.

チェビシェフの不等式での見積りは真の値との差は大きいが正しい評価である.また,連続補正を行った方が行わないものより近似が良いことがわかる.

中心極限定理 (4.51) より,元の分布が正規分布に従えば,iid の標本和や標本平均の分布は正確に正規分布に従っていたことを思い出そう.また,ドモアブル・ラプラスの定理は n が大きなとき,二項分布は正規分布により近似されることを主張している[28].その際に二項分布は (4.6) (p.76) のようにベルヌイ分布に従う iid の標本和として定式化されることが重要となる.一般的には,共通の分布が正規分布やベルヌイ分布でなくても平均と分散が存在しさえすればどのような分布でも標本和の分布も標本平均の分布も正規近似される.これを**中心極限定理** (Central Limit Theorem) [29] という.

---

[28] このことを**正規近似** (Normal Approximation) とよぶ.
[29] 中心極限定理はポーヤ (1920) (p.26) により命名された."中心"とは確率論の中で重要性を強調する意味で用いられており,平均を 0 にする標準化 (4.28) のことをさしているわけではない.

定理 4.15 (中心極限定理) $X_1,\ldots,X_n$ (iid) について，平均が $\mu = \mathrm{E}(X_1)$，分散が $\sigma^2 = \mathrm{V}(X_1)$ とする．このとき，n が十分大きなときには，(4.49) である標本和 S_n，標本平均 $\overline{X}$ は以下のように正規近似される：

- 標本和 $S_n \overset{\sim}{.} \mathrm{N}(n\mu, n\sigma^2)$．
- 標本平均 $\overline{X} \overset{\sim}{.} \mathrm{N}(\mu, \sigma^2/n)$．

正確に述べると，任意の $x \in \mathbb{R}$ について以下が成り立つ：

$$\lim_{n\to\infty} \mathrm{P}\left(\frac{S_n - n\mu}{\sigma\sqrt{n}} \leqq x\right) = \lim_{n\to\infty} \mathrm{P}\left(\frac{\overline{X} - \mu}{\sqrt{\sigma^2/n}} \leqq x\right) = \Phi(x). \qquad (4.57)$$

証明 p.160 で行う．

中心極限定理はどんな非対称な分布でも平均，分散をもてば適用でき，正規分布に近くなることを主張している．この事実は，統計的推測において正規分布を仮定する際の根拠の一つとなっている．しかしながら，万能なものでもない．たとえば，コーシー分布 (p.54) は期待値が存在しないので中心極限定理は適用できない[30]．

大数の法則 vs 中心極限定理 標本平均 $\overline{X}$ について大数の法則 (定理 4.13) と中心極限定理を対比させて解釈しよう．それぞれは n が大きなときに，

$$\text{大数の法則：} \quad \overline{X} \fallingdotseq \mu \pm \varepsilon$$
$$\text{中心極限定理：} \quad \overline{X} \fallingdotseq \mu + \frac{\sigma}{\sqrt{n}}\mathrm{N}(0,1)$$

と思うことができる．大数の法則で誤差が ε で扱われたところが，中心極限定理では誤差の様子が正規分布を用いて詳しく説明されていることに注意しよう．つまり，iid の確率変数の和を多くとる際に μ より大きなものと小さなものが相殺され $\overline{X}$ が μ のまわりに集まっていくが (大数の法則)，集まり方を $\sqrt{n}$ のスケールで拡大して見ると元の分布とは関係なく，いつも正規分布に従って分布しているというように説明できる (中心極限定理)．

---

[30] 期待値や分散が存在しないような分布でも (4.57) における $n\mu$ と $\sigma\sqrt{n}$ を元の分布に応じて適切にとると 1 点に確率が集中しない確率分布に分布収束することがある．収束先の分布は**安定分布 (Stable Distribution)** とよばれている．コーシー分布は安定分布の一つであるが，標本平均の分布が元のコーシー分布と同じ分布となるという事実から従う．

◆章末問題 4 ◆

4.1 例 4.1 について, 分散 $V(X)$ を求めよ.

4.2 (二項分布の確率空間) 確率空間 (Ω, P) を $\Omega = \{0,1\}^n$ として $\omega = (\omega_1, \ldots, \omega_n) \in \Omega$ について $P(\{\omega\}) = p^{\sum_{i=1}^n \omega_i}(1-p)^{\sum_{j=1}^n (1-\omega_j)}$ で定める. ただし, $0 < p < 1$, $n = 1, 2, \ldots$ とする. このとき, $\omega \in \Omega$ は何を意味するか定理 4.1 の用語を用いて説明して, $\sum_{\omega \in \Omega} P(\{\omega\}) = 1$ を確かめよ. また, $X(\omega) = \sum_{i=1}^n \omega_i$ について $X \sim \text{Bin}(n, p)$ を示せ.

4.3 (二項分布の確率母関数) 二項分布の定義 (4.4) を用いて確率母関数 (4.5) を示せ. さらに, (4.6) の右辺の確率変数に対する確率母関数も (4.5) であることを示せ.

4.4 1 個のサイコロを 5 回投げたとき 1 が出る回数が 2 回以上となる確率を求めよ.

4.5 A 君と B 君は確率論と統計学の期末試験をそれぞれ受ける. 確率論の試験は 10 問あり, 10 問とも正解しないと評価 "秀" がもらえない. 他方で, 統計学の試験は 20 問あり, 正解が 19 問以上であれば "秀" がもらえる. A 君と B 君は確率論, 統計学ともに正答率がそれぞれ 80%, 90% の実力で, 問題は独立に出題される. A 君と B 君それぞれにとってどちらの試験が "秀" の評価をもらいやすいか.

4.6 (三項分布の周辺分布) 壷の中に 6 個の青玉と 4 個の白玉と 5 個の赤玉が入っている. 3 個の玉を復元抽出 (章末問題 2.10 (p.33)) で取り出し, 玉の色を確認する. このとき, 確認した玉の中の青玉の個数を X, 白玉の個数を Y としたときの (X, Y) の 2 次元分布を求めよ. さらに, X, Y のそれぞれの周辺分布を求めよ.

4.7 (確率変数の再生性) X_1, X_2 を独立な確率変数とするとき, 以下を示せ.

1. n_1, n_2 を自然数, $0 < p < 1$ としたとき, $X_i \sim \text{Bin}(n_i, p)$ $(i = 1, 2) \Longrightarrow X_1 + X_2 \sim \text{Bin}(n_1 + n_2, p)$.

2. $\lambda_1, \lambda_2 > 0$ としたとき, $X_i \sim \text{Po}(\lambda_i)$ $(i = 1, 2) \Longrightarrow X_1 + X_2 \sim \text{Po}(\lambda_1 + \lambda_2)$.

3. $\lambda > 0$, $s_1, s_2 > 0$ としたとき, $X_i \sim \text{Ga}(\lambda, s_i)$ $(i = 1, 2) \Longrightarrow X_1 + X_2 \sim \text{Ga}(\lambda, s_1 + s_2)$.

4.8 (超幾何分布) 問 4.2 (p.76) について, 玉を 3 個同時に取り出すとする. このとき, 取り出した玉の中の青玉の個数 X が 2 である確率を求めよ. 一般に, 青玉, 白玉, 取り出す玉の数をそれぞれ M, $N - M$, n とするとき, 取り出した玉の中の青玉の個数 X の分布を求め, 確率関数の性質 (3.3) をみたすことを確かめよ.

4.9 (ポアソン近似) T 君と K 君が執筆した確率・統計の教科書には 1 ページあたり平均 1 個の誤植があり, 誤植の数はポアソン分布に従うとする. このとき, 誤植がないページ, 1 個だけのページ, 2 個以上の誤植があるページはどれが多いと考えられるか.

4.10 (ポアソン分布の階乗モーメント) $X \sim \text{Po}(\lambda)$ について n 次階乗モーメント

$$\mathrm{E}((X)_n) = \mathrm{E}\left(\prod_{k=0}^{n-1}(X-k)\right) \text{ を求めよ.}$$

4.11 事象 $A_1, \ldots, A_n$ について以下を答えよ.

1. (**包除原理**) 定義確率変数について, $\mathbb{I}_{A_1 \cup \cdots \cup A_n} = 1 - \prod_{i=1}^{n}(1 - \mathbb{I}_{A_i})$ となること示し, 以下を証明せよ.

$$\mathrm{P}(A_1 \cup \cdots \cup A_n) = \sum_{k=1}^{n}(-1)^{k+1}\sum_{1 \leqq i_1 < \cdots < i_k \leqq n}\mathrm{P}(A_{i_1} \cap \cdots \cap A_{i_k}). \quad (4.58)$$

ただし, (4.58) の 2 番目のシグマは $\{1, 2, \ldots, n\}$ からの異なる k 個の要素 $i_1, \ldots, i_k$ についての和とする.

2. (**マッチングの問題**) 例 4.1 について, 一般に n 枚のカードでマッチングを行ったとき, マッチングが一つも起こらない確率を p_n とする. 前問を用いて p_n および $\lim_{n\to\infty} p_n$ を求めよ.

4.12(**幾何分布の期待値**) 命題 4.2 の $X \sim \mathrm{Ge}(p)$ の期待値 $\mathrm{E}(X)$ について, 1 回目に成功するかどうかで条件を付けることにより, $\mathrm{E}(X) = 1/p$ の別証明を与えよ.

4.13(**指数分布の iid の和**) 確率変数 X, Y を $X, Y \stackrel{\mathrm{iid}}{\sim} \mathrm{Exp}(\lambda)$ とする. このとき, $Z = X + Y$ として Z の密度関数を求めよ. 一般に, $X_1, \ldots, X_n \stackrel{\mathrm{iid}}{\sim} \mathrm{Exp}(\lambda)$ のとき $\sum_{k=1}^{n} X_k \sim \mathrm{Ga}(\lambda, n)$ を示せ. さらに, $Y = \min\{X_1, \ldots, X_n\} \sim \mathrm{Exp}(n\lambda)$ を示せ.

4.14 章末問題 4.13 について, 畳み込み (3.96) を用いて $f_{X+Y}(z)$ を計算せよ. さらに, モーメント母関数 $\mathrm{M}_{X+Y}(t), \mathrm{M}_X(t), \mathrm{M}_Y(t)$ を直接計算して $\mathrm{M}_{X+Y}(t) = \{\mathrm{M}_X(t)\}^2$(定理 3.8) を確かめよ.

4.15 (3.12) (p.43) を用いて $X \sim \mathrm{N}(0, 1)$ について X^2 の密度を求めよ. また, モーメント母関数は $\mathrm{M}_{X^2}(t) = (1 - 2t)^{-1/2}$ $(t < 1/2)$ であることを示せ.

4.16(**正規近似**) 1 個のサイコロを 3600 回投げる. このとき, 1 の目が出る回数を X とする. X が 560 回以上, 640 回以下である正確な確率を式で表した後, チェビシェフの不等式を利用して評価せよ. また, 正規分布で近似して求めよ.

4.17(**偏差値**) 300 人の受験者がいる試験で国語の試験と数学の試験を行った. 国語, 数学の試験の得点はそれぞれ $\mathrm{N}(70, 10^2), \mathrm{N}(60, 20^2)$ に従い独立であるとする. また, A 君は国語が 80 点, 数学が 70 点であった. 次の問に答えよ.

1. A 君の国語, 数学, 合計の偏差値をそれぞれ求めよ. ただし, "偏差値 $= 10 \times$ (得点 $-$ 平均点)/標準偏差 $+ 50$" として計算せよ.

2. 合格者が 70 人とするとき A 君は合格可能か判定せよ.

4.18 (クーポンコレクタ問題 II) B 君は n 種類あるクーポンを毎日 1 枚ずつ集めているが, n 種類とも同じ確率で現れる. n 種類全て集めるためにかかる日数を X とするとき, X の平均を求めよ. さらに, m 日以内に全てを集めてしまう確率は

$$P(X \leqq m) = \sum_{l=0}^{n} \binom{n}{l} (-1)^l (1 - l/n)^m$$ であることを (4.58) を用いて示せ.

4.19 $X \sim \mathrm{Unif}(0,1)$ とするとき, $-\log X$ の確率分布を求めよ. また, 連続型分布関数 $F(x)$ が狭義単調増加であるとき, $X \sim F(x)$ について $F(X)$ の分布を求めよ.

4.20 針 A, B を区間 $(0,1)$ に落とし, それぞれ区間 $(0,1/2)$, $(1/2,1)$ のどこかに一様な確率で独立に刺さるとする. このとき, 針 A, B の距離が $1/4$ より大きくなる確率を求めよ.

4.21 $X \sim \mathrm{N}(1, 2^2)$ のとき, 次の値を求めよ.
1. $P(X < 0)$ 2. $P(|X-1| < 2)$ 3. $P(X > a) = 0.025$ となる a.

4.22 (ガンマ関数とベータ関数) $B(a,b) = 2 \int_0^{\pi/2} \sin^{2a-1} t \cos^{2b-1} t \, dt$ であることを示し, これを用いて (4.37) を示せ (ヒント: $\Gamma(a)\Gamma(b)$ を重積分で表記せよ).

4.23 (t 分布) 自由度 1 の t 分布はコーシー分布 (問 3.14 (p.54)) に従うことを示せ. さらに, 自由度 n の t 分布の密度は n を大きくすると標準正規分布の密度 $\phi(x)$ に収束することを示せ (ヒント: スターリングの公式のガンマ関数版 $\lim_{x \to \infty} \Gamma(x+1/2) x^{-1/2} / \Gamma(x) = 1$ を使用せよ).

4.24 (半円分布) 確率変数 X の密度を $f(x) = \begin{cases} \sqrt{4-x^2}/(2\pi) & (-2 \leqq x \leqq 2) \\ 0 & (その他) \end{cases}$

とする. 密度の性質 (3.6) を確認し, $E(X^{2n}) = \binom{2n}{n} / (n+1)$ であることをベータ関数の性質を用いて示せ.

4.25 定数 ρ を $-1 < \rho < 1$ として (X,Y) の 2 次元密度関数を以下とする:

$$f(x,y) = \frac{1}{2\pi\sqrt{1-\rho^2}} \exp\left\{-\frac{x^2+y^2-2\rho xy}{2(1-\rho^2)}\right\} \quad (x,y \in \mathbb{R}).$$

1. X, Y それぞれの周辺密度を求め, X, Y の相関係数も求めよ.
2. $E(X|Y=y)$ を求めよ.

4.26 (幾何分布に従う乱数の生成) 実数 $0 < p < 1$ と $U \sim \mathrm{Unif}(0,1)$ である確率変数 U に対して, $X = 1 + \lfloor \log U / \log(1-p) \rfloor \sim \mathrm{Ge}(p)$ を示せ. ただし, $\lfloor x \rfloor$ は $x \in \mathbb{R}$ 以下の最大の整数とする.

4.27 (ミルズ比) (4.24) について $\phi'(x) = -x\phi(x)$ を示せ. さらに, 標準正規分布の裾確率 $1 - \Phi(x)$ と $\phi(x)$ の比は以下をみたすことを示せ.

$$\frac{1}{x} - \frac{1}{x^3} < \frac{1-\Phi(x)}{\phi(x)} < \frac{1}{x} \quad (x > 0).$$

5 統計的推測

§5.1 統計的推測の導入

■**確率論 vs 統計学**■ 確率論の出発点は確率空間 (Ω, P) であり,そこからランダムな現象が定義され,それを解明することが目的であった.実際には,確率空間上の写像である確率変数によって引き起こされる1次元確率分布 $(\mathbb{R}, \mu)$ または n 次元確率分布 $(\mathbb{R}^n, \mu)$ が構成され,その性質を調べたわけである.

一方で,統計学においては,データから出発する.調べたいデータの元となる集団のことを**母集団** (Population) という.データに基づいた合理的な分析や判断により,母集団の性質を調べ明らかにすることが最終的な目標である.その際,考えられるデータの全てを調査できる場合もあり,母集団の性質を調べる上で有力な手段の一つではあるが,非効率的であったり,たとえば製品の破壊検査のように実際的には不可能であったりする場合もある.その場合に用いられるのが母集団からの"標本の無作為抽出"であり,このような統計は**記述統計**に対して**推測統計**といわれ,中でも**統計的推測**が中心的役割を担う.そこでは,"データは確率変数の実現値"という考え方が重要となる.

■**統計的推測**■ 実験・観測によりデータを採取し,興味ある現象・構造に対しての推測をそのデータに基づいて行う.これを**統計的推測** (Statistical Inference) という.統計的推測には大きく二つの柱がある.一つは**統計的推定**であり,もう一つは**統計的検定**である.二つの柱といいながらもこの二つは独立したものではなく,互いを必要とする寄り添いあう柱である.実際,統計的推定における諸結果は統計的検定においても利用される.

■**母集団 vs 標本**■ 統計的推測において,母集団とともに主役となるのが以下で説明する標本であるが,"母集団"と"標本"の区別は極めて重要なことである.母集団から n 個の観測データ $x_1, \ldots, x_n$ を無作為抽出する.これはある確率分布に

おけるiidである確率変数 $X_1,\ldots,X_n$ の実現値 $x_1 = X_1(\omega),\ldots,x_n = X_n(\omega)$ と見なされる．いいかえると，目の前に現れたデータがサイコロ投げの結果のように偶然に出現したことを表す．つまりは，iidが母集団からの無作為抽出を意味する．$X_1,\ldots,X_n$ の共通の確率分布のことを**母集団分布**といい，抽出されたデータのことを**標本 (Sample)** という．統計学の習慣として，標本は "iidの確率変数" をさすことも，その実現値のことをさすこともあるので注意が必要である．

■母集団と未知パラメータ■ 統計的推測においては，データから母集団分布を明らかにし，母集団の構造への推測につなげていく．その際，本書では母集団分布が k 個の実数パラメータのベクトル $\underline{\theta} = [\theta_1 \cdots \theta_k]^T \in \mathbb{R}^k$ に依存し，それにより母集団分布が一つに定まるものと仮定する．このときのパラメータの数 k を次元というが，次元が1の場合のパラメータを単に $\theta \in \mathbb{R}$ と書く[1]．パラメータ θ や $\underline{\theta}$ は直接的には知ることができないので，それを強調して "**未知**" パラメータとよび，本書では区別なく使用する．このように，いくつかのパラメータが決まれば確率分布が決まるという枠組みでの統計的手法を**パラメトリックな手法**という[2]．パラメトリックな場合には，抽出された標本 $x_1,\ldots,x_n$ から $\underline{\theta}$ の値を決定して適切な $(\mathbb{R}^n, \mu_{\underline{\theta}})$ を定めることを目標にする．ここで，上記の用語を具体的な例で確認しておこう．

例 5.1 スウェーデンでの短期留学から帰国した大学生の A 君は，スウェーデンの大学生の多くが自分の身長 (170 cm) より高く思われ，日本人の男子大学生の身長の平均がどれくらいなのか気になった．そこで，自らが所属している大学のテニスサークルの友人5人に身長を聞いてみたところ，178, 182, 170, 162, 165 (単位 cm) ということだった．日本人の男子大学生の平均身長に関して統計学的な議論を与えよ．

解答 母集団は，調べたいデータの集団である "日本人の男子大学生の身長の全て" をいう．A 君はその平均身長が知りたいわけであるが，そのために標本を抽出したわけである．母集団分布は正規分布 $\mathrm{N}(\mu, \sigma^2)$ と考えることにしよう．このと

---

[1] 本書ではパラメータに限らずベクトルを表すときには $\underline{x}$ のように下に線を引き，1次元の実数のときには x のように線を引かないという約束で説明する．
[2] パラメータによって母集団分布が決定されない立場をとる統計としてノンパラメトリックな手法があるが本書では扱わない．

きは平均 μ と分散 σ^2 が未知パラメータで,実際に知りたいのは μ である.A 君を含んだ 6 人の身長のデータは $X_1, \ldots, X_6 \overset{\text{iid}}{\sim} \text{N}(\mu, \sigma^2)$ の実現値 $X_1(\omega) = x_1 = 170, X_2(\omega) = x_2 = 178, \ldots, X_6(\omega) = x_6 = 165$ と考えることができ,その標本平均は $\bar{x} = (170 + \cdots + 165)/6 \fallingdotseq 171.2$ であるので日本人の男子大学生の身長の平均 μ は 171.2 に "近い" と考えられる.

例 5.1 は用語の確認のためのものであり,実際にはいろいろな問題点がある[3].たとえば,同じ大学の同じサークルの友人のデータをもってして母集団からの "無作為抽出" と考えることは無理がある.また,6 人のデータの中に 170 cm の人が 2 名も含まれており,身長のデータが自己申告により大きく切り上げられている可能性もある.実際の統計処理をする際には無作為抽出によりデータを正しく抽出できないようなことが深刻な問題となることもあるが,本書ではそのような場合は扱わず,標本は理想的に無作為抽出されるものとして議論を進める.なお,データの大きさが 6 であるのも問題であるが,このような,データの適切な大きさに関する数学的な議論はある程度行うことができる (命題 5.6 (p.122)).

パラメータの推定　母集団分布は θ に依存しているとする.そのため,この分布による密度関数 (確率関数) を $f(x, \theta)$ とパラメータを付して書く.母集団から抽出された標本であるデータ $x_1, \ldots, x_n$ から θ についての情報を抽出するが,特に,θ の値をデータに基づきいい当てることを**統計的推定** (Estimation) という.以下では,統計的推定のために,$x_1, \ldots, x_n$ を $X_1, \ldots, X_n \overset{\text{iid}}{\sim} f(x, \theta)$ の実現値と解釈して確率変数を通して考えていく.

また,$\underline{X}$ と $\underline{x}$ により,$(X_1, \ldots, X_n)$ と $(x_1, \ldots, x_n)$ のような大きさ n の標本を表すが,ベクトル $[X_1 \cdots X_n]^T, [x_1 \cdots x_n]^T$ も同じ記号で表す.

推定量と推定値　確率変数である標本 $X_1, \ldots, X_n \overset{\text{iid}}{\sim} f(x, \theta)$ を組み合せて作られる確率変数,すなわち $\underline{X} = (X_1, \ldots, X_n)$ の関数である確率変数のことを**統計量** (Statistic) という.特に,パラメータ θ の推定のために用いられる統計量を $\widehat{\theta} = \widehat{\theta}(X_1, \ldots, X_n) = \widehat{\theta}(\underline{X})$ と書き,**推定量** (Estimator) という.推定量の実現値 $\widehat{\theta} = \widehat{\theta}(x_1, \ldots, x_n) = \widehat{\theta}(\underline{x})$ を**推定値** (Estimate) という.単に

---

[3] したがってまっとうな "統計的な議論" にはなっていない.

$\widehat{\theta}$ と書いた場合は，推定量なのか推定値なのか文脈によって判断する必要がある．これらを図にすると以下のとおりである:

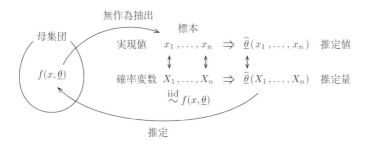

注意 5.1
1. 本書では "○○量" といえば確率変数であることを意味し，"○○値" といえば実現値を表して区別している．
2. $\widehat{\theta}$ は未知パラメータ $\underline{\theta}$ の推定量 (または推定値) を表すための推測統計の習慣であり "ハット" とよぶ．$\underline{\theta}$ と $\widehat{\theta}$ の区別は極めて重要なことである．
3. 特定の確率分布を母集団分布とする母集団を "○○母集団" (たとえば "正規母集団") という．
4. パラメータには母集団分布の平均や分散が用いられることが多い．標本の平均, 分散である標本平均, 標本分散と区別するために, 母集団分布の平均, 分散をそれぞれ**母平均**, **母分散**とよぶ．

■**パラメータの推定の具体例**■　ここでは，第 4 章で学んだ確率分布が母集団分布であった場合，その分布からの標本 $X_1, \ldots, X_n$(iid) を用いたパラメータの推定について具体例を挙げる．

1. (**ベルヌイ母集団**) ((4.1) (p.74)) $X \sim \mathrm{Be}(p)$ のとき，未知パラメータは 1 次元で $\theta = p$ (母平均) であり，母集団分布は以下の確率関数で決まる:
$$f(x,\theta) = f(x,p) = \mathrm{P}(X=x) = p^x(1-p)^{1-x} \quad (x=0,1).$$
母平均 p の推定量としてたとえば標本平均 $\widehat{\theta} = \widehat{p} = \overline{X} = \dfrac{1}{n}\sum_{i=1}^{n}X_i$ が考えられる．

2. (ポアソン母集団) ((4.8) (p.77)) $X \sim \mathrm{Po}(\lambda)$ のとき，未知パラメータは1次元で $\theta = \lambda$ (母平均かつ母分散) であり，母集団分布は以下の確率関数で決まる：

$$f(x, \theta) = f(x, \lambda) = \mathrm{P}(X = x) = e^{-\lambda}\frac{\lambda^x}{x!} \quad (x = 0, 1, 2, \ldots).$$

母平均 $\theta = \lambda$ の推定量として，たとえば標本平均 $\widehat{\theta} = \widehat{\lambda} = \overline{X} = \dfrac{1}{n}\sum_{i=1}^{n} X_i$ が考えられる．

3. (正規母集団) ((4.23) (p.83)) $X \sim \mathrm{N}(\mu, \sigma^2)$ の場合は，未知パラメータは2次元で $\underline{\theta} = [\mu\ \sigma^2]^T$ で各成分は母平均，母分散であり，母集団分布は以下の密度関数で決まる：

$$f(x, \underline{\theta}) = f(x, \mu, \sigma^2) = \frac{1}{\sqrt{2\pi\sigma^2}}\exp\left\{-\frac{(x-\mu)^2}{2\sigma^2}\right\} \quad (x \in \mathbb{R}).$$

$\underline{\theta} = [\mu\ \sigma^2]^T$ の推定量として，たとえば $\widehat{\underline{\theta}} = [\widehat{\mu}\ \widehat{\sigma}^2]^T = [\overline{X}\ S^2]^T$ が考えられる．ただし，$\widehat{\mu} = \overline{X} = \dfrac{1}{n}\sum_{i=1}^{n} X_i$ は標本平均であり，

$$\widehat{\sigma}^2 = S^2 = \frac{1}{n}\sum_{i=1}^{n}(X_i - \overline{X})^2 \tag{5.1}$$

は**標本分散**といわれる[4]．S^2 の代わりに，**標本不偏分散**とよばれる

$$S_{\mathrm{u}}^2 = \frac{1}{n-1}\sum_{i=1}^{n}(X_i - \overline{X})^2 \tag{5.2}$$

を用いるのが良い場合がある．

標本分散 S^2 は正規分布のみならず多くの分布の母分散の自然な推定量であるが，不自然そうに見える S_{u}^2 の方がある意味で自然な場合もある (命題 5.1)．

▮点推定と区間推定▮ 次節 §5.2 では，パラメータに関する統計的推定について学ぶが，まずは**点推定**とよばれる推定方法を解説する．これは未知パラメータをしかるべき推定量を用いて一点として推定するものである．さらに，点推定に対応するものとして，**区間推定**とよばれる推定方法を解説する．これ

---

[4] 変量 x に関するものなので，S_x^2 などと表記されることもある．

は未知パラメータを高い確率で含むような区間 (信頼区間) を推定量を用いて構成することが主な内容となる.

§ 5.2 統計的推定

点推定

■**推定量のもつべき性質**■　パラメータの推定において, 基本的にはどのような推定量を用いても構わない. しかしながら, ある基準に照らして望ましい推定量を用いるべきである. では, 推定量を考える際にどのような基準を考えておくべきであろうか. まずは以下の状況を考えよう.

> (統計的推測の基本的設定)
> θ をパラメータとする母集団からの標本 $X_1, \ldots, X_n \overset{\text{iid}}{\sim} f(x, \theta)$ に基づき, 推定量 $\widehat{\theta} = \widehat{\theta}(X_1, \ldots, X_n)$ で θ を推定する. (5.3)

(5.3) では簡単のために $\theta, \widehat{\theta} \in \mathbb{R}$ に限定しているが, $\underline{\theta}, \underline{\widehat{\theta}} \in \mathbb{R}^k$ の場合は k 個の成分毎に考えて自然に拡張すればよい.

> **定義 5.1 (不偏性とバイアス)**
> (5.3) の下で, 推定量 $\widehat{\theta}$ の期待値が推定したい θ と等しいとき, すなわち
> $$\mathrm{E}(\widehat{\theta}) = \theta \tag{5.4}$$
> が成り立つとき, $\widehat{\theta}$ を θ の**不偏推定量**といい, $\widehat{\theta}$ は不偏性をみたすという. 特に, $\mathrm{E}(\widehat{\theta}) \neq \theta$ のとき, $\mathrm{E}(\widehat{\theta}) - \theta$ を $\widehat{\theta}$ の**バイアス**といい, $\mathrm{Bias}(\widehat{\theta})$ で表す.

(5.4) について, $f(x, \theta)$ が密度のときには iid の性質から
$$\begin{aligned}\mathrm{E}(\widehat{\theta}) &= \int_{-\infty}^{\infty} \cdots \int_{-\infty}^{\infty} \widehat{\theta}(x_1, \ldots, x_n) \prod_{i=1}^{n} f(x_i, \theta) dx_1 \cdots dx_n \\ &= \int_{\mathbb{R}^n} \widehat{\theta}(\underline{x}) \prod_{i=1}^{n} f(x_i, \theta) d\underline{x}\end{aligned}$$
と計算される[5].

---

[5] $f(x, \theta)$ が確率関数のときは上式の多重積分を多重のシグマに置き換える. 最後の等号は多重積分の略記法で $d\underline{x} = dx_1 \ldots dx_n$ の意味である. 以下で現れる多重積分はこの略記法を

定義 5.2 (一致性)

(5.3) の下で，推定量 $\widehat{\theta} = \widehat{\theta}(X_1, \ldots, X_n)$ が θ に確率収束するとき，すなわち，任意の $\varepsilon > 0$ について

$$\lim_{n \to \infty} \mathrm{P}(|\widehat{\theta} - \theta| > \varepsilon) = 0 \tag{5.5}$$

が成立するとき，$\widehat{\theta}$ は θ の**一致推定量**といい，$\widehat{\theta}$ は一致性をみたすという．

なお，パラメータ θ がベクトル $\underline{\theta}$ であった場合は任意の成分について不偏性，一致性がみたされる場合にそれぞれ不偏性，一致性をみたすという．

例 5.2 p.105 の項目 1 (ベルヌイ母集団) のように $X_1, \ldots, X_n \stackrel{\mathrm{iid}}{\sim} \mathrm{Be}(p)$ について p を推定量 $\widehat{p} = \overline{X}$ で推定する．$\widehat{p}$ は不偏性，一致性をみたすこと示せ．

解答 $\mathrm{E}(\widehat{p}) = \mathrm{E}(\overline{X}) = \mathrm{E}\left(\dfrac{1}{n}\sum_{i=1}^{n} X_i\right) \stackrel{\text{線形性}}{=} \dfrac{1}{n}\sum_{i=1}^{n} \mathrm{E}(X_i) \stackrel{\text{同分布}}{=} \mathrm{E}(X_1) \stackrel{(4.2)}{=} p$

であるから，$\widehat{p}$ は p の不偏推定量である．また，大数の法則 (定理 4.13 (p.94)) より $\overline{X}$ は $\mathrm{E}(X_1)$ に確率収束するから，$\widehat{p}$ は p に確率収束することとなり，$\widehat{p}$ は p の一致推定量である．

問 5.1 ポアソン母集団 $X_1, \ldots, X_n \stackrel{\mathrm{iid}}{\sim} \mathrm{Po}(\lambda)$ について，$\widehat{\lambda} = \overline{X}$ とする．このとき，$\widehat{\lambda}$ は λ の不偏推定量であり，かつ一致推定量であることを示せ．

例 5.3 p.106 の項目 3 のように $X_1, \ldots, X_n \stackrel{\mathrm{iid}}{\sim} \mathrm{N}(\mu, \sigma^2)$ について $\underline{\theta} = [\mu\ \sigma^2]^T$ を推定量 $\widehat{\underline{\theta}} = [\widehat{\mu}\ \widehat{\sigma}^2]^T = [\overline{X}\ S^2]^T$ で推定する．このとき，$\widehat{\underline{\theta}}$ は不偏性はみたさないが，一致性をみたすことを示せ．

解答 $\mathrm{E}(\widehat{\mu}) = \mathrm{E}(\overline{X}) = \mu$ であり，$\widehat{\mu}$ は μ の不偏推定量である．しかしながら，$\widehat{\sigma}^2 = S^2$ はパラメータ σ^2 の不偏推定量とはならず，S_{u}^2 が不偏性をみたす (命題 5.1)．これにより，$\widehat{\underline{\theta}}$ は不偏性をみたさない．また，例 5.2 と同様の議論から，$\widehat{\mu}$ は μ の一致推定量であり，$\widehat{\sigma}^2$ は σ^2 の一致推定量であることも同様に示される．

命題 5.1 (標本不偏分散の不偏性)

(5.3) の下で，母分散を $\mathrm{V}(X_1) = \sigma^2$ とする．このとき，標本不偏分散 S_{u}^2 は σ^2 の不偏推定量であるが，標本分散 S^2 は不偏推定量でない．

用いる．

§ 5.2 統計的推定　109

証明　分散が存在していることから期待値も存在するので，$\mu = \mathrm{E}(X_1)$ とおく．$\sigma^2 = \mathrm{E}((X_1-\mu)^2)$ であり，標本平均 $\overline{X}$ について (4.50) から $\mathrm{E}(\overline{X}) = \mu, \mathrm{V}(\overline{X}) = \mathrm{E}((\overline{X}-\mu)^2) = \sigma^2/n$ である．これにより，

$$\mathrm{E}(S_\mathrm{u}^2) \stackrel{(5.2)}{=} \frac{1}{n-1}\mathrm{E}\left(\sum_{i=1}^n (X_i-\overline{X})^2\right) = \frac{1}{n-1}\mathrm{E}\left(\sum_{i=1}^n \{(X_i-\mu)+(\mu-\overline{X})\}^2\right)$$

$$\stackrel{線形性}{=} \frac{1}{n-1}\sum_{i=1}^n \{\mathrm{E}((X_i-\mu)^2) - 2\mathrm{E}((X_i-\mu)(\overline{X}-\mu)) + \mathrm{E}((\overline{X}-\mu)^2)\}$$

$$\stackrel{(*)}{=} \frac{1}{n-1}\left\{\sum_{i=1}^n \mathrm{V}(X_i) - 2n\mathrm{E}((\overline{X}-\mu)^2) + n\mathrm{V}(\overline{X})\right\}$$

$$= \frac{1}{n-1}(n\sigma^2 - 2\sigma^2 + \sigma^2) = \sigma^2.$$

ただし，$(*)$ の等号は $\sum_{i=1}^n (X_i-\mu) = n(\overline{X}-\mu)$ を用いた． ■

問 5.2　標本分散 (5.1) について $\mathrm{Bias}(S^2)$ を求めよ．

問 5.3　(5.3) の下で，母平均を μ とする．μ の推定量を $\widehat{\mu}_1(X_1,\ldots,X_n) = X_1$ とするとき，$\widehat{\mu}_1$ は μ の不偏推定量であるが，一致推定量ではないことを示せ．

推定量の良さ・悪さ　θ の推定量を $\widehat{\theta} = \widehat{\theta}(X_1,\ldots,X_n)$ とする．$\widehat{\theta}$ の良さ・悪さは，次で定義される平均二乗誤差 (MSE) で測られる：

定義 5.3 (平均二乗誤差 Mean Squared Error; MSE)

(5.3) の下で，推定量 $\widehat{\theta} = \widehat{\theta}(X_1,\ldots,X_n)$ の平均二乗誤差 (Mean Squared Error; MSE) を以下のように定義する：

$$\mathrm{MSE}(\widehat{\theta}) = \mathrm{E}((\widehat{\theta}-\theta)^2). \tag{5.6}$$

平均二乗誤差が小さいことは，推定したい θ とその推定量 $\widehat{\theta}$ の違いが小さいことを意味しているので，平均二乗誤差が小さければ小さいほど良い推定量のはずである．

命題 5.2 (平均二乗誤差の分解)

平均二乗誤差は分散とバイアスの二乗の和に分解される．つまり，$\mathrm{MSE}(\widehat{\theta}) =$

$V(\widehat{\theta}) + \text{Bias}(\widehat{\theta})^2$. 特に, $\widehat{\theta}$ が θ の不偏推定量ならば, $\text{MSE}(\widehat{\theta}) = V(\widehat{\theta})$ である.

証明 推定量 $\widehat{\theta}$ の平均二乗誤差は命題 5.1 と同じような方法で計算される:

$$\begin{aligned}
\text{MSE}(\widehat{\theta}) &= E((\widehat{\theta} - \theta)^2) = E\left(\{\widehat{\theta} - E(\widehat{\theta}) + E(\widehat{\theta}) - \theta\}^2\right) \\
&\stackrel{(3.36)}{=} E\left(\{\widehat{\theta} - E(\widehat{\theta})\}^2\right) + E\left(\{E(\widehat{\theta}) - \theta\}^2\right) + 2E(\{\widehat{\theta} - E(\widehat{\theta})\}\{E(\widehat{\theta}) - \theta\}) \\
&= E\left(\{\widehat{\theta} - E(\widehat{\theta})\}^2\right) + \{E(\widehat{\theta}) - \theta\}^2 + 0 = V(\widehat{\theta}) + \text{Bias}(\widehat{\theta})^2.
\end{aligned}$$

$\widehat{\theta}$ が不偏推定量であれば $\text{Bias}(\widehat{\theta}) = 0$ であることから $\text{MSE}(\widehat{\theta}) = V(\widehat{\theta})$ が従う. ∎

命題 5.2 により, θ の推定量として不偏推定量のみを考えることにすれば, 分散が小さい推定量ほど良い推定量と考えられる.

定義 5.4 (最小分散不偏推定量)
θ の不偏推定量の中で分散が最小のものが存在すれば, それを θ の**最小分散不偏推定量** (Minimum Variance Unbiased Estimator; MVUE) という.

最小分散不偏推定量は常に存在するとは限らないが, 以下のように不偏推定量の形式を制限した場合, 自然な形で存在する[6].

例 5.4 (線形形式の下での最小分散不偏推定量)　(5.3) の下で, 母平均が $E(X_1) = \eta \neq 0$ で母分散が $V(X_1) = \delta^2 > 0$ とする. n 個の実数 α_i $(i = 1, \ldots, n)$ に対して, η の推定量として, $(X_1, \ldots, X_n)$ の線形形式 $Y = \sum_{i=1}^{n} \alpha_i X_i$ を考える. 次の問に答えよ.

1. Y が η の不偏推定量となるために α_i $(i = 1, \ldots, n)$ がみたすべき条件を求めよ.
2. η の線形形式の不偏推定量のうち, 分散が最小となるのは $Y = \overline{X}$ であることを示せ.

解答　1. 不偏性により $\eta = E(Y) \stackrel{(3.40)}{=} \sum_{i=1}^{n} \alpha_i E(X_i) = \eta \sum_{i=1}^{n} \alpha_i$ であるから, $\eta \neq 0$

---

[6] 不偏推定量の形式を限定した場合でも, その形式の中で分散が最小であればその形式における最小分散不偏推定量とよんでよい.

に注意して $\sum_{i=1}^{n} \alpha_i = 1$ でなければならない．

2. $V(Y) = \sum_{i=1}^{n} V(\alpha_i X_i) \stackrel{(3.48)}{=} \delta^2 \sum_{i=1}^{n} \alpha_i^2$ であるから，Y が η の最小分散不偏推定量となるには，前問の $\sum_{i=1}^{n} \alpha_i = 1$ の下で，$\sum_{i=1}^{n} \alpha_i^2$ が最小となればよい．これは $\alpha_1 = \alpha_2 = \cdots = \alpha_n = 1/n$ のときであり，そのときに限られることが示される． ▌

> **問 5.4** 例 5.4 において $\sum_{i=1}^{n} \alpha_i = 1$ の条件の下で，$\sum_{i=1}^{n} \alpha_i^2 \geqq 1/n$ であり，等号成立は $\alpha_1 = \cdots = \alpha_n = 1/n$ のとき，そしてそのときに限ることを (1.17)（p.17）を用いて示せ．

ここでは"推定量は不偏推定量に限る"という立場に立って議論する．推定量の精度は平均二乗誤差で測る限りでは，最小分散不偏推定量が見つかればそれは最良の推定量であり，それ以外の推定量を用いる理由はなくなる．では最小分散不偏推定量は常に見つかるのであろうか？ その議論において重要な結果が，"クラメル[7]・ラオ[8]"の定理（定理 5.1, p.113）であり，一般に，不偏推定量の分散には下限が存在することを主張するものである．その議論のために準備を行う．

■フィッシャー情報量■ 不偏推定量の分散の下限を考える上で重要となるのが，次のフィッシャー[9]情報量である．

定義 5.5（フィッシャー情報量）

$X_1, \ldots, X_n$ の n 次元確率分布が
$$\underline{X} = (X_1, \ldots, X_n) \sim f(x_1, x_2, \ldots, x_n, \theta) = f(\underline{x}, \theta)$$
で与えられているとする．このとき
$$I_n(\theta) = E\left(\left\{\frac{\partial}{\partial \theta} \log f(\underline{X}, \theta)\right\}^2\right) \tag{5.7}$$

---

[7] H. Cramér (1893–1985) スウェーデンの数学者．数論，確率論および統計学における貢献が有名．

[8] C. R. Rao (1920–) インドの統計学者．統計的推定の基礎理論や多変量解析での貢献が有名．イギリス留学時の指導教官はフィッシャーである．

[9] R. A. Fisher (1890–1962) イギリスの偉大な統計学者．数理統計学において多大な影響を与えたのみならず，集団遺伝学の確率的な研究でも有名である．

を $f(\underline{x}, \theta)$ に関する**フィッシャー情報量** (Fisher's Information) という.

$I_n(\theta)$ を扱う際には "正則条件" [10] といわれるものを仮定する．ここでは数学的に深入りせず，ベルヌイ母集団からの iid の場合で確認しよう．

例 5.5 (ベルヌイ母集団のフィッシャー情報量) $X_1, \ldots, X_n \overset{\text{iid}}{\sim} \text{Be}(p)$ のとき，$(X_1, \ldots, X_n)$ の n 次元確率関数に関するフィッシャー情報量 $I_n(p)$ 求めよ．

解答 n 次元確率関数は
$$f(x_1, \ldots, x_n, p) = \prod_{i=1}^{n} f(x_i, p) = \prod_{i=1}^{n} \left\{ p^{x_i}(1-p)^{1-x_i} \right\}$$
$$= p^{\sum_{i=1}^{n} x_i}(1-p)^{n-\sum_{i=1}^{n} x_i} = p^{n\overline{x}}(1-p)^{n(1-\overline{x})} \tag{5.8}$$
より，$(\partial/\partial p)\log f(\underline{x}, p) = n(\overline{x} - p)/\{p(1-p)\}$ である．また，$\text{E}(\overline{X}) = p, \text{V}(\overline{X}) = p(1-p)/n$ であるので，
$$I_n(p) = \text{E}\left(\left\{\frac{\partial}{\partial p}\log f(X_1, \ldots, X_n, p)\right\}^2\right) = \frac{n^2}{p^2(1-p)^2}\text{E}\left((\overline{X} - p)^2\right)$$
$$= \frac{n^2 \text{V}(\overline{X})}{p^2(1-p)^2} = \frac{n}{p(1-p)}.$$

問 5.5 σ_* を既知の正定数とする．$X_1, \ldots, X_n \overset{\text{iid}}{\sim} \text{N}(\mu, \sigma_*^2)$ のとき，$(X_1, \ldots, X_n)$ の n 次元密度に関するフィッシャー情報量 $I_n(\mu)$ を求めよ．

命題 5.3 (フィッシャー情報量の別表現)

以下が成立する：
$$\text{E}\left(\frac{\partial}{\partial \theta}\log f(\underline{X}, \theta)\right) = 0, \quad I_n(\theta) = -\text{E}\left(\frac{\partial^2}{\partial \theta^2}\log f(\underline{X}, \theta)\right). \tag{5.9}$$

証明 $f(\underline{x}, \theta)$ が密度の場合のみを示す．$1 = \int_{\mathbb{R}^n} f(\underline{x}, \theta)d\underline{x}$ であることに注意する．
$$0 = \frac{\partial}{\partial \theta}1 = \frac{\partial}{\partial \theta}\int_{\mathbb{R}^n} f(\underline{x}, \theta)d\underline{x} \overset{(*)}{=} \int_{\mathbb{R}^n} \frac{\partial}{\partial \theta}f(\underline{x}, \theta)d\underline{x}$$
$$= \int_{\mathbb{R}^n} \left\{\frac{\partial}{\partial \theta}\log f(\underline{x}, \theta)\right\}f(\underline{x}, \theta)d\underline{x} = \text{E}\left(\frac{\partial}{\partial \theta}\log f(\underline{X}, \theta)\right).$$

---

[10] θ による偏微分可能性や偏微分と期待値 (積分) の交換可能性など数学的に扱いやすくなるようなものを指す．また，$\log f(\underline{X}, \theta)$ について $f(\underline{X}, \theta) = 0$ となる箇所は 0 として扱い $f(\underline{X}, \theta) > 0$ のみを考え $0 < I_n(\theta) < \infty$ を仮定する．

ただし, (∗) の等号は $f(\underline{x},\theta)$ に関する適切な正則条件の下で保証される. これにより (5.9) の初めの式が成立する. もう 1 度微分をすると,

$$0 = \frac{\partial}{\partial\theta}\int_{\mathbb{R}^n}\left\{\frac{\partial}{\partial\theta}\log f(\underline{x},\theta)\right\}f(\underline{x},\theta)d\underline{x}$$

$$= \int_{\mathbb{R}^n}\left\{\frac{\partial^2}{\partial\theta^2}\log f(\underline{x},\theta)\right\}f(\underline{x},\theta)d\underline{x} + \int_{\mathbb{R}^n}\left\{\frac{\partial}{\partial\theta}\log f(\underline{x},\theta)\right\}^2 f(\underline{x},\theta)d\underline{x}$$

となり, 以下をえる:

$$I_n(\theta) = \int_{\mathbb{R}^n}\left\{\frac{\partial}{\partial\theta}\log f(\underline{x},\theta)\right\}^2 f(\underline{x},\theta)d\underline{x} = -\int_{\mathbb{R}^n}\left\{\frac{\partial^2}{\partial\theta^2}\log f(\underline{x},\theta)\right\}f(\underline{x},\theta)d\underline{x}.$$

問 5.6 $X_1,\ldots,X_n \stackrel{\text{iid}}{\sim} f(x,\theta)$ のとき, $I_n(\theta) = nI_1(\theta)$ を示せ.

クラメル・ラオの定理 $X_1,\ldots,X_n$ の n 次元確率分布が $(X_1,\ldots,X_n) \sim f(\underline{x},\theta)$ で与えられ, θ の任意の不偏推定量を $\widehat{\theta} = \widehat{\theta}(X_1,\ldots,X_n)$ とする. このときに, 以下のことがいえる:

定理 5.1 (クラメル・ラオの定理) 以下の不等式が成り立つ (この不等式をクラメル・ラオの不等式という):

$$\text{V}(\widehat{\theta}) \geqq I_n(\theta)^{-1}. \tag{5.10}$$

等号成立は以下に限る:

$$\frac{\partial}{\partial\theta}\log f(\underline{X},\theta) = I_n(\theta)(\widehat{\theta} - \theta). \tag{5.11}$$

クラメル・ラオの不等式の等号が成立するときの推定量を**有効推定量**という.

証明 $\widehat{\theta} = \widehat{\theta}(\underline{X})$ は θ の不偏推定量であるから $\text{E}(\widehat{\theta}(\underline{X})) = \int_{\mathbb{R}^n}\widehat{\theta}(\underline{x})f(\underline{x},\theta)d\underline{x} = \theta$ であるので両辺を θ で微分すると,

$$1 = \int_{\mathbb{R}^n}\widehat{\theta}(\underline{x})\frac{\partial}{\partial\theta}f(\underline{x},\theta)d\underline{x} = \int_{\mathbb{R}^n}\widehat{\theta}(\underline{x})\frac{\partial}{\partial\theta}\log f(\underline{x},\theta)\cdot f(\underline{x},\theta)d\underline{x} \tag{5.12}$$

となる. また, (5.9) の初めの式を積分で書くと

$$0 = \int_{\mathbb{R}^n}\frac{\partial}{\partial\theta}\log f(\underline{x},\theta)\cdot f(\underline{x},\theta)d\underline{x} \tag{5.13}$$

である. (5.12)$-\theta\times$(5.13) より

$$1 = \int_{\mathbb{R}^n}(\widehat{\theta}(\underline{x}) - \theta)\frac{\partial}{\partial\theta}\log f(\underline{x},\theta)\cdot f(\underline{x},\theta)d\underline{x}$$

$$= \mathrm{E}\Big((\widehat{\theta}(\underline{X}) - \theta)\frac{\partial}{\partial \theta} \log f(\underline{X}, \theta)\Big) \tag{5.14}$$

をえる. (5.14) の両辺を二乗して右辺にコーシー・シュワルツの不等式 (3.62) を適用すると,

$$\begin{aligned}
1 &= \Big\{\mathrm{E}\Big((\widehat{\theta}(\underline{X}) - \theta)\frac{\partial}{\partial \theta} \log f(\underline{X}, \theta)\Big)\Big\}^2 \\
&\leqq \mathrm{E}((\widehat{\theta}(\underline{X}) - \theta)^2)\mathrm{E}\Big(\Big\{\frac{\partial}{\partial \theta} \log f(\underline{X}, \theta)\Big\}^2\Big) \stackrel{(*)}{=} \mathrm{V}(\widehat{\theta}(\underline{X}))I_n(\theta) \tag{5.15}
\end{aligned}$$

となる. ただし, $(*)$ の等号は $\widehat{\theta}(\underline{X})$ が不偏推定量であること, およびフィッシャー情報量の定義を用いた. 両辺を $I_n(\theta)$ で割ると (5.10) がわかる. 等号成立はコーシー・シュワルツの不等式における等号成立条件より, $\widehat{\theta} - \theta$ と $(\partial/\partial\theta) \log f(\underline{X}, \theta)$ が線形関係, つまり $(\partial/\partial\theta) \log f(\underline{X}, \theta) = a + b(\widehat{\theta} - \theta)$ となる定数 a, b が存在するときである (章末問題 3.5). 両辺に期待値をとると $0 \stackrel{(5.9)}{=} \mathrm{E}((\partial/\partial\theta) \log f(\underline{X}, \theta)) = a + b\mathrm{E}(\widehat{\theta} - \theta) \stackrel{不偏性}{=} a$ となり, $(\partial/\partial\theta) \log f(\underline{X}, \theta) = b(\widehat{\theta} - \theta)$ をえる. (5.15) の等号が成立しているのだから, $1 = \mathrm{E}\big((\widehat{\theta} - \theta)(\partial/\partial\theta) \log f(\underline{X}, \theta)\big) = b\mathrm{E}\big((\widehat{\theta} - \theta)^2\big) = b\mathrm{V}(\widehat{\theta}) = bI_n(\theta)^{-1}$ となり, $b = I_n(\theta)$ と求まり (5.11) をえる. ∎

クラメル・ラオの定理の主張は明快で, フィッシャー情報量の逆数が不偏推定量の分散の一つの下界を与えることを述べている. したがって, 推定量の精度の限界を規定する量としてフィッシャー情報量を理解することができる. もし, 不偏推定量でその分散がフィッシャー情報量の逆数に等しいものがあれば, それより分散が小さい不偏推定量はないのだから, その推定量は最小分散不偏推定量となる. すなわち, "有効推定量は最小分散不偏推定量である" ことが成り立つ.

▎**最尤法**▎　これまでは統計的推定の一般的な議論を行ってきた. 不偏推定量を用い, 平均二乗誤差で推定量の誤差を測るのであれば, 分散が小さいほど良い推定量となる. その不偏推定量の分散には下限が存在し, 分散がその下限に到達する不偏推定量を有効推定量とよんだのであった.

しかしながら推定量を実際にどのように構成するのかについては触れていない. 推定量を作ることと, その振る舞いを調べることとは全く別問題というわけである. ここでは, 望ましい性質をもつ推定量の構成法の一つである最尤

法[11]について学ぶ．まずは非常に素朴な例から考えてみよう．

例 5.6 A 君が "ユガンダビール" の王冠 1 個を 5 回だけ投げてみたところ，"表表裏表裏" と出た．王冠の表が出る確率を $p \in [0,1]$ とするとき，p の値はどれくらいが "尤もらしい" と考えられるか？

解答 5 回のうち 3 回表が出ているのだから，直感的には p の値としては 3/5 が尤もらしいが，これを正当化してみよう．表を 1，裏を 0 と考えると，王冠の出た目の結果は $X_1, \ldots, X_5 \overset{\text{iid}}{\sim} \text{Be}(p)$ の実現値と考えることができる．この結果が実現される確率は $P(X_1 = 1, X_2 = 1, X_3 = 0, X_4 = 1, X_5 = 0) \overset{独立}{=} P(X_1 = 1)P(X_2 = 1)P(X_3 = 0)P(X_4 = 1)P(X_5 = 0) \overset{同分布}{=} p^3(1-p)^2$ であり，この確率を $L(p)$ とおき $0 \leq p \leq 1$ において $L(p)$ が最大となる p を調べる．増減表を書くとわかるが $p = 3/5$ のみが最大を達成する．つまり $L(p)$ は，p の関数と考えて，p の値の尤もらしさ，尤もな度合を表している． ■

確率の問題であれば p が予め定まっているが，例 5.6 は逆にデータから p を推定することが目的となっていることに注意する．ここで，例 5.6 での具体的な議論を，一般的な設定 (5.3) の下で考える．iid により n 次元密度（または確率関数）は $f(x_1, \ldots, x_n, \theta) = \prod_{i=1}^{n} f(x_i, \theta)$ であり，θ が与えられたときには $(x_1, \ldots, x_n)$ の n 変数関数である．見方を変えて，X_i の実現値を x_i と考え，$f(x_1, \ldots, x_n, \theta)$ を θ の関数と見たときに**尤度** (Likelihood)，または**尤度関数**といい

$$L(\theta) = \prod_{i=1}^{n} f(x_i, \theta)$$

と書く．$L(\theta)$ はデータ $(x_1, \ldots, x_n)$ がえられたときのパラメータ θ の "尤もらしさ" の度合いを表す．例 5.6 では $L(p) = p^3(1-p)^2$ であった．他にも

---

[11] "最も" は最高の意味で "尤も" は道理にかなうという意味である．つまり，最も尤もな値を推定量とする方法が最尤法である．最尤法の開発者フィッシャー (p.111) は統計的推測理論で重要となる，一致性，十分性，有効性といった基礎概念を提出し，その三つ巴の中で推定理論を議論した（十分性は本書では扱わない）．これらの概念は統計的推定論の研究の核心をなしており，その意味で統計的推定論におけるフィッシャーの貢献は偉大である．

$X_1, \ldots, X_n \overset{\text{iid}}{\sim} \mathrm{N}(\mu, \sigma^2)$ であれば，尤度関数は

$$L(\mu, \sigma^2) = (2\pi\sigma^2)^{-n/2} \exp\left\{-\sum_{i=1}^{n} \frac{(x_i - \mu)^2}{2\sigma^2}\right\}$$

である．

さて，未知パラメータ θ は実際にはわからない値であるが，$\theta \in \Theta \subset \mathbb{R}$ の範囲を動くものとして標本から以下の原理で構成的に推定することを考えよう．$(X_1, \ldots, X_n)$ の実現値 $(x_1, \ldots, x_n)$ に対し，最も尤もらしい（つまり尤度 $L(\theta)$ を最大にする）θ を $\widehat{\theta} = \widehat{\theta}(x_1, \ldots, x_n)$ と書き，θ の**最尤推定値** (Maximum Likelihood Estimate) とよぶ．つまり，$\max_{\theta \in \Theta} L(\theta)$ を到達するものであり，$L(\widehat{\theta}) = \max_{\theta \in \Theta} L(\theta)$ をみたす．確率変数で置き換えた $\widehat{\theta} = \widehat{\theta}(X_1, \ldots, X_n)$ を**最尤推定量** (Maximum Likelihood Estimator; MLE) とよぶ． 尤度関数 $L(\theta)$ の最大値に基づいて推定量を求めるこの方法を**最大尤度法** (Maximum Likelihood Method)，または**最尤法**という．一般には**対数尤度**

$$\ell(\theta) = \log L(\theta)$$

を扱って，$\ell(\theta)$ を最大にする θ を探してもよい．その際，微分して $(\partial/\partial\theta)\ell(\theta) = 0$ を解くことにより $\ell(\theta)$ を最大にする $\theta = \widehat{\theta}$ が求まることが多い．これを**尤度方程式**を解くという．

例 5.7 パラメータ $\lambda > 0$ の指数分布からの標本 $X_1, \ldots, X_n \overset{\text{iid}}{\sim} \mathrm{Exp}(\lambda)$ を用いて，λ の最尤推定量を求めよ．

解答 尤度は，$L(\lambda) = \prod_{i=1}^{n}\{\lambda \exp(-\lambda x_i)\} = \lambda^n \exp\left(-\lambda \sum_{i=1}^{n} x_i\right)$ であり，対数尤度は，$\ell(\lambda) = \log L(\lambda) = n \log \lambda - \lambda \sum_{i=1}^{n} x_i$ となる．尤度方程式を解くと $0 = (\partial/\partial\lambda)\ell(\lambda) = n/\lambda - \sum_{i=1}^{n} x_i$ より，$\lambda = \widehat{\lambda} = n\Big/\sum_{i=1}^{n} x_i = 1/\overline{x}$ をえる（最大値を到達していることのチェックは省略する）．よって λ の最尤推定量は $\widehat{\lambda} = 1/\overline{X}$，つまり標本平均の逆数になる． ∎

問 5.7 例 5.6 を一般的に考える．$X_1, \ldots, X_n \overset{\text{iid}}{\sim} \mathrm{Be}(p)$ のとき，パラメータ p の最尤推定量は $\widehat{p} = \overline{X}$ であることを示せ．

§5.2 統計的推定

最尤推定量の性質 尤度という概念を用い，それを最大にするという思想 (**最尤原理**ともよばれる) から尤度方程式を解く問題が導かれ，それを解くことにより推定量が一つ構成された．では，そのようにしてえられた推定量である最尤推定量は一体どのような振る舞いをしているのであろうか？

> **命題 5.4 (最尤推定量の性質 I)**
> 有効推定量が存在すると仮定する．尤度方程式を解いて最尤推定量を求めることができるとき，有効推定量は最尤推定量である．

証明 クラメル・ラオの定理の (5.11) から θ の不偏推定量 $\widehat{\theta}$ が有効推定量である必要十分条件は $(\partial/\partial\theta)\log f(\underline{X},\theta) = I_n(\theta)(\widehat{\theta}-\theta)$ である．これにより，$(\partial/\partial\theta)\log f(\underline{x},\theta) = I_n(\theta)(\widehat{\theta}(\underline{x})-\theta)$．$\theta$ を有効推定量 $\widehat{\theta}$ で推定するので，$(\partial/\partial\theta)\log f(\underline{x},\theta)|_{\theta=\widehat{\theta}} = 0$ となり，尤度方程式の解となっている．これにより $\widehat{\theta}$ は最尤推定量となる． ∎

命題 5.4 の逆，すなわち "最尤推定量は有効推定量か？" の例を考えてみよう．

例 5.8 パラメータ p のベルヌイ母集団 $X_1,\ldots,X_n \overset{\text{iid}}{\sim} \text{Be}(p)$ のとき，パラメータ p の最尤推定量である $\widehat{p}=\overline{X}$ (問 5.7) は有効推定量であることを示せ．

解答 例 5.5 により $I_n(p) = n/\{p(1-p)\}$ であり，$\mathrm{V}(\widehat{p}) = p(1-p)/n$ であるので $\mathrm{V}(\widehat{p}) = I_n(p)^{-1}$ となり，クラメル・ラオの不等式の等号が成立することから従う． ∎

命題 5.4 の逆は残念ながら一般には成立しない．しかしながら以下のような漸近的な主張は成立することが知られている (証明は省略)．

> **命題 5.5 (最尤推定量の性質 II)**
> θ の最尤推定量 $\widehat{\theta}$ は一致推定量であり，$\sqrt{n}(\widehat{\theta}-\theta)$ は $\mathrm{N}(0,I_1(\theta)^{-1})$ に分布収束 (p.78) する．

このことは，最尤推定量 $\widehat{\theta}$ の分布が，n が大きいときには $\mathrm{N}(\theta,\{nI_1(\theta)\}^{-1})$ で近似できることを意味し，問 5.6 より，$\mathrm{N}(\theta,I_n(\theta)^{-1})$ で近似できることを意味している．その意味で最尤推定量は漸近的には有効推定量である．

問 5.8 正規母集団からの標本を $X_1,\ldots,X_n \overset{\text{iid}}{\sim} \mathrm{N}(\mu,\sigma_*^2)$ とする．ただし，$\sigma_*^2 > 0$

は既知であり，μ のみが未知であるとする．このとき，μ の最尤推定量 $\hat{\mu}$ を求め，それが有効推定量となるかどうか調べよ．

問 5.9 ポアソン母集団からの標本を $X_1,\ldots,X_n \overset{\text{iid}}{\sim} \text{Po}(\lambda)$ とする．このとき，λ の最尤推定量 $\hat{\lambda}$ を求め，それが有効推定量となるかどうか調べよ．

フィッシャーはさらに議論を進め，推定における"情報量の損失"とその"復元"という着想に基づく推定論を展開した．その方向の議論は，推定量の高次漸近有効性の議論と結びつき，さらなる発展を見せ，微分幾何の手法を取り込んで，今日では"情報幾何学"とよばれる分野にまで発展した．

区間推定

■区間推定の考え方■ いままでの推定の議論は，θ の値を一点で推定するもので，点推定とよばれるものである．それとは違い，θ の値をある範囲 (区間) で推定しようとするのがここで議論する区間推定である．

たとえば，下の図のような台風の進路予測を考えてみよう．ある日の天気予報で，"現在，福岡県宗像市にいる台風は暴風域を伴ったまま翌日には島根県松江市上空を通過する見込みである"と報道されたとしよう．この場合は，中心が松江市附近であるような円が描かれることになり，台風の進路の"予報円"とよばれている．

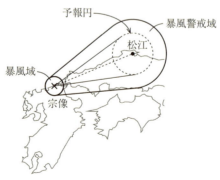

通過する都市の位置 (理論上は一点) を推定するのが"点推定"に対応し，推定量を用いて構成された予報円が"区間推定"に対応する．台風は予報円どおり

の進路を辿るとは限らない．台風の進路がどのように決まるのかについてのメカニズムを直ちに把握するのは困難であるから，台風の進路は確率的に決まるものと考えた方が都合が良い．台風の進路の予想が外れないようにするのは簡単で，予報円を (たとえば日本全体を覆う程度に!) 大きく描けばよい．しかしながら，人々は天気予報には予報円を狭くして正確に進路を当てることを期待するはずである．精度を高めるためには予報円は大きくならざるをえないが，区間推定も精度 (信頼係数) と大きさ (信頼区間の長さ) の関係が問題となる[12]．

■**区間推定の定式化**■　ここでは，正規母集団 $N(\mu, \sigma^2)$ に限定して，未知パラメータは母平均の μ である場合を主に扱う．たとえば，μ が区間 $I_\mu = [\widehat{\mu}_*, \widehat{\mu}^*]$ で推定されるとする．ただし，$\widehat{\mu}_*, \widehat{\mu}^*$ はデータの関数，すなわち統計量で，$0 < \alpha < 1/2$ について $P(\widehat{\mu}_* \leq \mu \leq \widehat{\mu}^*) = 1 - \alpha$ とする．このとき，区間 I_μ を母平均 μ に関する**信頼係数** $1 - \alpha$ の**信頼区間**，あるいは $100(1-\alpha)\%$ 信頼区間という．標準正規分布 $N(0,1)$ の上側 $100\alpha\%$ 点 z_α (p.86) を用いるとともに，p.83 で学んだ正規分布の性質，特に正規分布の iid についての標本平均の性質を用いて信頼区間を構成する．

■**正規母集団の母平均の区間推定 (分散既知)**■　最初に，正規母集団に関する理想的な場合の区間推定を行う．すなわち，以下を仮定する．

【正規母集団における理想的な仮定】
$$X_1, \ldots, X_n \overset{\text{iid}}{\sim} N(\mu, \sigma^2) \text{ として，} \sigma^2 = \sigma_*^2 \text{ は既知とする．} \quad (5.16)$$

定理 5.2 (正規母集団の母平均の区間推定 (分散既知))　(5.16) の状況の下で母平均 μ の信頼係数 $1 - \alpha$ の信頼区間は以下のとおり：
$$I_\mu = \left[\overline{X} - z_{\alpha/2} \frac{\sigma_*}{\sqrt{n}} , \overline{X} + z_{\alpha/2} \frac{\sigma_*}{\sqrt{n}}\right]. \quad (5.17)$$

ただし，$z_{\alpha/2}$ は標準正規分布の上側 $100(\alpha/2)\%$ 点 (p.86) である．

証明　母平均 μ の最尤推定量は標本平均 $\widehat{\mu} = \overline{X}$ であり，正規分布の性質 (4.51) か

---

[12] 現在では台風が予報円に入る確率は 70% であると決められている．なお，大きな台風では予報円の外側に "暴風警戒域" が書かれるが，場合によっては消えてなくなることもある．

ら $\widehat{\mu} = \overline{X} \sim \mathrm{N}\left(\mu, \sigma_*^2/n\right)$ であり，標準化 (4.28) (p.85) すると

$$\frac{\overline{X} - \mu}{\sigma_*/\sqrt{n}} \sim \mathrm{N}(0,1) \tag{5.18}$$

であるので，信頼係数の定義により，

$$\mathrm{P}\left(-z_{\alpha/2} \leqq \frac{\overline{X} - \mu}{\sigma_*/\sqrt{n}} \leqq z_{\alpha/2}\right) = 1 - \alpha \tag{5.19}$$

となる (p.121 の図を参照)．(5.19) を μ についてまとめると，

$$\mathrm{P}\left(\overline{X} - z_{\alpha/2}\frac{\sigma_*}{\sqrt{n}} \leqq \mu \leqq \overline{X} + z_{\alpha/2}\frac{\sigma_*}{\sqrt{n}}\right) = \mathrm{P}(\mu \in I_\mu) = 1 - \alpha \tag{5.20}$$

となり，(5.17) をえる． ∎

注意 5.2　1. 定理 5.2 は "区間 I_μ が μ を含む確率" である点に注意しよう．μ は未知であるが一つの固定された実数ゆえ，ある区間が与えられたらその区間に属するか属さないかのどちらかであり，そこに確率の議論はない．一方，I_μ は確率変数 $\overline{X}$ を用いて構成されており，$\overline{X}$ の具体的な実現値に対応して，作られる区間 I_μ も変わってくる．確率変数を用いて構成されるものゆえ，その I_μ に対しては確率の議論が必要となる．

2. 信頼係数の意味は，たとえば何度も繰り返し n 個のデータをとり，その都度信頼係数 $1 - \alpha$ の μ の信頼区間 I_μ を構成した場合，100 回繰り返した場合だと平均して $100(1-\alpha)$ 個の信頼区間が μ を含んでいるということである (図のとおり)．

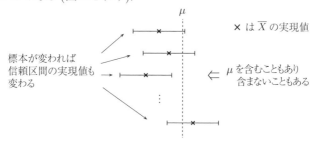

注意 5.3　定理 5.2 における I_μ の長さは

$$\left\{\overline{X} + z_{\alpha/2}\frac{\sigma_*}{\sqrt{n}}\right\} - \left\{\overline{X} - z_{\alpha/2}\frac{\sigma_*}{\sqrt{n}}\right\} = 2z_{\alpha/2}\frac{\sigma_*}{\sqrt{n}} \tag{5.21}$$

であり，n が増えれば，短くなるのがわかる．ある範囲で推定を行うのに，データの大きさが大きくなればその範囲はより精密になるべきだという我々の直感に合致している．

I_μ の形 (5.17) は暗記するのではなく，正規分布の性質 (4.51) から演繹してもらいたい．定理 5.2 の区間推定の手順を以下にまとめておく．

【正規母集団の母平均の区間推定 (分散既知) の手順】
1. 母分散が既知 (σ_*^2) であり，定理 5.2 が適用できることを確認する．
2. 信頼係数 $1 - \alpha$ を決定の上，正規分布表 (付表 1 (p.180)) から上側 $100(\alpha/2)\%$ 点 $z_{\alpha/2}$ を調べる．
3. 標本の実現値から $\bar{x}$ を計算して，$[\bar{x} - z_{\alpha/2}\sigma_*/\sqrt{n}, \bar{x} + z_{\alpha/2}\sigma_*/\sqrt{n}]$ を出力．

注意 5.4 項目 2 に関して，$z_{\alpha/2}$ の調べ方は定義 (4.32) (p.86) を思い出そう．たとえば，$\alpha = 0.05$ の際には $1 - \alpha/2 = 0.975$ であり，$\Phi(z) = 0.975$ となるような値 z を付表 1 の中から $z = z_{0.025} = 1.96$ と見つける[13]．

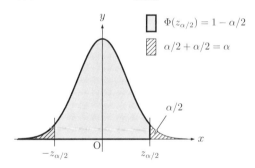

例 5.9 マガッチャウ社で製造される金属棒の直径 (単位 cm) は正規分布 $N(\mu, (0.05)^2)$ に従うとする．無作為に抽出した 10 本について，その直径の標本平均が 1.021 であった．μ の信頼係数 0.95 の信頼区間を求めよ．

解答 母分散が $\sigma_*^2 = 0.05^2$ と既知であるため定理 5.2 が適用できる．信頼係数は 0.95 より $\alpha = 0.05$ から $z_{0.025} = 1.96$ である．$\bar{x} = 1.021, n = 10$ であるので，(5.17)

---

[13] 付表 1 の数表は z における分布関数の値 $\Phi(z) = P(X \leq z)$ が掲載されているが，書籍によっては裾確率 $P(X > z)$ や $P(0 \leq X \leq z)$ が掲載されていることもあるので注意が必要である．これは t 分布表や χ^2 分布表でも同じことである．

に代入して以下をえる：

$$I_\mu = \left[1.021 - 1.96\frac{0.05}{\sqrt{10}} \;,\; 1.021 + 1.96\frac{0.05}{\sqrt{10}}\right] \fallingdotseq [0.990 \;,\; 1.052].$$

問題文の"標本平均"は標本平均 $\overline{X}$ の実現値を意味することに注意する．

問 5.10 デイスイ社の開発した実験用アルコールの濃度は 5% となっている．10 本の製品について実際の濃度を測定したところ，その標本平均が 5.001 であった．測定値は正規分布 $N(\mu,(0.02)^2)$ の実現値と見なせるものとして，μ の信頼係数 0.95 の信頼区間を求めよ．

命題 5.6 (区間推定を実現するのに必要なデータの大きさ)

定理 5.2 の条件の下で，信頼区間の長さを ℓ 以下と制約した場合，その区間推定を実現するのに必要なデータの大きさ n は以下のとおり：

$$n \geqq 4z_{\alpha/2}^2 \sigma_*^2/\ell^2. \tag{5.22}$$

証明 (5.21) より $2z_{\alpha/2}\sigma_*/\sqrt{n} \leqq \ell$ を解けばよい．

例 5.10 スーパー"ヤスイン屋"の松江支店長は，一人の客がレジを通るのにかかる平均時間を調べようとしている．一人の客がレジを通過するのにかかる時間 (秒) の分布が正規分布 $N(\mu, 30^2)$ で近似されると仮定できるとき，信頼係数 0.95 で信頼区間の長さが 10(秒) 以内にするためには，調査の際にとるべきデータの大きさはどの程度にしなければならないか．

解答 命題 5.6 において，$\ell = 10, \sigma_* = 30, z_{0.025} = 1.96$ を (5.22) に代入すると，$n \geqq 138.3$ となり，データの大きさは 139 以上必要となる．

問 5.11 ある地域の一世帯の一ヶ月あたりの消費支出は，標準偏差 46000 円の正規分布に従っていると見なされる．この地域での消費支出の平均を誤差が 5000 円以内になるように信頼係数 0.99 で推定するには何世帯以上の標本抽出が必要か．(ヒント；"誤差"は信頼区間の長さに対応している．)

正規母集団の母平均の区間推定 (分散未知) 定理 5.2 では，正規母集団において母分散 $\sigma^2 = \sigma_*^2$ が既知であることを仮定した．しかしながら，母平均よりも情報の入手が困難に思える母分散が既知であることは不自然に思える．以下では，この仮定がない場合を考える．

定理 5.3 (正規母集団の母平均の区間推定 (分散未知)) $X_1,\ldots,X_n \overset{\text{iid}}{\sim} \text{N}(\mu,\sigma^2)$ とし, σ^2 は未知な状況とする. このときの母平均 μ の信頼係数 $1-\alpha$ の信頼区間は以下のとおり:

$$I_\mu = \left[\overline{X} - t\left(n-1;\frac{\alpha}{2}\right)\sqrt{\frac{S_{\text{u}}^2}{n}}, \overline{X} + t\left(n-1;\frac{\alpha}{2}\right)\sqrt{\frac{S_{\text{u}}^2}{n}}\right]. \quad (5.23)$$

ただし, $t(n-1;\alpha/2)$ は自由度 $n-1$ の t 分布の上側 $100(\alpha/2)\%$ 点である.

証明 基本的には定理5.2の証明と同じであるが, 分散 σ^2 が未知であるので, その推定量として (5.2) で定義された標本不偏分散 S_{u}^2 を用いる. (5.18) の σ_*^2 に対応するものとして S_{u}^2 を代入した統計量を T とおくと, T は正規分布に従わず, 自由度 $n-1$ の t 分布に従う. つまり,

$$T = \frac{\overline{X}-\mu}{\sqrt{S_{\text{u}}^2/n}} = \frac{\sqrt{n}(\overline{X}-\mu)/\sigma}{\sqrt{\{(n-1)S_{\text{u}}^2/\sigma^2\}/(n-1)}} \sim \text{T}_{n-1} \quad (5.24)$$

がわかる. 実際, $(\overline{X}-\mu)/(\sigma/\sqrt{n}) \sim \text{N}(0,1)$ であることは標準化 (p.85) によりえられ, $(n-1)S_{\text{u}}^2/\sigma^2 \sim \chi_{n-1}^2$ は定理4.9 (p.91) を適用すればえられる. さらに定理4.9(4.45)からこの二つの確率変数は独立となるので, これに定理4.10を適用すれば(5.24)がわかる. 後の処理は定理5.2と同じで, 信頼係数の定義により,

$$\text{P}\left(-t(n-1;\alpha/2) \leq \frac{\overline{X}-\mu}{\sqrt{S_{\text{u}}^2/n}} \leq t(n-1;\alpha/2)\right) = 1-\alpha$$

となる (次の図を参照). μ についてまとめると,

$$\text{P}\left(\overline{X} - t(n-1;\alpha/2)\sqrt{S_{\text{u}}^2/n} \leq \mu \leq \overline{X} + t(n-1;\alpha/2)\sqrt{S_{\text{u}}^2/n}\right) = 1-\alpha$$

となり, (5.23) をえる. ∎

【正規母集団の母平均の区間推定 (分散未知) の手順】

1. 母分散が未知であり, 定理5.3が適用できることを確認する.

2. 信頼係数 $1-\alpha$ を決定の上, 標本の大きさ n から自由度 $n-1$ を確認の上, t分布表 (付表3 (p.182)) から自由度 $n-1$ の上側 $100(\alpha/2)\%$ 点 $t(n-1;\alpha/2)$ を調べる.

3. 標本の実現値から $\overline{x}$ と標本不偏分散の実現値 $s_{\text{u}}^2 = \sum_{i=1}^{n}(x_i-\overline{x})^2/(n-1)$ を計算して, $[\overline{x} - t(n-1;\alpha/2)s_{\text{u}}/\sqrt{n}, \overline{x} + t(n-1;\alpha/2)s_{\text{u}}/\sqrt{n}]$ を出力.

上側 $100(\alpha/2)\%$ 点 $t(n-1;\alpha/2)$ の求め方は注意 5.4 と同じ方法で図のように行う.

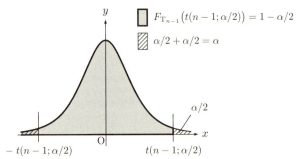

例 5.11 ある山地の小区画における落葉広葉樹コナラ 30 本の胸高直径[14] (単位 cm) の標本平均は 29.25, 標本不偏分散は 145.36 であった. その小区画のコナラの胸高直径の分布は正規分布であるとして, その母平均の信頼係数 0.95 の信頼区間を求めよ.

解答 $n=30$, $\bar{x}=29.25$, $s_u^2 = 145.36$ であり, 信頼係数 0.95 であるから $\alpha=0.05$ とすればよい. 必要な t 分布のパーセント点は, $t(30-1;0.05/2) = t(29;0.025) = 2.045$ である. したがって,

$$\bar{x} - t(n-1;\alpha/2)s_u/\sqrt{n} = 29.25 - 2.045 \times \sqrt{\frac{145.36}{30}} \fallingdotseq 24.75,$$

$$\bar{x} + t(n-1;\alpha/2)s_u/\sqrt{n} = 29.25 + 2.045 \times \sqrt{\frac{145.36}{30}} \fallingdotseq 33.75$$

となり, $I_\mu = [24.75, 33.75]$ が求める信頼区間となる.

問 5.12 ある演習林小区画におけるスギ 21 本の胸高直径 (単位 cm) のデータ

21.0, 20.2, 24.0, 18.8, 16.4, 10.3, 16.4, 15.8, 17.4, 15.4, 27.2,
30.8, 28.4, 20.0, 22.2, 22.6, 20.6, 26.4, 25.0, 24.8, 34.8

がある. その演習林のスギの胸高直径の分布は正規分布であるとして, その母平均の信頼係数 0.95 の信頼区間を求めよ.

正規母集団の母分散の区間推定

定理 5.3 と同じ設定において, 母分散 σ^2 の区間推定を学んでおこう. 定理 5.3 にあるように, σ^2 の推定量として, S_u^2 を用いる.

---

[14] 胸の高さの位置である地上 1.2m における立木の直径.

§5.2 統計的推定

定理 5.4（正規母集団の母分散の区間推定） $X_1,\ldots,X_n \overset{\text{iid}}{\sim} N(\mu,\sigma^2)$ において，母分散 σ^2 の信頼係数 $1-\alpha$ の信頼区間は以下のとおり：

$$I_{\sigma^2} = \left[\frac{(n-1)S_u^2}{\chi^2(n-1;\alpha/2)}, \frac{(n-1)S_u^2}{\chi^2(n-1;1-(\alpha/2))}\right]. \quad (5.25)$$

ただし，$\chi^2(n-1;\alpha/2)$, $\chi^2(n-1;1-(\alpha/2))$ はそれぞれ，自由度 $n-1$ の χ^2 分布の上側 $100(\alpha/2)\%$ 点，上側 $100(1-(\alpha/2))\%$ 点である．

証明 (4.46) (p.91) により，$(n-1)S_u^2/\sigma^2 = \sum_{i=1}^{n}(X_i-\overline{X})^2/\sigma^2 \sim \chi^2_{n-1}$ なので，

$$P\left(\chi^2(n-1;1-(\alpha/2)) \leq \frac{(n-1)S_u^2}{\sigma^2} \leq \chi^2(n-1;\alpha/2)\right) = 1-\alpha$$

であるから (次の図を参照)，σ^2 の区間に書き換えることで (5.25) をえる． ∎

【正規母集団の母分散の区間推定の手順】

1. 信頼係数 $1-\alpha$ を決定し，標本の大きさ n から自由度 $n-1$ を確認の上，χ^2 分布表 (付表 2 (p.181)) から自由度 $n-1$ の上側 $100(\alpha/2)\%$ 点 $\chi^2(n-1;\alpha/2)$ と 上側 $100(1-\alpha/2)\%$ 点 $\chi^2(n-1;1-(\alpha/2))$ を調べる．

2. 標本の実現値から標本不偏分散の実現値 $s_u^2 = \sum_{i=1}^{n}(x_i-\overline{x})^2/(n-1)$ を計算して，
$$I_{\sigma^2} = \left[\frac{(n-1)s_u^2}{\chi^2(n-1;\alpha/2)}, \frac{(n-1)s_u^2}{\chi^2(n-1;1-(\alpha/2))}\right]$$
を出力．

上側 $100(\alpha/2)\%$ 点 $\chi^2(n-1;\alpha/2)$ と 上側 $100(1-\alpha/2)\%$ 点 $\chi^2(n-1;1-(\alpha/2))$ の求め方は注意 5.4 と同じ方法で図のように行う．

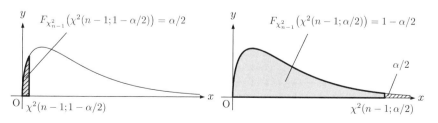

例 5.12
例 5.11 のコナラの胸高直径のデータについて，胸高直径の母分散の 95% 信頼区間，90% 信頼区間をそれぞれ求めよ．

解答 $s_u^2 = 145.36$, $n-1 = 29$ であり，95% 信頼区間の場合は $\alpha = 0.05$ とすればよく，付表 2 より $\chi^2(29; 0.025) = 45.722$, $\chi^2(29; 0.975) = 16.047$ であるから，

$$I_{\sigma^2} = \left[\frac{29 \times 145.36}{45.722}, \frac{29 \times 145.36}{16.047}\right] = [92.197, 262.693]$$

をえる．90% 信頼区間の場合は $\alpha = 0.10$ とすればよく，付表 2 の $\chi^2(29; 0.05) = 42.557$, $\chi^2(29; 0.95) = 17.708$ より $I_{\sigma^2} = [99.054, 238.053]$ となる．

問 5.13
問 5.12 のスギの胸高直径のデータについて，胸高直径の分散の 95% 信頼区間，90% 信頼区間をそれぞれ求めよ．

比率の区間推定 次に離散型分布における信頼区間について学んでおこう．精密な信頼区間の構成は難しい場合があるが，極限定理を応用して，近似的な信頼区間が構成される．

定理 5.5 (比率の区間推定)
パラメータ $0 < p < 1$ のベルヌイ母集団について $X_1, \ldots, X_n \overset{\text{iid}}{\sim} \text{Be}(p)$ とする．n が十分に大きいとき，p の信頼係数 $1 - \alpha$ の近似的な信頼区間は以下のようになる：

$$I_p = \left[\widehat{p} - z_{\alpha/2}\sqrt{\widehat{p}(1-\widehat{p})/n},\, \widehat{p} + z_{\alpha/2}\sqrt{\widehat{p}(1-\widehat{p})/n}\right]. \tag{5.26}$$

ここで，$\widehat{p} = \overline{X}$ である．

証明 (4.2)，(4.50) より，$\text{E}(\widehat{p}) = \text{E}(\overline{X}) = p$, $\text{V}(\widehat{p}) = \text{V}(\overline{X}) = p(1-p)/n$ となり，ドモアブル・ラプラスの定理または中心極限定理 (定理 4.15) により

$$(\widehat{p} - p)/\sqrt{p(1-p)/n} \overset{\cdot}{\sim} \text{N}(0, 1) \tag{5.27}$$

である．したがって，n が十分に大きい場合は，

$$\text{P}(-z_{\alpha/2} \leqq (\widehat{p} - p)/\sqrt{p(1-p)/n} \leqq z_{\alpha/2}) \fallingdotseq 1 - \alpha$$

である．確率の事象の部分を変形すると

$$\text{P}(\widehat{p} - z_{\alpha/2}\sqrt{p(1-p)/n} \leqq p \leqq \widehat{p} + z_{\alpha/2}\sqrt{p(1-p)/n}) \fallingdotseq 1 - \alpha$$

となり，p の信頼係数 $100(1-\alpha)\%$ の近似的な信頼区間は

$$\left[\widehat{p} - z_{\alpha/2}\sqrt{p(1-p)/n},\, \widehat{p} + z_{\alpha/2}\sqrt{p(1-p)/n}\right]$$

ととられる．しかしながら，これは使いものにならない．というのも，未知の p の推測に用いる信頼区間がその未知の p を含んでいるからである．実際には，この区間に含まれる p を $\widehat{p}$ で置き換えた (5.26) を用いても近似的に正しいことが保証される．

例 5.13 ツカエナイ社の品質管理部は，自社製品の品質管理のため，製造ラインから 200 個の製品をランダムに抽出し検査した結果，そのうちの 9 個が不良品であった．この製造ラインの不良率の信頼係数 0.95 の近似的な信頼区間を求めよ．

解答 p を不良率とする．標本は十分に大きいと判断できるため，比率の区間推定として扱う．定理 5.5 で $\hat{p} = 9/200 = 0.045$, $n = 200$ として $\alpha = 1 - 0.95 = 0.05, z_{0.05/2} = 1.96$ とすることにより，信頼係数 0.95 の近似的な信頼区間は以下のとおりとなる：

$$I_p = \left[0.045 - 1.96\frac{\sqrt{0.045(1-0.045)}}{\sqrt{200}} \ , \ 0.045 + 1.96\frac{\sqrt{0.045(1-0.045)}}{\sqrt{200}}\right]$$

$$\fallingdotseq [0.016 \ , \ 0.074].$$

問 5.14 A 君は"マトモビール"の王冠を 1000 回試しに投げてみたところ，表が 482 回出た．王冠の表が出る確率を p とするとき，p の信頼係数 0.95 の近似的な信頼区間を求めよ．

§5.3 統計的検定

■**仮説検定の考え方**■ 統計的推定とともに統計的推測の二つの大きな枠組みをなすのが統計的検定である．標本 (確率変数) が従うと考えられる確率分布に関する主張・命題 (これを**仮説**という) を，その実現値であるデータに基づきそれが正しいのか正しくないのかを判断したい．これらの判断のことをそれぞれ**採択** (Accept)，**棄却** (Reject) とよぶ．しかしながら，データに基づいてどのようにその判断を与えるのかについては慎重な議論を要する．データに基づいてどのように仮説の真偽について判断を下すべきなのか，その際に我々は何を考慮しなければならないのか，そして"良い"判断の下し方は存在するのかなどについて学び，統計的検定理論の基本思想とエッセンスを感じとろう．そこでは再び"尤度"(p.115) が本質的役割を果たすことになる．

■**仮説検定の定式化**■ 統計的推測の基本的設定 (5.3) (p.107) を仮定する．$f(x, \theta)$ における未知の部分であるパラメータ θ に関しての仮説について，データに基づいてその仮説を棄却するか棄却しないかを決定することを**統計的検定**という．パラメータ θ の含まれる空間を Θ と記し，その部分空間を $\Theta_0, \Theta_1 \neq \emptyset$

とし，$\Theta_0 \cap \Theta_1 = \emptyset$，$\Theta_0 \cup \Theta_1 = \Theta$ とする．仮説は一般的に，$H_0 : \theta \in \Theta_0$ で表され，特に**帰無仮説**とよばれる．データから H_0 が成立しているか否かを判断するのである．$H_1 : \theta \in \Theta_1$ は仮説 H_0 と対立するから**対立仮説**とよばれる．検定は要するに

$$H_0 : \theta \in \Theta_0 \quad \text{vs} \quad H_1 : \theta \in \Theta_1$$

のどちらが正しいのかをデータに基づき判断することといえる．

例 5.14 駄菓子屋"インチーキ"ではクジを一本 10 円で販売しており，宣伝には"当たりクジが半分あるよ!"と書かれてあった．A 君は一日のお小遣いの 100 円全てをクジに使ったが一本も当たらなかったので"このクジはインチキじゃないの？"と店主に抗議した．しかしながら，店主は"インチキじゃないよ．運が悪かっただけ．残りクジもたくさんあるからもっとやったら？"といって取りあってくれない．A 君の店主に対する統計学的な反論を行え．

解答 クジの当たる確率を p としよう．このとき，"当たりクジが半分"という店主の主張を帰無仮説 $p = 1/2$ とする．インチキだと思った A 君の主張は対立仮説として $p \neq 1/2$ と考える．つまり，

$$H_0 : p = 1/2 \quad \text{vs} \quad H_1 : p \neq 1/2$$

であり，$\theta = p, \Theta = (0,1), \Theta_0 = \{1/2\}, \Theta_1 = (0,1) \cap \{1/2\}^c$ である．A 君の引いた 10 回のクジは $X_1, \ldots, X_{10} \overset{\text{iid}}{\sim} \text{Be}(p)$ の実現値と考えられる．ただし，当たりを 1，外れを 0 とする．10 回のうち当たった回数を $Y = X_1 + \cdots + X_{10}$ とおく．いま，H_0 が正しいとしよう．そうすると，定理 4.1 により $Y \sim \text{Bin}(10, 1/2)$ であるから，10 回全てが外れる確率は $P(Y = 0) = 1/2^{10} = 1/1024$ となる．つまり，10 回全て外れるのは 1000 回に 1 回程度しか起こらない奇跡のようなことであるが，いま実際に目の前でそれが起こったことになる．目の前で起こったことを奇跡にしているのは，H_0 を正しいとしたからである．よって帰無仮説 H_0 がおかしいと考え，クジはインチキであると考えるのが自然であると反論する．

例 5.14 での議論は"背理法"と似ている．背理法とは，命題 P を証明したいときに P の結論をあえて否定したものを仮定して，そこから矛盾を引き出し，P が正しいことを示す方法である．統計的検定では，帰無仮説を仮定して"統計学的に起こりそうもない"ような結論を引き出し，"目の前で奇跡が起こった"と考えるよりも"帰無仮説がおかしい"と考えることを前提とする．

しかしながら，"矛盾する"ことと"統計学的に起こりそうもないことが起きる"という概念は根本的に異なる．実際，例 5.14 において店主のいうことが本当に正しい可能性もある．これを解決するために，A 君は店主に予め"統計学的に起こりそうもない"ということ，たとえば"1000 回に 1 回も起こらないことはおかしいことである"などと店主と議論する前に合意をとっておく必要がある．このことは棄却域を定めるという作業に該当している．

■**棄却域**■　母集団分布からの iid である標本 $\underline{X} = (X_1, \ldots, X_n)$ のとりうる値の集合の部分集合 C を定め，$\underline{X}$ の実現値が C に属するときに H_0 を棄却する (したがって H_1 を採択する)，という方式 (ルール) で検定は構成される．つまり，$\underline{X}$ がどのような値をとったら H_0 を棄却するかというルールを決めることが検定を構成することに他ならない．この C を検定の**棄却域**とよぶ．"良い"棄却域をどのように作るのかが問題である．なお，H_0 が棄却されない場合は，検定によって H_0 を積極的に支持することを意味しない．それを表現するため，**"棄却するには至らなかった"**などという歯切れの悪い言葉をあえて用いることが多い．

■**2 種類の過誤**■　統計的検定に限らず，ある主張が正しいのかどうかを判断するといった状況において，我々が必ず出くわす誤り (過誤) が 2 種類ある．たとえば，主張 A が正しいか正しくないかを考えよう．主張 A は本当に正しいのに，我々は主張 A は正しくないとしてしまう誤りが一つ目のもので，主張 A は正しくないにもかかわらず，主張 A は正しいとしてしまう誤りが二つ目のものである．H_0 vs H_1 の統計的検定において，真実と我々の判断から次のような表ができる：

		真 実	
		H_0	H_1
判	H_0	○	第 2 種
断	H_1	第 1 種	○

○は正しい行動を意味している．統計的検定においては，上に説明した誤りに対しそれぞれ名前がつけられている．H_0 が真なのに H_0 を棄却してしまう誤りを**第 1 種の過誤** (Type I Error) という．一方，H_1 が真なのに，H_0 を棄却しないという誤りを**第 2 種の過誤** (Type II Error) という．この二つの誤り

は完全に避けることはできず,常にこの二つの誤りをおかす確率が存在する.

$\theta \in \Theta$ でパラメータ θ に依存する母集団分布が決まることを仮定するが,このときの事象 A の確率,確率変数 X の期待値をそれぞれ $\mathrm{P}_\theta(A), \mathrm{E}_\theta(X)$ と書くことにする.特に $i = 0, 1$ として $\theta \in \Theta_i$ とするときは,H_i が成立している下での確率を $\mathrm{P}_\theta(A|\Theta_i)$ または $\mathrm{P}_\theta(A|H_i)$ と表し,期待値を $\mathrm{E}_\theta(X|\Theta_i)$ または $\mathrm{E}_\theta(X|H_i)$ と表す.(条件付き確率,条件付き期待値でないことに注意する).棄却域 C に対して第 1 種の過誤,第 2 種の過誤の起こる確率はそれぞれ $\mathrm{P}_\theta(\underline{X} \in C|H_0), \mathrm{P}_\theta(\underline{X} \notin C|H_1)$ となる (p.137 注意 5.6 の図参照).

問 5.15 $\mathrm{P}_\theta(\underline{X} \notin C|H_0)$ と $\mathrm{P}_\theta(\underline{X} \in C|H_1)$ はどのような確率を表しているか説明せよ.

例 5.15 例 2.5 (p.27) において,壺 A_1(青 8,白 2),A_2(青 2,白 8) について一方の壺から玉を復元で 2 個取り出し,"両方とも青玉であれば取り出した壺は A_1"という方式で判定する.帰無仮説 H_0 を"取り出した壺は A_2 である",対立仮説 H_1 は"取り出した壺は A_1 である"と定める[15]ときの第 1 種の過誤,第 2 種の過誤について説明せよ.さらに,それぞれの過誤の確率を求めよ.

解答 パラメータ p を青玉を取る確率として,それぞれの仮説をパラメータで表すと,$H_0 : p = p_0 = 2/10$ vs $H_1 : p = p_1 = 8/10$ である.判定方式により棄却域 C は $C = \{(青, 青)\}$ となり,取り出した玉を $\underline{X} = (X_1, X_2)$ とする.第 1 種の過誤は,"本当は壺 A_2 を選んだにもかかわらず A_1 と判断する"過誤であり,第 2 種の過誤は,"本当は壺 A_1 を選んだにもかかわらず A_2 と判断する"過誤である.それぞれの過誤の起こる確率を α, β とおくと $\alpha = \mathrm{P}_{p_0}((X_1, X_2) \in C|H_0) = (2/10)^2 = 0.04$ であり,$\beta = \mathrm{P}_{p_1}((X_1, X_2) \notin C|H_1) = 1 - (8/10)^2 = 0.36$ となる.

問 5.16 例 5.15 と同じ設定で一方の壺から玉を復元で 3 個取り出し,"3 個とも青玉であれば取り出した壺は A_1"という方式で判定する.例 5.15 と同じ仮説を立てたときの第 1 種の過誤の確率 α と第 2 種の過誤の確率 β をそれぞれ求めよ.

■**検出力関数と検定関数**■ C を棄却域とする検定に対し,関数 $\beta : \Theta \to [0, 1]$ を

$$\beta(\theta) = \mathrm{P}_\theta(\underline{X} \in C) \tag{5.28}$$

---

[15] 青玉が二つであれば A_1 である可能性が高い.このような状況で背理法のようにわざと A_2 であることを仮説とするのが帰無仮説で,検定は帰無仮説にケチがつくかどうかだけを問うことになる.

と定め，検定の**検出力関数**とよぶ．特に，$\theta_1 \in \Theta_1$ のとき，$\beta(\theta_1)$ を θ_1 に対する検定の**検出力** (Power) という．検出力は $\theta_1 \in \Theta_1$ が正しいときに，つまり H_1 が正しいときに "H_0 が間違いである" と正しくその間違いを検出できる確率である．第1種の過誤の確率は $\beta(\theta)$ $(\theta \in \Theta_0)$ であり，第2種の過誤の確率は $1 - \beta(\theta)$ $(\theta \in \Theta_1)$ で表記される．また，$\underline{X} = (X_1, \ldots, X_n)$ の実現値 $\underline{x} = (x_1, \ldots, x_n)$ の関数

$$\varphi(\underline{x}) = \begin{cases} 1 & (\underline{x} \in C) \\ 0 & (\underline{x} \notin C) \end{cases}$$

を**検定関数**という．検定関数のことを検定ということもあり，検定関数を明示することを検定を構成するという．

問 5.17 検定関数を定義確率変数 ((3.78) (p.66)) を用いて表すと $\varphi(\underline{X}) = \mathbb{I}_{\{\underline{X} \in C\}}$ であることを示せ．これを用いて，検定関数を用いて検出力関数を表記すると $\beta(\theta) = \mathrm{E}_\theta(\varphi(\underline{X}))$ となることを示せ．

例 5.16 パラメータ $\lambda > 0$ のポアソン分布，つまり，$X \sim \mathrm{Po}(\lambda)$ について $H_0 : \lambda = \lambda_0 = 1$ vs $H_1 : \lambda = \lambda_1 = 2$ の検定を考え，検定関数を

$$\varphi(x) = \begin{cases} 1 & (x > 3) \\ 0 & (x \leq 3) \end{cases}$$

とする．このとき，第1種の過誤の確率，第2種の過誤の確率，検出力をそれぞれ求めよ．

解答 検定関数から棄却域は $C = \{x \in \mathbb{R} : x > 3\}$ であることに注意する．第1種の過誤の確率は，H_0 が正しいときに H_0 を棄却する確率であるから，

$$\mathrm{P}_\lambda(X \in C | H_0) = \mathrm{P}_1(X > 3 | H_0) = 1 - \sum_{k=0}^{3} \frac{e^{-1}}{k!} \fallingdotseq 0.0189$$

である．一方，第2種の過誤は H_1 が正しいときに，H_0 を棄却しない誤りであるから，その確率は

$$\mathrm{P}_\lambda(X \notin C | H_1) = \mathrm{P}_2(X \leq 3 | H_1) = \sum_{k=0}^{3} e^{-2} \frac{2^k}{k!} \fallingdotseq 0.8571$$

である．検出力は H_1 が正しいときに，H_0 を棄却する確率だから，

$$\mathrm{P}_\lambda(X \in C | H_1) = \mathrm{P}_2(X > 3 | H_1) = \sum_{k=4}^{\infty} e^{-2} \frac{2^k}{k!} = 1 - \sum_{k=0}^{3} e^{-2} \frac{2^k}{k!} \fallingdotseq 0.1429$$

と求まる．

問 5.18 パラメータ $\lambda > 0$ の指数分布 (p.82) からの標本 $X \sim \text{Exp}(\lambda)$ について $H_0 : \lambda = 1$ vs $H_1 : \lambda > 1$ の検定を考え，検定関数を $\varphi(x) = \begin{cases} 1 & (x > 2) \\ 0 & (x \leq 2) \end{cases}$ とする．以下の問に答えよ．1. 第 1 種の過誤の確率を求めよ． 2. 第 2 種の過誤の確率を求めよ． 3. 検出力を求め，λ についてのグラフを描け．

■**最強力検定の構成**■ 　我々は常に先に述べた二つの誤りをおかす可能性がある．検定を構成するときには，二つの誤りをおかす確率ができるだけ小さくなるような検定を構成すべきであろう．しかしながら，二つの誤りをおかす確率を同時には小さくすることはできない（具体的な様子は注意 5.6 (p.137)）．そこで，ネイマン[16]とピアソン[17]は，二つの誤りの確率を考慮した次のような検定を考えた：

>【ネイマン・ピアソンの検定の考え方】 定数 α $(0 < \alpha < 1)$ に対し，
>$\text{P}_{\theta_0}(\underline{X} \in C | \Theta_0) \leqq \alpha$ の下で $\beta(\theta_1) = \text{P}_{\theta_1}(\underline{X} \in C | \Theta_1)$ が最大となるような検定を見つけよ！

　これは第 1 種の過誤をおかす確率を定数 α 以下に抑えておいて，検出力を最大にしよう，つまり第 2 種の過誤をおかす確率を最小にしよう，としているのである．二つの誤りをおかす確率を同時には小さくできないことから導かれた妥協案ともいえる．定数 α は我々が検定を行うより先に前もって決めておく定数であり，検定の**有意水準** (Significance Level) とよばれ，実際的場面では $\alpha = 0.01, 0.05, 0.1$ などが用いられる[18]．ここで第 1 種の過誤をおかす確率を我々が制御していることに注意する．

　それではいかにしてこのような検定が求まるのかを見ていこう．問 5.17 の

---

[16] J. Neyman (1894–1981) ロシア生まれ．ポーランドの数学者，統計学者．イギリス，アメリカで活躍した．

[17] Egon Pearson (1895–1980) イギリスの統計学者．父親のカール (Karl Pearson) も統計学者であり記述統計で現れるヒストグラムや標準偏差という用語を導入した．フィッシャー (p.111) はカールと論争を起こしていたが，父の死後はエゴンとその共同研究者のネイマンとも論争した．

[18] 0.01, 0.05 といった有意水準は，フィッシャーによって設けられたといわれている．正規分布を仮定したとき，0.05 であれば平均から標準偏差の約 2 倍離れることになり (p.86 (4.29) 参照)，それ以上を異常値と見なしたことによる．

表記を用いると，先の問題は以下のようにいい換えられる：

【ネイマン・ピアソンの検定の考え方】′ 定数 α $(0<\alpha<1)$ に対し，
$\mathrm{E}_{\theta_0}(\varphi(\underline{X})|\Theta_0) \leqq \alpha$ の下で $\beta(\theta_1) = \mathrm{E}_{\theta_1}(\varphi(\underline{X})|\Theta_1)$ が最大
となる検定関数 φ を見つけよ！

α が与えられたとき，任意の $\theta \in \Theta_0$ において第1種の過誤の確率が α 以下の検定関数全体の集合を

$$\Psi_\alpha = \{\varphi \;:\; \mathrm{E}_\theta(\varphi(\underline{X})|\Theta_0) \leqq \alpha\} \tag{5.29}$$

とおき，"理想的"な検定を以下のように定義する：

定義 5.6 (最強力検定・一様最強力検定)

$\beta(\theta_1)$ を最大にする $\varphi \in \Psi_\alpha$ を有意水準 α の $\theta = \theta_1$ に対する**最強力検定** (Most Powerful Test; MP 検定) という．特に，$\varphi \in \Psi_\alpha$ がどの $\theta_1 \in \Theta_1$ に対しても最強力検定となっているとき，有意水準 α の**一様最強力検定** (Uniformly Most Powerful Test; UMP 検定) という．

ここまでの議論から，統計的検定を考える上で，もし一様最強力検定が求まればそれを使うべきである．統計的推定の枠組みで，最小分散不偏推定量が一つの最適な推定量であったように，統計的検定においても一様最強力検定が一つの最適な検定を与えているのである．では一様最強力検定，最強力検定は求まるのであろうか．最も簡単な以下の場合を考えよう：

【最も単純な検定の設定】

$X_1,\ldots,X_n \overset{\mathrm{iid}}{\sim} f(x,\theta)$ として $\Theta = \{\theta_0, \theta_1\}$ という場合で，
検定問題 $H_0 : \theta = \theta_0$ vs $H_1 : \theta = \theta_1$ を考える． $\qquad$ (5.30)

さらに，用語を用意しておく．

定義 5.7 (尤度比)

(5.30) の設定の下で，密度関数 (確率関数) の比，すなわち，$\Lambda(\underline{x}) = f_1(\underline{x})/f_0(\underline{x})$ のことを**尤度比** (Likelihood Ratio) という．ただし，f_0, f_1

はそれぞれの密度関数(確率関数)とする:

$$f_0(\underline{x}) = \prod_{i=1}^{n} f(x_i, \theta_0), \quad f_1(\underline{x}) = \prod_{i=1}^{n} f(x_i, \theta_1).$$

この状況での最強力検定は次で与えられる:

定理 5.6 (ネイマン・ピアソンの基本定理) (5.30) の状況の下での有意水準 α $(0 < \alpha < 1)$ の最強力検定は,尤度比を用いて

$$\varphi(\underline{x}) = \begin{cases} 1 & (\Lambda(\underline{x}) > k) \\ \gamma & (\Lambda(\underline{x}) = k) \\ 0 & (\Lambda(\underline{x}) < k) \end{cases} \tag{5.31}$$

で与えられる.ここで,k, γ は,$k \geqq 0, 0 \leqq \gamma \leqq 1$ であり,以下をみたす定数である:

$$\mathrm{E}_{\theta_0}(\varphi(\underline{X})) = \alpha. \tag{5.32}$$

証明 確率変数 $\Lambda(\underline{X})$ の裾確率を $\alpha(t)$,すなわち,$t \in \mathbb{R}$ について,$\alpha(t) = 1 - \mathrm{P}_{\theta_0}(\Lambda(\underline{X}) \leqq t) = \mathrm{P}_{\theta_0}(\Lambda(\underline{X}) > t)$ とおく.このとき,分布関数の性質 (B1) (p.42) から $\alpha(t)$ は $t \in \mathbb{R}$ について広義単調減少であり,(B2) から右連続となる.t について左からの極限 $\lim_{s \to t-0} \alpha(s)$ を $\alpha(t-0)$ と書くと,$\alpha(t-0) - \alpha(t) = \mathrm{P}_{\theta_0}(\Lambda(\underline{X}) = t)$ をみたす.有意水準 α について $\alpha(t) \leqq \alpha \leqq \alpha(t-0)$ である t を t_α とする.(5.31) の k を t と一般的にして,同様に γ を δ として期待値を計算すると $\mathrm{E}_{\theta_0}(\varphi(\underline{X})) = \mathrm{P}_{\theta_0}(\Lambda(\underline{X}) > t) + \delta \mathrm{P}_{\theta_0}(\Lambda(\underline{X}) = t)$ である.ここで,$\alpha(t_\alpha) = \alpha(t_\alpha - 0) = \alpha$ のとき,すなわち t_α が $\alpha(t)$ の連続点であるときは $k = t_\alpha$ と決めて $\gamma = \delta = 0$ とすれば (5.32) をみたす.$\alpha(t_\alpha) < \alpha(t_\alpha - 0)$ のときは $k = t_\alpha$ と決めて $\gamma = \delta = \{\alpha - \alpha(k)\}/\{\alpha(k-0) - \alpha(k)\}$ とすれば (5.32) をみたす.$k \geqq 0$ は $\Lambda(x) \geqq 0$ から従い,$0 \leqq \gamma \leqq 1$ は $\alpha(t)$ が広義単調減少であることから従う.よって,$0 < \alpha < 1$ に対して,(5.32) をみたす定数 k, γ の存在が示せた.

次に φ の最強力性を示そう.(5.29) に着目し,Ψ_α に属する勝手な検定 φ^* について $\mathrm{E}_{\theta_0}(\varphi^*(\underline{X})) \leqq \alpha = \mathrm{E}_{\theta_0}(\varphi(\underline{X}))$ であることに注意する.$0 \leqq \varphi^*(\underline{x}) \leqq 1$ であることと φ の定義 (5.31) に注意すると,任意の $\underline{x} \in \mathbb{R}^n$ で

$$\{\varphi(\underline{x}) - \varphi^*(\underline{x})\}\{f_1(\underline{x}) - kf_0(\underline{x})\} \geqq 0 \tag{5.33}$$

となる.(5.33) の両辺の積分を考えて整理すると $\mathrm{E}_{\theta_1}(\varphi(\underline{X})) - \mathrm{E}_{\theta_1}(\varphi^*(\underline{X})) \geqq k\{\mathrm{E}_{\theta_0}(\varphi(\underline{X})) - \mathrm{E}_{\theta_0}(\varphi^*(\underline{X}))\} \geqq 0$ をえる.つまり,$\mathrm{E}_{\theta_1}(\varphi(\underline{X})) \geqq \mathrm{E}_{\theta_1}(\varphi^*(\underline{X}))$ であり,これは φ の検出力が最大であることを示している.∎

問 5.19 (5.33) を示せ.

■ **正規母集団の母平均の検定問題 (分散既知)** 正規母集団における分散既知の"理想的"な仮定 (5.16) の下で最も単純な (5.30) の場合を扱う. 標本 $X_1, \ldots, X_n \overset{\text{iid}}{\sim} N(\mu, \sigma_*^2)$ としたときの検定で使用する統計量を

$$T(\underline{X}) = T(X_1, \ldots, X_n) = \frac{\sqrt{n}(\overline{X} - \mu_0)}{\sigma_*} \tag{5.34}$$

とする (これを**検定統計量**とよぶ). ここで, $\mu = \mu_0$ は H_0 での母平均である.

定理 5.7 (正規母集団の母平均の検定問題 (分散既知)) (5.16) の状況の下で検定統計量 $T(\underline{X})$ の実現値を $T(\underline{x}) = T(x_1, \ldots, x_n) = \sqrt{n}(\overline{x} - \mu_0)/\sigma_*$ とし, z_α を標準正規分布の上側 $100\alpha\%$ 点 (p.86) とする. 以下のそれぞれの検定問題に対して有意水準 α $(0 < \alpha < 1)$ の棄却域を以下のようにとることができる:

$$\begin{aligned}&H_0 : \mu = \mu_0 \quad \text{vs} \quad H_1 : \mu = \mu_1 \quad (\text{ただし, } \mu_1 > \mu_0) \\ &\Longrightarrow C = \{(x_1, \ldots, x_n) \in \mathbb{R}^n : T(\underline{x}) > z_\alpha\}.\end{aligned} \tag{5.35}$$

$$\begin{aligned}&H_0 : \mu = \mu_0 \quad \text{vs} \quad H_1 : \mu = \mu_1 \quad (\text{ただし, } \mu_1 < \mu_0) \\ &\Longrightarrow C = \{(x_1, \ldots, x_n) \in \mathbb{R}^n : T(\underline{x}) < -z_\alpha\}.\end{aligned} \tag{5.36}$$

$$\begin{aligned}&H_0 : \mu = \mu_0 \quad \text{vs} \quad H_1 : \mu = \mu_1 \quad (\text{ただし, } \mu_1 \neq \mu_0) \\ &\Longrightarrow C = \{(x_1, \ldots, x_n) \in \mathbb{R}^n : |T(\underline{x})| > z_{\alpha/2}\}.\end{aligned} \tag{5.37}$$

さらに, (5.35), (5.36) は一様最強力検定である.

証明 (5.35) の検定に関して示す. H_0 の下で標本平均 $\overline{X} = \sum_{i=1}^n X_i/n$ の分布を考えると, (4.51) から $\overline{X} \sim N(\mu_0, \sigma_*^2/n)$ である. $T(\underline{X})$ はこれを標準化した統計量であるので (4.28) より $T(\underline{X}) \sim N(0,1)$ である. ここでは, 検定統計量の実現値である $T(\underline{x})$ を用いて尤度比を表してみよう. $i = 0, 1$ について H_i の下での密度は

$$f_i(\underline{x}) = (\sqrt{2\pi\sigma_*^2})^{-n} \exp\left\{-\frac{1}{2\sigma^2} \sum_{k=1}^n (x_k - \mu_i)^2\right\}\ \text{である. 尤度比} \Lambda(\underline{x}) \text{は}$$

$$\Lambda(\underline{x}) = \frac{f_1(\underline{x})}{f_0(\underline{x})} = \exp\left\{\frac{\sqrt{n}(\mu_1 - \mu_0)}{\sigma_*} T(\underline{x}) - \frac{1}{2}\left(\frac{\sqrt{n}(\mu_1 - \mu_0)}{\sigma_*}\right)^2\right\} \tag{5.38}$$

となる. ここで, ネイマン・ピアソンの基本定理を適用するが, 正規分布は連続型であ

るので (5.31) について $\gamma = 0$ となることに注意しよう．最強力検定は (5.32) をみたす k について $\varphi(\underline{x}) = \begin{cases} 1 & (\Lambda(\underline{x}) > k) \\ 0 & (\Lambda(\underline{x}) < k) \end{cases}$ で与えられる．さらに，(5.38) から $\Lambda(\underline{x})$ は $T(\underline{x}) \in \mathbb{R}$ を一つの変数と見ると $\mu_1 - \mu_0 > 0$ であるので単調増加関数となっており，最強力検定の $\Lambda(\underline{x}) > k$ はある k' について $T(\underline{x}) > k'$ で特徴づけることができる．つまり棄却域は検定統計量 $T(\underline{X})$ だけに依存して決定される．ここでは k に代わって k' を求めてみよう．有意水準が $\alpha > 0$ なので $\alpha = \mathrm{P}_{\mu_0}(T(\underline{X}) > k'|H_0)$ であるが，$T(\underline{X}) \sim \mathrm{N}(0,1)$ であるため k' は上側 $100\alpha\%$ 点 z_α に他ならない．これにより最強力検定の棄却域として (5.35) をえる．この C は H_1 の μ_1 の値には依存しない，つまり $\mu_1 > \mu_0$ をみたすどのような μ_1 に対しても同じ棄却域が導かれる．したがってこの検定は一様最強力検定である．

(5.36) は (5.35) と対称の関係であるので置き換えればよい．(5.37) の棄却域に入る確率は (5.35) と同様に示すことができるが，下の注意にあるように一様最強力検定とはならない．

問 5.20 (5.38) を示せ．

注意 5.5 1. (5.35) の仮説は "$H_0 : \mu = \mu_0$ vs $H_1 : \mu > \mu_0$" のように表記されることもあるが同じ意味である．(5.36), (5.37) も同様である．

2. (5.35),(5.36) のように対立仮説 H_1 の帰無仮説 H_0 からのずれの方向 ($\mu_1 - \mu_0$ の符号) に対応して，棄却域が帰無仮説 H_0 の値 (いまの場合 μ_0) の片側に作られる検定を**片側検定**という[19]．

3. (5.37) の場合は棄却域が両側にあり**両側検定**という．また，この場合は一様最強力検定は存在しないが，ある制約された設定の下で一様最強力検定となることが知られている (一様最強力不偏検定)．

命題 5.7 ((5.35) における検出力)

(5.35) における検出力は以下のとおり：
$$\beta(\mu_1) = 1 - \Phi\left(z_\alpha - \frac{\sqrt{n}(\mu_1 - \mu_0)}{\sigma_*}\right). \tag{5.39}$$

---

[19] 対立仮説に応じて右側または左側に棄却域が作られることから右側検定，左側検定ということもある．

証明 定理 5.7 において,第 2 種の過誤の確率は $\mu = \mu_1(>\mu_0)$ のときに $T(\underline{X})$ が C に含まれない確率だから

$$P_{\mu_1}(T(\underline{X}) \notin C | H_1) \stackrel{(5.35)}{=} P_{\mu_1}\left(\overline{X} \leqq \mu_0 + \sigma_* z_\alpha / \sqrt{n} | H_1\right)$$

$$= P_{\mu_1}\left(\frac{\sqrt{n}(\overline{X} - \mu_1)}{\sigma_*} \leqq z_\alpha - \frac{\sqrt{n}(\mu_1 - \mu_0)}{\sigma_*} \middle| H_1\right) = \Phi\left(z_\alpha - \frac{\sqrt{n}(\mu_1 - \mu_0)}{\sigma_*}\right)$$

となる.検出力は余事象の確率であることから従う.　∎

問 5.21 (5.36), (5.37) における検出力をそれぞれ求めよ.

注意 5.6 検出力 (5.39) について以下を注意しておく:

1. 第 1 種の過誤の確率と第 2 種の過誤の確率は同時に小さくできない.実際,第 1 種の過誤の確率 (α) を小さくすると,z_α はその定義から大きくなり,したがって第 2 種の過誤の確率は大きくなる.図でいうと,棄却域として選んだ限界の位置 $\mu_0 + \sigma_* z_\alpha/\sqrt{n}$ を右にずらすと α は小さくなるが,左の第 2 種の過誤の確率はずらしたぶんだけ大きくなる.

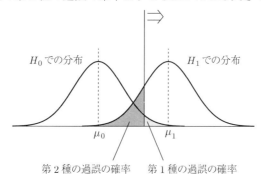

2. 検出力 $\beta(\mu_1)$ は,差 $\mu_1 - \mu_0(>0)$ が大きいほど大きくなる.このことは "μ_1 と μ_0 が大きく違っていると,H_0 が成立しているかそれとも H_1 が成立しているかを見分けるのはたやすい" という直感と合致している.

3. 検出力 $\beta(\mu_1)$ は,n が大きいほど大きくなる.このことは "データの大きさが大きくなれば,H_0 の間違いに気づきやすくなる" という直感と合致している.

【正規母集団の母平均の検定 (分散既知) の手順】正規母集団，母分散が既知などの状況をチェックして定理 5.7 が適用できる設定か確認した上，以下の手順を踏む：

1. 帰無仮説 $H_0 : \mu = \mu_0$ と 対立仮説 H_1 を定め，対立仮説より片側，両側検定を決める．
2. 有意水準 α を決める．
3. 対立仮説 H_1 と α から付表 1 を用いて棄却域を定める．
4. 検定統計量の実現値を求めて，その値が棄却域に入っていれば帰無仮説を棄却，そうでなければ採択．

例 5.17 ヤスイン屋松江支店で売られているある食品は，内容量が 1 kg と記載されている．客から内容量が少ないのではとのクレームがあり，支店長はその食品 16 個を抽出して内容量を調べたところ，標本平均は 997.79 g であった．内容量は本当に少ないのであろうか？ その食品の内容量の分布が $N(\mu, (5.31)^2)$ で近似できるものとして，有意水準 $\alpha = 0.05$ の検定により結論を導け．

解答 正規母集団で分散 (標準偏差) が $\sigma_* = 5.31$ と既知であり定理 5.7 を適用する．$H_0 : \mu = \mu_0 = 1000$ vs $H_1 : \mu = \mu_1$ ただし $\mu_1 < 1000$ であり，仮説からこれは片側検定である．有意水準を $\alpha = 0.05$ とするので，棄却域は $T(\underline{x}) < -z_{0.05}$ で，これをみたせば棄却される．$\bar{x} = 997.79, n = 16$ から検定統計量の実現値は $T(\underline{x}) = \sqrt{n}(\bar{x} - \mu_0)/\sigma_* = 4(997.79 - 1000)/5.31 \fallingdotseq -1.665 < -1.645 = -z_{0.05}$ となり，棄却域に入っているため H_0 は棄却され，内容量は少ないといえる．∎

注意 5.7 検定統計量の実現値を計算する前に棄却域を予め決めておくことは重要なことである．例 5.17 においては，検定問題 (5.36) と定式化し，仮説 H_0 は棄却された．その結論を望まない人であればそうならないように "有意水準が 0.05 で棄却されたので，棄却されないように 0.01 にして検定を行え" と思うかもしれない．このような行為は欺瞞的であり行ってはならない．t をデータからえられた検定統計量 T の実現値とするとき，確率 $P_{\theta_0}(T < t | H_0)$ を p 値[20]という．p 値は，t の極端さ[21]，その原因としての H_0 のおかしさを示

---

[20] 検定問題 (5.35) では $P_{\theta_0}(T > t | H_0)$，(5.37) では $P_{\theta_0}(|T| > t | H_0)$．
[21] K君とT君は同じ集団に属している．K君は，"自分より背の高い人は集団の 8%" といい，T君は，"自分より背の高い人は集団の 1%" といった．T君の方が K君より背が高いことがわかる．自分より極端な (つまり背の高い人の) 割合を示すことで，自分の極端さの程度

しており，t と H_0 が矛盾する程度を確率で表している．p 値が小さいほど，その矛盾は大きく，H_0 は強く否定 (棄却) される．H_0 をどの程度強く否定できるかの情報のためにも，検定統計量の実現値が棄却域に入るかどうかだけでなく，p 値をあわせて計算しておくことが検定では望ましい．

> **問 5.22** 内容量 50 g と表示されている粉末健康食品について，消費者から内容量が表示より少ないとのクレームが出た．製造会社はその粉末健康食品の製造ラインから 10 個の標本を無作為に抽出し，内容量について標本平均 49 g をえた．内容量は本当に少ないといえるのであろうか？内容量の分布が $N(\mu, (1.5)^2)$ で近似できるものとして，帰無仮説 $H_0: \mu = \mu_0 = 50$ を対立仮説 $H_1: \mu = \mu_1 < 50$ に対して検定せよ．ただし，有意水準は $\alpha = 0.01$ とする．

■ **正規母集団の母平均の検定問題 (分散未知)** ■　　正規母集団で分散が未知の場合，母平均の検定は，区間推定に関する定理 5.3 と同様の考えで構成される．すなわち，標本 $X_1, \ldots, X_n \overset{\text{iid}}{\sim} N(\mu, \sigma^2)$ で σ^2 が未知という状況で，母平均 μ に関する検定は，検定統計量

$$T(\underline{X}) = T(X_1, \ldots, X_n) = \frac{\sqrt{n}(\overline{X} - \mu_0)}{\sqrt{S_u^2}} \tag{5.40}$$

に基づいて構成すればよい．ここで，$\mu = \mu_0$ は H_0 での母平均である．

定理 5.8 (正規母集団の母平均の検定問題 (分散未知))　　検定統計量 $T(\underline{X})$ の実現値を $T(\underline{x}) = T(x_1, \ldots, x_n) = \sqrt{n}(\overline{x} - \mu_0)/\sqrt{s_u^2}$ とし，$t(n-1; \alpha)$ を自由度 $n-1$ の t 分布の上側 $100\alpha\%$ 点とする．以下のそれぞれの検定問題に対して有意水準 α $(0 < \alpha < 1)$ の棄却域を以下のようにとることができる：

$$\begin{aligned} &H_0: \mu = \mu_0 \quad \text{vs} \quad H_1: \mu = \mu_1 \quad (\text{ただし，}\mu_1 > \mu_0) \\ &\Longrightarrow C = \{(x_1, \ldots, x_n) \in \mathbb{R}^n : T(\underline{x}) > t(n-1; \alpha)\}. \end{aligned} \tag{5.41}$$

$$\begin{aligned} &H_0: \mu = \mu_0 \quad \text{vs} \quad H_1: \mu = \mu_1 \quad (\text{ただし，}\mu_1 < \mu_0) \\ &\Longrightarrow C = \{(x_1, \ldots, x_n) \in \mathbb{R}^n : T(\underline{x}) < -t(n-1; \alpha)\}. \end{aligned} \tag{5.42}$$

$$\begin{aligned} &H_0: \mu = \mu_0 \quad \text{vs} \quad H_1: \mu = \mu_1 \quad (\text{ただし，}\mu_1 \neq \mu_0) \\ &\Longrightarrow C = \{(x_1, \ldots, x_n) \in \mathbb{R}^n : |T(\underline{x})| > t(n-1; \alpha/2)\}. \end{aligned} \tag{5.43}$$

を示すことができる．

証明 H_0 を正しいとしたときに，$T(\underline{X}) \sim \mathrm{T}_{n-1}$ になることを用いる．(一般的枠組みで定義された) 尤度比から，この検定がえられるが，その証明については参考文献を参照されたい．

t 分布に基づく検定を **t 検定** とよぶ．t 検定の手順は，正規母集団の母平均の検定 (分散既知) の手順と同様で，正規分布を t 分布に置き換えればよい．ただし，t 分布を用いる際にはその自由度に注意しよう．

注意 5.8 (5.41), (5.42), (5.43) は一様最強力不偏検定であることが知られている (注意 5.5.3 を参照)．

例 5.18 例 5.11 のコナラの胸高直径のデータについて考える．標準的と考えられる胸高直径 25 (cm) に比べ大きいといえるかどうかについて，有意水準 0.05 で検定し，結論を述べよ．

解答 $n = 30$, $\overline{x} = 29.25$, $s_u^2 = 145.36$ であり，仮説
$$H_0 : \mu = 25 \quad \text{vs} \quad H_1 : \mu > 25$$
の検定を行う．すなわち $\mu_0 = 25$ であり，$\alpha = 0.05$ と対立仮説から棄却域は $T(\underline{x}) > t(30-1; 0.05) \stackrel{付表3}{=} 1.699$ となる．(5.41) より，
$$T(\underline{x}) = \frac{\sqrt{30}(29.25 - 25)}{\sqrt{145.36}} = 1.931 > 1.699$$
となるから，H_0 は棄却される．

問 5.23 問 5.12 のスギの胸高直径のデータを用いて，
$$H_0 : \mu = 25 \quad \text{vs} \quad H_1 : \mu < 25$$
について有意水準 0.05 で検定を行い，結論を述べよ．

■ **離散型分布における最強力検定** パラメータ p のベルヌイ母集団 (p.74) からの標本
$$X_1, \ldots, X_n \stackrel{iid}{\sim} \mathrm{Be}(p) \tag{5.44}$$
における検定問題を考える．検定統計量を $T(\underline{X}) = n\overline{X} = \sum_{i=1}^{n} X_i$ としよう．

定理 5.9 (離散型分布の一様最強力検定)　(5.44) の状況で

$$H_0 : p = p_0 \quad \text{vs} \quad H_1 : p = p_1 \quad (\text{ただし, } p_1 > p_0)$$

の有意水準 α の一様最強力検定は, 検定統計量 $T(\underline{X})$ の実現値 $T(\underline{x}) = \sum_{i=1}^{n} x_i$ について $\varphi(\underline{x}) = \begin{cases} 1 & (T(\underline{x}) > \ell) \\ \gamma & (T(\underline{x}) = \ell) \\ 0 & (T(\underline{x}) < \ell) \end{cases}$ である. ただし, ℓ は

$$\sum_{j=\ell+1}^{n} \binom{n}{j} p_0^j (1-p_0)^{n-j} \leqq \alpha < \sum_{j=\ell}^{n} \binom{n}{j} p_0^j (1-p_0)^{n-j} \tag{5.45}$$

で決まる整数で, $\gamma = \dfrac{\alpha - \sum_{j=\ell+1}^{n} \binom{n}{j} p_0^j (1-p_0)^{n-j}}{\binom{n}{\ell} p_0^\ell (1-p_0)^{n-\ell}}$ である. つまり, 棄却域は $C = \{(x_1, \ldots, x_n) : T(\underline{x}) > \ell\}$ で, $T(\underline{x}) = \ell$ であれば確率 γ で棄却される.

証明　H_0 を仮定する. 定理 4.1 (p.75) により $T(\underline{X}) \sim \text{Bin}(n, p_0)$ である. (5.8) を用いると, $i = 0, 1$ について H_i の下では $f_i(\underline{x}) = p_i^{T(\underline{x})}(1-p_i)^{n-T(\underline{x})}$ より, 尤度比 $\Lambda(\underline{x})$ は $\Lambda(\underline{x}) = f_1(\underline{x})/f_0(\underline{x}) = (p_1/p_0)^{T(\underline{x})}\{(1-p_1)/(1-p_0)\}^{n-T(\underline{x})}$ と求まる. $p_1 > p_0$ であることに注意すると $\Lambda(\underline{x})$ は $T(\underline{x})$ を変数としたときの単調増加関数なので, ある ℓ が存在して $\Lambda(\underline{x}) > k$ は $T(\underline{x}) > \ell$ で特徴づけられる. よって, ネイマン・ピアソンの定理より, 最強力検定 $\varphi(\underline{x})$ は定理の主張のようになるが, (5.32) により

$$\alpha = \text{E}_{p_0}(\varphi(\underline{X})|H_0) = \text{P}_{p_0}(T(\underline{X}) > \ell|H_0) + \gamma \text{P}_{p_0}(T(\underline{X}) = \ell|H_0)$$

$$= \sum_{j=\ell+1}^{n} \binom{n}{j} p_0^j (1-p_0)^{n-j} + \gamma \binom{n}{\ell} p_0^\ell (1-p_0)^{n-\ell}$$

をみたすように ℓ, γ を定めることができる. 実際に定理の主張のように ℓ, γ を定めれば上式をみたす. また, 棄却域 C は H_1 の p_1 に依存しない ($p_1 > p_0$ には依存). よってこの検定は一様最強力検定である. ∎

例 5.19　A 君はサイコロ 1 個を 4 回投げたが, 1 の目が 3 回も出た. このサイコロの 1 の目が出る確率は $1/6$ より大きいといえるのであろうか? 有意水準 0.05 で検定を行い, 結論を導け.

解答 このサイコロの1の目が出る確率を p とすると，仮説は $H_0 : p = p_0 = 1/6$ vs $H_1 : p = p_1$ (ただし，$p_1 > 1/6$) と書け，片側検定となる．このサイコロを4回投げたときの1の目が出たかどうかを表す確率変数は $X_1, \ldots, X_4 \overset{\text{iid}}{\sim} \text{Be}(p)$ であり，1の総数を検定統計量 $T(\underline{X}) = \sum_{i=1}^{4} X_i$ とすると，この分布は仮説 H_0 の下で二項分布 $T(\underline{X}) \sim \text{Bin}(4, 1/6)$ であるから，$\text{P}_{p_0}(\cdot | H_0)$ を簡易的に $\text{P}_{p_0}(\cdot)$ と書くと

$$\text{P}_{p_0}(T(\underline{X}) = i) = \binom{4}{i} \left(\frac{1}{6}\right)^i \left(\frac{5}{6}\right)^{4-i} \quad (i = 0, \ldots, 4)$$

となる．これを用いて，最強力検定の ℓ, γ を求めよう．

$$\text{P}_{p_0}(T(\underline{X}) = 3) + \text{P}_{p_0}(T(\underline{X}) = 4) \fallingdotseq 0.016 < \alpha = 0.05 < 0.132$$
$$\fallingdotseq \text{P}_{p_0}(T(\underline{X}) = 2) + \text{P}_{p_0}(T(\underline{X}) = 3) + \text{P}_{p_0}(T(\underline{X}) = 4)$$

となるから，(5.45) により $\ell = 2$ である．また，

$$\gamma = \frac{\alpha - \{\text{P}_{p_0}(T(\underline{X}) = 3) + \text{P}_{p_0}(T(\underline{X}) = 4)\}}{\text{P}_{p_0}(T(\underline{X}) = 2)} = \frac{73}{250} = 0.292$$

と正確に求まる．よって $x = T(\underline{x}) = \sum_{i=1}^{4} x_i$ としたときには，検定関数 $\varphi(x) =$

$$\begin{cases} 1 & (x > 2) \\ 0.292 & (x = 2) \\ 0 & (x < 2) \end{cases}$$

が一様最強力検定となる．いま，$T(\underline{X})$ の実現値として $x = 3$ をえたのだから，H_0 は棄却され，1の目が出る確率は $1/6$ といえず，それより大きいと疑われる．　■

問 5.24 FIFA認定サッカーレフェリーA級ライセンス保持者であるファール氏が試合前のエンドボール決定に利用しているコインはイカサマではないかとの専らの噂である．表ばかりが出るとの悪評なので，レフェリー仲間のタックル氏がそのコインを8回トスして調べてみたところ，そのうち5回が表であった．ファール氏のコインは表が出やすいのであろうか？それとも公正なコインなのであろうか？最強力検定を熟知しているタックル氏の行った有意水準 0.05 の片側検定の結果はどのようなものであろうか．

例5.19では標本の大きさが $n = 4$ であったので ℓ と γ を定理5.9の方法で正確に定めることができたが，もし n が大きければ計算は幾分煩雑となる．このような場合はドモアブル・ラプラスの定理 (p.96) を使って，二項分布を正規分布で近似して考える．

命題 5.8 (比率の検定；大標本)

(5.44) の状況で n が大きい場合について近似的に以下の検定の棄却域が定まる：

$$H_0 : p = p_0 \quad \text{vs} \quad H_1 : p = p_1 \quad (\text{ただし．} p_1 > p_0)$$
$$\Longrightarrow C = \left\{ (x_1, \ldots, x_n) : \frac{\overline{x} - p_0}{\sqrt{p_0(1-p_0)/n}} > z_\alpha \right\}. \tag{5.46}$$

$$H_0 : p = p_0 \quad \text{vs} \quad H_1 : p = p_1 \quad (\text{ただし．} p_1 < p_0)$$
$$\Longrightarrow C = \left\{ (x_1, \ldots, x_n) : \frac{\overline{x} - p_0}{\sqrt{p_0(1-p_0)/n}} < -z_\alpha \right\}. \tag{5.47}$$

$$H_0 : p = p_0 \quad \text{vs} \quad H_1 : p = p_1 \quad (\text{ただし．} p_1 \neq p_0)$$
$$\Longrightarrow C = \left\{ (x_1, \ldots, x_n) : \left| \frac{\overline{x} - p_0}{\sqrt{p_0(1-p_0)/n}} \right| > z_{\alpha/2} \right\}. \tag{5.48}$$

証明 (5.46) を考える．検定統計量として $T(\underline{X}) = \dfrac{\overline{X} - p_0}{\sqrt{p_0(1-p_0)/n}}$ をとる．H_0 の下で，(5.27) と同様の議論により漸近的に $T(\underline{X}) \sim N(0,1)$ である．したがって，$N(0,1)$ の上側 $100\alpha\%$ 点 z_α を用いて，$P_{p_0}(T(\underline{X}) > z_\alpha | H_0) \fallingdotseq \alpha$ となり，漸近理論に基づく (近似) 片側検定の棄却域が定まり (5.46) がわかる．(5.47), (5.48) も同様である． ∎

例 5.20 2 年前の調査では，カイテキ市の失業率は 4% であった．今年度，カイテキ市在住の 500 人の成人を無作為に抽出し調査した結果，そのうちの 30 人が失業中であった．失業率は変化したと見なせるのであろうか．有意水準 0.01 で両側検定を行い，結論を導け．

解答 カイテキ市の今年度の失業率を p とする．"失業率は変化したか？"との疑問であるので仮説は $H_0 : p = p_0 = 0.04$ vs $H_1 : p \neq p_0$ と両側検定となる．$\alpha = 0.01$ であるから，$N(0,1)$ の上側 0.5% 点 $z_{0.005}$ は付表 1 から 2.57 と 2.58 の間であるが，ここではより正確な $z_{0.005} = 2.576$ を用いることにする．$X_1, \ldots, X_{500} \overset{\text{iid}}{\sim} \text{Be}(p)$ であり，$n = 500$ は大きいと考えられるので (5.48) が適用できる．検定統計量 $T(\underline{X})$ を命題 5.8 の証明のように定めると棄却域は $|T(\underline{x})| > 2.576$ となる．$\overline{x} = 30/500 = 0.06$

より検定統計量の実現値 $T(\underline{x})$ の絶対値は

$$|T(\underline{x})| = \left|\frac{\overline{x} - p_0}{\sqrt{p_0(1-p_0)/n}}\right| = \left|\frac{0.06 - 0.04}{\sqrt{0.04(1-0.04)/500}}\right| \fallingdotseq 2.282 < 2.576$$

となり，H_0 は棄却されない．よって，カイテキ市の失業率は 2 年前と変わったとはいえない．

> **問 5.25** 1 年前の調査では，あるノートパソコンを購入する顧客のうち，40% が 25 歳以下の若者である．最近そのノートパソコンを購入した顧客 600 人について調査した結果，そのうちの 219 人が 25 歳以下であった．新たなマーケティング戦略を考える上で，顧客層の変化を捉えたい．有意水準 0.01 の両側検定を通して，このノートパソコンの顧客層に変化があるのかどうかを見極めよ．

◆◇章末問題 5 ◆◇

5.1 $\lambda > 0$ に対して $X_1, \ldots, X_n \overset{\text{iid}}{\sim} \text{Po}(\lambda)$ のとき，$(X_1, \ldots, X_n)$ の n 次元確率関数に関するフィッシャー情報量 $I_n(\lambda)$ 求めよ．

5.2 正規母集団からの標本 $X_1, \ldots, X_n \overset{\text{iid}}{\sim} \text{N}(\mu, \sigma^2)$ について $\underline{\theta} = [\mu \ \sigma^2]^T$ の最尤推定量を求めよ．

5.3 平均 $\eta > 0$ の指数分布 (p.82) を母集団分布とする．このとき，標本 $X_1, \ldots, X_n \overset{\text{iid}}{\sim} \text{Exp}(1/\eta)$ から，η の最尤推定量 $\hat{\eta}$ を求めよ．また，例 5.7 で議論された最尤推定量と $\hat{\eta}$ の関係について考察を与えよ．

5.4 第 1 章の例 1.1 のデータについて，次の問に答えよ．

1. このデータが $\text{N}(\mu, 375)$ の実現値と見なせるとして，μ に関する 95% 信頼区間を求めよ．
2. このデータが $\text{N}(\mu, \sigma^2)$ の実現値と見なせるとして，μ に関する 95% 信頼区間を求めよ．

5.5 定義 5.7 (p.133) における尤度比 $\Lambda(\underline{x})$ を確率変数 $\Lambda(\underline{X})$ として考える．ただし，$\underline{X} = (X_1, \ldots, X_n)$ で $X_1, \ldots, X_n \overset{\text{iid}}{\sim} f(x, \theta)$ とする．このとき，$\text{E}_{\theta_0}(\Lambda(\underline{X})) = 1$ を示せ．さらに，$X_1, \ldots, X_{n+1} \overset{\text{iid}}{\sim} f(x, \theta)$ について $\text{E}_{\theta_0}(\Lambda(X_1, \ldots, X_{n+1})|\underline{X}) = \Lambda(\underline{X})$ を示せ．

5.6 データが何であろうが常に帰無仮説を棄却する検定の第 1 種の過誤の確率と第 2 種の過誤の確率はどうなるか？

5.7 データが何であろうが常に帰無仮説を棄却しない検定の第 1 種の過誤の確率と第 2 種の過誤の確率はどうなるか？

5.8 裁判における弁護人の主張 "容疑者は真犯人ではない" を帰無仮説 H_0 とする．H_0 の検定において，対立仮説を設定して2種類の過誤はそれぞれどのような誤りであるかを述べよ．また，2種類の過誤のうち，どちらがより重大であると考えられるか？ ネイマン・ピアソンの考え方 (p.132) を考慮した上で答えよ．

5.9 全国的な大規模調査の結果から，ある学年の生徒の身長の分布は $N(158, 36)$ で近似できることが知られている (単位 cm)．バンカラ学園では，新年度にあたって新たにその学年になる生徒 50 人を集め身長を測定したところ，その標本平均が 160 cm であった．バンカラ学園のその学年の生徒の身長は，全国平均 (158 cm) と同じだといえるのであろうか？ 有意水準を $\alpha = 0.05$ として，両側検定を行い結論を導け．

5.10 今年 14 歳と 15 歳の男性 23 人の上足長 (太股の長さ；mm) のデータ

689 695 709 700 612 650 685 665 696 682 672 619
702 654 658 647 668 626 671 647 727 665 759

は正規分布 $N(\mu, \sigma^2)$ からの実現値と見なせるものとして，以下の問に答えよ．

1. (μ, σ^2) の最尤推定値を計算により求めよ．
2. μ の 95% 信頼区間を求めよ．
3. σ^2 の 95% 信頼区間を求めよ．
4. 数十年前に定められていたこの年齢層の上足長の標準値 667 (mm) と，今年のこの年齢層の上足長は異なっているのかどうか？ 検定問題を定め，検定を行うことで判断せよ．

5.11 μ に関する (5.23) の信頼区間 I_μ と，μ に関する両側検定の棄却域である (5.43) の C を考える．もし $\mu_0 \in I_\mu$ ならば，$H_0 : \mu = \mu_0$ vs $H_1 : \mu \neq \mu_0$ の検定において，H_0 は棄却されないことを示せ．一方，もし $H_0 : \mu = \mu_0$ vs $H_1 : \mu \neq \mu_0$ の検定において，H_0 が棄却されるなら，$\mu_0 \notin I_\mu$ であることを示せ．

6

回帰分析

§ 6.1 回帰分析

■回帰モデル■ 変数 x と変数 y の"関係"を 2 変量データ $(x_1, y_n), \ldots, (x_n, y_n)$ に基づき探索することを考えよう.ここで,各 i に対して,(x_i, y_i) は (x, y) の独立な観測値である.我々は第 1 章において,2 変量データから x,y の関連性を探るものとして,標本相関係数 r_{xy} を学んだ.ここでは,より立ち入って,x と y の関係を探るのである.x と y の関係は,何かしらの関数 f を用いて

$$y = f(x) \tag{6.1}$$

で表現されるとする.この x を**説明変数**といい,y を**目的変数**という.2 変量 (x, y) の構造の探索のため,二つの変数の関係は関数を用いて (6.1) のようにモデル化するわけである.

より進んで,観測値である 2 変量データ $(x_1, y_1), \ldots, (x_n, y_n)$ については,f を用いて

$$y_i = f(x_i) + \varepsilon_i \quad (i = 1, \ldots, n) \tag{6.2}$$

とモデル化することを考えよう.ここで,ε_i は誤差である.これを**回帰モデル**といい,回帰モデルを用いた分析を**回帰分析**という.回帰モデル (6.2) は,実際の観測値 y_i は,構造である関数 f の値 $f(x_i)$ に,誤差 ε_i が足されてえられることを示している.関係を示す構造として (6.1) を想定するが,実際の観測では誤差という撹乱が入ってくるという理解である.一般式

$$観測値 = 想定した構造 + 誤差$$

がデータのモデル化としてよく用いられるが,我々の眼にするものである観測値は,背後にある構造を示しているとは限らず,常にノイズ (誤差) が入っている.そのノイズをそぎ落として,構造を浮き彫りにするのが統計解析のやって

いることといえる．このとき，2変量データを用いて関数 $f(x)$ を推定することが目的となる．

直線回帰 (6.1) において特に，$f(x) = a + bx$ とするとき，**直線回帰**という．b は直線の傾き，a は直線の切片である．直線回帰モデルは，(6.2) より，

$$y_i = a + bx_i + \varepsilon_i \quad (i = 1, \ldots, n) \tag{6.3}$$

と表される．このとき，関数 f の推定は，直線を規定するパラメータである a と b の推定に置き換えられる．a と b を推定する方法は様々存在するが，代表的な手法として最小二乗法が挙げられる．

最小二乗法 最小二乗法とは，(6.3) の下で，**誤差二乗和**とよばれる

$$S(a, b) = \sum_{i=1}^{n} \{y_i - (a + bx_i)\}^2 = \sum_{i=1}^{n} \varepsilon_i^2 \tag{6.4}$$

を最小にする a, b を求める手法である．
図の散布図のデータについて，x と y の関係を直線で説明するとき，観測値と直線 (構造) との違いを誤差の二乗和として捉え，それが最小になるように切片や傾きを選ぶわけである．

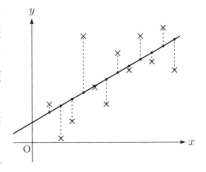

いま，n 次元の観測値ベクトル $\underline{y} \in \mathbb{R}^n$，$n \times 2$ の行列 X，2次元のパラメータベクトル $\underline{\theta} \in \mathbb{R}^2$，$n$ 次元の誤差ベクトル $\underline{\varepsilon} \in \mathbb{R}^n$ をそれぞれ

$$\underline{y} = \begin{bmatrix} y_1 \\ \vdots \\ y_n \end{bmatrix}, \quad X = \begin{bmatrix} 1 & x_1 \\ \vdots & \vdots \\ 1 & x_n \end{bmatrix}, \quad \underline{\theta} = \begin{bmatrix} a \\ b \end{bmatrix}, \quad \underline{\varepsilon} = \begin{bmatrix} \varepsilon_1 \\ \vdots \\ \varepsilon_n \end{bmatrix} \tag{6.5}$$

とすると，(6.3) は

$$\underline{y} = X\underline{\theta} + \underline{\varepsilon} \tag{6.6}$$

と簡潔にかける．ここでは行列の計算に少し慣れるために以下の問を準備する．

問 6.1 以下を答えよ．

1. $X\underline{\theta}$ を計算して，(6.6) を示せ．
2. Z^T で行列またはベクトル Z の転置を表すとき，以下を示せ：
$$X^T X = \begin{bmatrix} n & \sum_{i=1}^{n} x_i \\ \sum_{i=1}^{n} x_i & \sum_{i=1}^{n} x_i^2 \end{bmatrix}, \quad X^T \underline{y} = \begin{bmatrix} \sum_{i=1}^{n} y_i \\ \sum_{i=1}^{n} x_i y_i \end{bmatrix}. \quad (6.7)$$
3. 行列 X の階数が 2 であるための必要十分条件は，$x_1, \ldots, x_n$ の標本分散 (1.5) (p.6) が正，すなわち $s_x^2 > 0$ であることを示せ．さらに，この条件の下では $X^T X$ は正則であることを示し，逆行列 $(X^T X)^{-1}$ を計算せよ．

$S(a,b)$ を $S(\underline{\theta})$ と書くことにすると，誤差二乗和 (6.4) は以下のようになる：
$$S(\underline{\theta}) = S(a,b) = \underline{\varepsilon}^T \underline{\varepsilon} = (\underline{y} - X\underline{\theta})^T (\underline{y} - X\underline{\theta}). \quad (6.8)$$

定義 6.1 (最小二乗推定値 (Least Squared Estimate))

(6.8) の $S(\underline{\theta})$ を最小にする $\underline{\theta}$ を $\widehat{\underline{\theta}}$ と表し，$\underline{\theta}$ の**最小二乗推定値**という．

最小二乗推定値 $\widehat{\underline{\theta}} = [\widehat{a}\ \widehat{b}]^T$ を用いることで，構造である直線
$$y = \widehat{a} + \widehat{b} x \quad (6.9)$$
がえられ，これを y の x への**回帰直線**とよぶ．

命題 6.1 (最小二乗推定値)

$s_x^2 > 0$ であれば，$\widehat{\underline{\theta}}$ は一意に求まり，以下のようになる：
$$\widehat{\underline{\theta}} = [\widehat{a}\ \widehat{b}]^T = \left[\overline{y} - \frac{s_{xy}}{s_x^2} \overline{x} \quad \frac{s_{xy}}{s_x^2} \right]^T. \quad (6.10)$$

証明 極値を求めるため a, b での偏微分から導かれる連立方程式

を解く．左辺の偏微分を計算し整理すると，

$$\begin{cases} n \cdot a + \left(\sum_{i=1}^{n} x_i\right) \cdot b = \sum_{i=1}^{n} y_i \\ \left(\sum_{i=1}^{n} x_i\right) \cdot a + \left(\sum_{i=1}^{n} x_i^2\right) \cdot b = \sum_{i=1}^{n} x_i y_i \end{cases}$$

となる．これは，$(X^T X)\underline{\theta} = X^T \underline{y}$ と表現され，問 6.1 の 3 により $X^T X$ の逆行列が存在するので，左からかけて

$$\underline{\theta} = (X^T X)^{-1} X^T \underline{y} \tag{6.11}$$

となる．これを成分で書くと (6.10) をえる (章末問題 6.1 の 1)．これは極値の候補に過ぎないが，一般論から最小であることもわかる (章末問題 6.1 の 2)．

問 6.2 最小二乗法でえられた回帰直線はデータの重心 $(\overline{x}, \overline{y})$ を通ることを示せ．

簡単な式変形で，(6.10) の $\widehat{\underline{\theta}}$ について以下の別表現がえられる．

$$\widehat{\underline{\theta}} = [\widehat{a}\ \widehat{b}]^T = \left[\overline{y} - r_{xy}\sqrt{\frac{s_y^2}{s_x^2}}\overline{x} \quad r_{xy}\sqrt{\frac{s_y^2}{s_x^2}}\right]^T. \tag{6.12}$$

問 6.3 標本相関係数 r_{xy} の定義 (1.12) (p.12) を用いて (6.12) を示せ．

(6.12) は，$\widehat{b}$ が第 1 章で学んだ標本相関係数 r_{xy} に正の値がかかって表現されることに注意しよう．このことから，回帰直線の傾きの符号は，標本相関係数の符号と同じであることがわかる．

回帰直線は，$(\widehat{a}, \widehat{b})$ が誤差二乗和を最小にしているという意味で，データに最もよく当てはまる直線である．その誤差二乗和の最小値について，次を定義しておく．

定義 6.2 (残差平方和 (Residual Sum of Squares))
$\widehat{\underline{\theta}} = [\widehat{a}\ \widehat{b}]^T$ を $\underline{\theta} = [a\ b]^T$ の最小二乗推定値とするとき，

$$S(\widehat{\underline{\theta}}) = S(\widehat{a}, \widehat{b}) = \sum_{i=1}^{n} \{y_i - (\widehat{a} + \widehat{b}x_i)\}^2 \tag{6.13}$$

を残差平方和という．

残差平方和 (6.13) は，y の変動に関し，回帰直線 $\widehat{a} + \widehat{b}x$ で説明し残された部分と理解できる．(6.13) に (6.12) を用いると以下が成り立つ (章末問題 6.2)．

$$S(\widehat{\theta}) = S(\widehat{a}, \widehat{b}) = ns_y^2(1 - r_{xy}^2) \tag{6.14}$$

注意 6.1 (6.14) は次のことを意味する．
1. もし，$|r_{xy}| \approx 1$ ならば，$S(\widehat{\theta}) \approx 0$ であり，これは y の変動を x の直線 $\widehat{a} + \widehat{b}x$ で十分に説明できていることを表している．
2. もし，$|r_{xy}| \approx 0$ ならば，$S(\widehat{\theta})/n \approx s_y^2 > 0$ であり，これは y の変動を x の直線 $\widehat{a} + \widehat{b}x$ で説明したときの誤差二乗和の $1/n$ 倍が，単なる $y_1, \ldots, y_n$ の標本分散と変わらないことを示しており，y の変動が直線では十分に説明できていないことを表している．

第 1 章で学んだ，r_{xy} が捉えている x と y の "直線的変化" (p.15) の意味がここで改めて理解できるであろう．$|r_{xy}| \approx 1$ は，直線回帰を適用する妥当性を示しているのである．

例 6.1 第 1 章の表 1.1 (p.9) の人口割合のデータについて，回帰直線 $y = \widehat{a} + \widehat{b}x$ を求めよ．

解答 命題 6.1 証明にある連立方程式に注意すると，最小二乗推定値 $\widehat{a}$ と $\widehat{b}$ は，$\sum_{i=1}^{n} x_i$，$\sum_{i=1}^{n} y_i$，$\sum_{i=1}^{n} x_i^2$，$\sum_{i=1}^{n} x_i y_i$ という四つの和の関数であることがわかる．実際，命題 6.1 から，

$$\widehat{b} = \frac{n \sum_{i=1}^{n} x_i y_i - \left(\sum_{i=1}^{n} x_i\right)\left(\sum_{i=1}^{n} y_i\right)}{n \sum_{i=1}^{n} x_i^2 - \left(\sum_{i=1}^{n} x_i\right)^2},$$

$$\widehat{a} = \frac{1}{n}\sum_{i=1}^{n} y_i - \widehat{b}\left(\frac{1}{n}\sum_{i=1}^{n} x_i\right)$$

となっている．例 1.5 (p.12) の値を代入することで，

$$\widehat{b} = -0.313, \quad \widehat{a} = 21.822 \tag{6.15}$$

をえる．

注意 6.2　例 1.5, 例 6.1 を比較参照すると，標本相関係数を求めるには "五つの和" が必要であったのに対し，直線回帰における最小二乗推定値を求めるためには "四つの和" が計算されればよいことがわかる.

問 6.4　第 1 章の図 1.2 にある，女性 312 人 ($n = 312$) のデータについて，問 1.7 を参考にして，回帰直線 $y = \widehat{a} + \widehat{b}x$ を求めよ.

最小二乗法の最適性　ここからは，(6.3) の直線回帰モデルにおいて，$\varepsilon_1, \ldots, \varepsilon_n$ は iid で，$\mathrm{E}(\varepsilon_i) = 0, \mathrm{V}(\varepsilon_i) = \sigma^2 > 0$ をみたす確率変数とする. すなわち，y_i も確率変数と考えて大文字 Y_i と表し，

$$Y_i = a + bx_i + \varepsilon_i \quad (i = 1, \ldots, n) \tag{6.16}$$

とする. このことは，$Y_1, \ldots, Y_n$ は独立で，

$$\mathrm{E}(Y_i) = a + bx_i, \quad \mathrm{V}(Y_i) = \sigma^2 \tag{6.17}$$

であることに反映される. ここで，$x_i\ (i = 1, \ldots, n)$ は与えられた定数と考えてよい. これより，$n \times 1$ ベクトル $\underline{Y} = [Y_1 \cdots Y_n]^T$ を用いる.

注意 6.3　(6.16) のような直線回帰に限定せず，左辺を確率変数 Y, 右辺を確率変数 X の関数 $h(X)$ を用いて説明するように回帰をモデル化することもある[1]. X の関数 $\widehat{Y} = h(X)$ で $\mathrm{E}((Y - \widehat{Y})^2)$ が最小となるものを X が与えられたときの Y の**最良予測 (Best Predictor)** という. $\mathrm{E}(Y^2) < \infty$, $\mathrm{E}(\widehat{Y}^2) < \infty$ でないといけないが，このような $\widehat{Y}$ は (3.82) (p.67) で定義した条件付き期待値 $\widehat{Y} = \mathrm{E}(Y|X)$ となることがわかる (章末問題 6.5).

さて，直線回帰 (6.16) に戻って話を進めよう. $Y_i\ (i = 1, \ldots, n)$ を確率変数と考えることにより，それらの関数となっている (6.10) の最小二乗推定値 $\widehat{a}, \widehat{b}$ はともに確率変数となる. このように $Y_i\ (i = 1, \ldots, n)$ の関数として確率変数と見た $\widehat{a}, \widehat{b}$ は

$$\widehat{a} = \overline{Y} - \frac{s_{xY}}{s_x^2}\overline{x}, \quad \widehat{b} = \frac{s_{xY}}{s_x^2}$$

---

[1] 本章ではこの注意 6.3 においてのみ "X" を行列ではなく確率変数としているので注意されたい.

となる．ただし，$\overline{Y} = \dfrac{1}{n}\sum_{i=1}^{n} Y_i$, $s_{xY} = \dfrac{1}{n}\sum_{i=1}^{n}(x_i - \overline{x})(Y_i - \overline{Y})$ である．これらをそれぞれ a, b の**最小二乗推定量**という．最小二乗推定量の性質を学ぼう．

定理 6.1 (最小二乗推定量の性質) 最小二乗推定量 $\widehat{a}, \widehat{b}$ はそれぞれ a, b の不偏推定量であり，平均，分散は以下のとおり：

1. $\mathrm{E}(\widehat{a}) = a$, $\mathrm{V}(\widehat{a}) = \dfrac{1}{n}\left(1 + \dfrac{\overline{x}^2}{s_x^2}\right)\sigma^2$.
2. $\mathrm{E}(\widehat{b}) = b$, $\mathrm{V}(\widehat{b}) = \dfrac{1}{ns_x^2}\sigma^2$.

証明 $\widehat{\theta} = [\widehat{a}\,\widehat{b}]^T$ は (6.11) を確率変数で書き表したものである．$C = \begin{bmatrix} c_{11} & \cdots & c_{1n} \\ c_{21} & \cdots & c_{2n} \end{bmatrix} = (X^T X)^{-1} X^T$ として $C = [c_1\ c_2]^T$ とおくと，ベクトル $c_1^T = [c_{11}\ \cdots\ c_{1n}]$ は $(X^T X)^{-1} X^T$ の 1 行目すなわち $c_1^T = [1\ 0](X^T X)^{-1} X^T$ であり，$\widehat{a} = c_1^T \underline{Y} = \sum_{i=1}^{n} c_{1i} Y_i$ となる．同様に，$\widehat{b} = c_2^T \underline{Y}$ となる．

$$\mathrm{E}(\widehat{a}) \quad=\quad \mathrm{E}\left(\sum_{i=1}^{n} c_{1i} Y_i\right) \stackrel{\text{線形性}}{=} \sum_{i=1}^{n} c_{1i} \mathrm{E}(Y_i) \stackrel{(6.17)}{=} \sum_{i=1}^{n} c_{1i}(a + b x_i)$$

$$\stackrel{\text{問 6.1 の 1}}{=} c_1^T X \underline{\theta} \stackrel{c_1 \text{ の定義}}{=} [1\ 0]\underline{\theta} = a$$

となり，同様の計算から $\mathrm{E}(\widehat{b}) = b$ も示される．一方，$Y_i\ (i = 1, \ldots, n)$ の独立性と c_1^T の定義から，

$$\mathrm{V}(\widehat{a}) \quad=\quad \mathrm{V}\left(\sum_{i=1}^{n} c_{1i} Y_i\right) \stackrel{\text{独立性}}{=} \sum_{i=1}^{n} c_{1i}^2 \mathrm{V}(Y_i) \stackrel{(6.17)}{=} \sum_{i=1}^{n} c_{1i}^2 \sigma^2 = c_1^T c_1 \sigma^2$$

$$\stackrel{c_1\ \text{の定義}}{=} \left([1\ 0](X^T X)^{-1} X^T\right)\left([1\ 0](X^T X)^{-1} X^T\right)^T \sigma^2$$

$$\stackrel{(*)}{=} [1\ 0](X^T X)^{-1} \begin{bmatrix} 1 \\ 0 \end{bmatrix} \sigma^2 \stackrel{\text{問 6.1 の 3}}{=} \dfrac{1}{n}\left(1 + \dfrac{\overline{x}^2}{s_x^2}\right)\sigma^2$$

となる．ただし，$(*)$ は行列またはベクトル A, B に対して $(A^T)^T = A, (AB)^T = B^T A^T, (A^{-1})^T = (A^T)^{-1}$ という事実を使った．$\mathrm{V}(\widehat{b})$ も同様に求めることができる．∎

問 6.5 $\mathrm{Cov}(\widehat{a}, \widehat{b}) = -\dfrac{\overline{x}}{ns_x^2}\sigma^2$ を示せ．

§6.1 回帰分析

> **定義 6.3** (線形不偏推定量)
> 推定量が定数 $c_i(i=1,\ldots,n)$ を用いた線形結合 $\sum_{i=1}^{n} c_i Y_i$ で書けるとき，**線形推定量**という．不偏性をみたす線形推定量を**線形不偏推定量**という．

線形推定量は n 次元ベクトル $c = [c_1 \cdots c_n]^T$ により，$c^T \underline{Y}$ と書けることに注意する．

例 6.2 最小二乗推定量 $\widehat{a}, \widehat{b}$ はそれぞれ a, b の線形不偏推定量であることを示せ．

解答 定理6.1とその証明から従う． ∎

詳細は省くが，a, b の線形不偏推定量はいくらでも存在することを示すことができる．

例5.4 (p.110) において Y は η の線形不偏推定量となり，分散が最小という意味で最適なものであった．最小二乗推定量 $\widehat{a}, \widehat{b}$ の最適性は次のようにまとめられる．

定理 6.2 (ガウス・マルコフ[2]の定理) a の線形不偏推定量全体の中で，$\widehat{a}$ の分散が最小である．また，b の線形不偏推定量全体の中で，$\widehat{b}$ の分散が最小である．

証明 定理6.1の証明で用いた記号 $C = (X^T X)^{-1} X^T = [c_1 \ c_2]^T$ を使うと，定理6.1の証明の計算から，

$$V(\widehat{a}) = [1\ 0]CC^T \begin{bmatrix} 1 \\ 0 \end{bmatrix} \sigma^2, \quad V(\widehat{b}) = [0\ 1]CC^T \begin{bmatrix} 0 \\ 1 \end{bmatrix} \sigma^2 \tag{6.18}$$

となる[3]．a の勝手な線形不偏推定量を $\widetilde{a} = d_1^T \underline{Y}$，$b$ の勝手な線形不偏推定量を $\widetilde{b} = d_2^T \underline{Y}$ とし，d_1^T, d_2^T を行にもつ $2 \times n$ 行列を $D = [d_1 \ d_2]^T$ とする．このとき，(6.18) と同様に

$$V(\widetilde{a}) = [1\ 0]DD^T \begin{bmatrix} 1 \\ 0 \end{bmatrix} \sigma^2, \quad V(\widetilde{b}) = [0\ 1]DD^T \begin{bmatrix} 0 \\ 1 \end{bmatrix} \sigma^2 \tag{6.19}$$

となる．また，線形不偏推定量なのだから，DX は単位行列となることに注意する．さ

---

[2] A. Markov (1856–1922) ロシアの数学者．チェビシェフ (p.94) の弟子．マルコフ過程，マルコフ連鎖など確率過程の研究で知られている．
[3] これらはそれぞれ行列 CC^T の $(1,1)$ 成分，$(2,2)$ 成分を取り出していることを表す．

て，$CC^T = (X^T X)^{-1}$ から $C(D-C)^T + (D-C)C^T$ は零行列となるため，
$$DD^T = \{C + (D-C)\}\{C + (D-C)\}^T$$
$$= CC^T + C(D-C)^T + (D-C)C^T + (D-C)(D-C)^T$$
$$= CC^T + (D-C)(D-C)^T$$

となる．これにより，$[1\ 0](D-C)(D-C)^T \begin{bmatrix} 1 \\ 0 \end{bmatrix} \geqq 0$, $[0\ 1](D-C)(D-C)^T \begin{bmatrix} 0 \\ 1 \end{bmatrix} \geqq 0$ であることから，(6.18), (6.19) とあわせて $V(\widetilde{a}) \geqq V(\widehat{a})$, $V(\widetilde{b}) \geqq V(\widehat{b})$ となる． ∎

この定理により，最小二乗推定量 $\widehat{a}, \widehat{b}$ はそれぞれ a, b の**最良線形不偏推定量** (Best Linear Unbiased Estimator) であるといわれる．

§ 6.2　直線回帰分析における推測

▌**正規性の仮定と推定量の分布**▌　ここからは，(6.16) の直線回帰モデルにおいて，
$$\varepsilon_1, \ldots, \varepsilon_n \overset{\text{iid}}{\sim} N(0, \sigma^2) \tag{6.20}$$

とする．確率変数である誤差 ε_i ($i = 1, \ldots, n$) についてはその平均と分散のみを仮定していたが，分布として正規分布を仮定することになる．このように，誤差に正規分布を仮定したモデルを**正規直線回帰モデル**という．この状況で直線回帰分析における推測を学んでおこう．(6.10) の最小二乗推定量 $\widehat{a}, \widehat{b}$, そして (6.13) の残差平方和は全て確率変数であることを改めて注意しておく．次の定理が重要となる．

定理 6.3 (最小二乗推定量・回帰直線・残差平方和の分布)　正規直線回帰モデル (6.20) において，次が成り立つ．
1. $\widehat{a} \sim N\left(a, \dfrac{1}{n}\left(1 + \dfrac{\overline{x}^2}{s_x^2}\right)\sigma^2\right)$.
2. $\widehat{b} \sim N\left(b, \dfrac{1}{ns_x^2}\sigma^2\right)$.
3. $x \in \mathbb{R}$ の各点毎に，$\widehat{a} + \widehat{b}x \sim N\left(a + bx, \dfrac{1}{n}\left(1 + \dfrac{(x-\overline{x})^2}{s_x^2}\right)\sigma^2\right)$.

4. $\dfrac{S(\widehat{\underline{\theta}})}{\sigma^2} \sim \chi^2_{n-2}$.

5. $\widehat{a}$ と $S(\widehat{\underline{\theta}})$ は独立，$\widehat{b}$ と $S(\widehat{\underline{\theta}})$ は独立．

証明 (6.5) と定理 6.1 の証明で使った C を用いると，

$$\widehat{\underline{\theta}} = \begin{bmatrix} \widehat{a} \\ \widehat{b} \end{bmatrix} \stackrel{(6.11)}{=} (X^T X)^{-1} X^T \underline{Y} \stackrel{(6.6)}{=} (X^T X)^{-1} X^T (X\underline{\theta} + \underline{\varepsilon})$$

$$= \underline{\theta} + (X^T X)^{-1} X^T \underline{\varepsilon} = \begin{bmatrix} a \\ b \end{bmatrix} + C\underline{\varepsilon}$$

であるから，$\widehat{a} = a + c_1^T \underline{\varepsilon}$，$\widehat{b} = b + c_2^T \underline{\varepsilon}$ となる．$c_1^T \underline{\varepsilon}$ は正規分布の iid の線形結合であり，定数を足したものも定理 4.6 (p.85) と (4.33) (p.88) により正規分布に従う．平均と分散は定理 6.1 で計算しているので 1 が従う．2 も同様である．さらに，

$$\widehat{a} + \widehat{b}x = [1\ x][\widehat{a}\ \widehat{b}]^T = a + bx + [1\ x]C\underline{\varepsilon}$$

となり，$\widehat{a} + \widehat{b}x$ は 1,2 と同様の議論により正規分布に従う．平均，分散は以下の問 6.6 からわかり 3 がえられる．4 については，基本は iid の標準正規分布の二乗の和であるので定理 4.8 (p.91) により χ^2 分布が現れるが，自由度は $\widehat{a}, \widehat{b}$ の関係で n より二つ減る．5 の証明とともに詳細は参考文献を参照されたい． ∎

また，正規直線回帰モデルにおいて，最小二乗推定量 $\widehat{a}, \widehat{b}$ はそれぞれ a, b の最尤推定量となることを注意しておく（章末問題 6.3）．

問 6.6 $\mathrm{E}(\widehat{a} + \widehat{b}x) = a + bx$, $\mathrm{V}(\widehat{a} + \widehat{b}x) = \dfrac{1}{n}\left(1 + \dfrac{(x - \overline{x})^2}{s_x^2}\right)\sigma^2$ を示せ．

■回帰直線の信頼区間 任意に与えられた点 x での回帰直線の値 $a + bx$ の信頼区間を構成しよう．以下のことがいえる：

定理 6.4 (回帰直線の信頼区間) 正規直線回帰モデル (6.20) において，$a + bx$ の信頼係数 $1 - \alpha$ の信頼区間は

$$I_{a+bx} = \left[\widehat{a} + \widehat{b}x - t\left(n-2; \dfrac{\alpha}{2}\right)h_n(x),\ \widehat{a} + \widehat{b}x + t\left(n-2; \dfrac{\alpha}{2}\right)h_n(x)\right] \tag{6.21}$$

となる．ここで，$h_n(x) = \sqrt{\dfrac{1}{n}\left(1 + \dfrac{(x - \overline{x})^2}{s_x^2}\right)\widehat{\sigma}^2}$ である．

証明 定理 6.3 の 4 から,$\sigma^2 \mathrm{E}(\chi^2_{n-2}) \stackrel{\mathrm{p.91}}{=} (n-2)\sigma^2$ であるから,

$$\widehat{\sigma}^2 = \frac{S(\widehat{\theta})}{n-2} \tag{6.22}$$

とすると,$\widehat{\sigma}^2$ は誤差分散 σ^2 の不偏推定量であることがわかり,また $\frac{(n-2)\widehat{\sigma}^2}{\sigma^2} \sim \chi^2_{n-2}$ である.さらに定理 6.3 の 5 から,$\widehat{\sigma}^2$ は $(\widehat{a},\widehat{b})$ と独立である.したがって,t 分布の性質 (定理 4.10 (p.92)) から

$$\frac{\widehat{a}+\widehat{b}x - (a+bx)}{\sqrt{\frac{1}{n}\left(1+\frac{(x-\overline{x})^2}{s_x^2}\right)\widehat{\sigma}^2}} \sim \mathrm{T}_{n-2} \tag{6.23}$$

をえる (章末問題 6.6).あとは p.123 の正規母集団の母平均の区間推定の求め方と同様に行えばよい. ■

$b=0$ の検定 直線回帰分析における仮説 $H_0 : b = 0$ vs $H_1 : b \neq 0$ の検定は,変数 y の変動を説明するのに変数 x が効いているのかどうかを調べる上で重要である.$a+bx$ の信頼区間の構成と同様の議論から,以下で定義される確率変数 $T(\underline{Y};b)$ について

$$T(\underline{Y};b) = \frac{\widehat{b}-b}{\sqrt{\widehat{\sigma}^2/(ns_x^2)}} \sim \mathrm{T}_{n-2} \tag{6.24}$$

がえられ (章末問題 6.7),$T(\underline{Y};0)$ を検定統計量として用いればよい.

定理 6.5 (直線回帰における検定) 正規直線回帰モデルにおける $H_0 : b = 0$ vs $H_1 : b \neq 0$ の検定において,検定統計量 $T(\underline{Y};0)$ の実現値を $T(\underline{y};0) = \dfrac{\widehat{b}}{\sqrt{\widehat{\sigma}^2/(ns_x^2)}}$ とする.有意水準 α $(0 < \alpha < 1)$ の棄却域は以下のとおり:

$$C = \left\{\underline{y} \in \mathbb{R}^n : |T(\underline{y};0)| > t\left(n-2;\frac{\alpha}{2}\right)\right\}. \tag{6.25}$$

注意 6.4 棄却域 (6.25) は一般化された尤度比検定として導かれることが知られている.

例 6.3 第 1 章の表 1.1 の人口割合のデータについて,点 x での回帰直線 $y = a+bx$ の 95% 信頼区間を求めよ.また,有意水準 0.05 で $H_0 : b = 0$ vs $H_1 : b \neq 0$ の検定を行い,結論を述べよ.

§ 6.2 直線回帰分析における推測

解答 (6.15) から回帰直線は, $y = 21.822 - 0.313x$ である. 信頼区間 (6.21) をえるために必要な統計値は, $\bar{x} = 31.684$, $s_x^2 = 41.633$ となり, 付表3から $t(17; 0.025) = 2.110$ である. 例 1.5 (p.12) の値と (6.14) より $S(\hat{a}, \hat{b}) = 7.961$ であり, $\hat{\sigma}^2 = S(\hat{a}, \hat{b})/17 = 0.468$ をえる. したがって, I_{a+bx} は

$$21.822 - 0.313x \pm 2.110 \sqrt{\frac{1}{19}\left\{1 + \frac{(x - 31.684)^2}{41.633}\right\} \cdot 0.468}$$

を計算すればよい (図 6.1). さらに,

$$T(\underline{y}; 0) = \frac{\hat{b}}{\sqrt{\hat{\sigma}^2/(ns_x^2)}} = \frac{-0.313}{\sqrt{0.468/(19 \cdot 41.633)}} = -12.868$$

であり, $|T(\underline{y}; 0)| = 12.868 > 2.110 = t(17; 0.025)$ より, H_0 は棄却される.

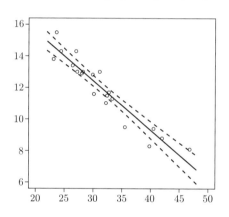

図 6.1 データの散布図と回帰直線. 実線は回帰直線. 破線は $a + bx$ の 95% 信頼区間を様々な x で計算し, それらを繋いだもの.

問 6.7 アジアのある国の 1942 年〜1996 年の隔年における米の収量 (kg/10a) のデータ

(42, 329), (44, 304), (46, 336), (48, 342), (50, 327), (52, 337), (54, 308), (56, 348), (58, 379), (60, 401), (62, 407), (64, 396), (66, 400), (68, 449), (70, 442), (72, 456), (74, 455), (76, 427), (78, 499), (80, 412), (82, 458), (84, 517), (86, 508), (88, 474), (90, 509), (92, 504), (94, 544), (96, 525)

について, 直線回帰を適用し, 回帰直線を求めよ. ここで $(x, y) = (年, 収量)$ である. また $x = 95$ (1995 年) における $a + bx$ の 95% 信頼区間を求めよ. さらに, $H_0 : b = 0$ vs $H_1 : b \neq 0$ を有意水準 0.05 で検定し, 結論を述べよ.

◆◆章末問題 6 ◆◆

6.1 命題 6.1 の証明において以下を示せ.

1. 証明の中の連立方程式は $(X^TX)\underline{\theta} = X^T\underline{y}$ と行列表現され,(6.10) はこの方程式をみたす.

2. $S(a,b)$ のヘッセ行列 $H = \begin{bmatrix} \partial^2 S/\partial a^2 & \partial^2 S/\partial a\partial b \\ \partial^2 S/\partial b\partial a & \partial^2 S/\partial b^2 \end{bmatrix}$ は正定値[4] となり,$(\widehat{a},\widehat{b})$ において最小値をとる.

6.2 (6.14) を示せ.

6.3 直線回帰モデルにおいて $\varepsilon_1,\ldots,\varepsilon_n \stackrel{\text{iid}}{\sim} N(0,\sigma^2)$ のとき,a,b の最小二乗推定量は,最尤推定量であることを示せ.

6.4 直線回帰モデルにおいて $\varepsilon_1,\ldots,\varepsilon_n \stackrel{\text{iid}}{\sim} N(0,\sigma^2)$ のとき,σ^2 の最尤推定量を求めよ.

6.5 注意 6.3 の確率変数 X,Y について $E(Y^2) < \infty$ とする.このとき,X が与えられたときの Y の最良予測は $E(Y|X)$ となることを示せ.

6.6 (6.23) を示せ.

6.7 (6.24) を示せ.

6.8 章末問題 1.9 (p.18) の三つのデータ全てについて,y の x への回帰直線を求めよ.

6.9 章末問題 1.10 (p.18) のデータに直線回帰を適用し,回帰直線を求め,$x = 165$ における $a + bx$ の 90% 信頼区間を求めよ.

6.10 問 1.5 (p.12) のデータに直線回帰を適用し,回帰直線を求め,$x = 165$ における $a + bx$ の 90% 信頼区間を求めよ.

6.11 8 歳から 19 歳までの女性 36 人の身長座高比 (座高/身長) のデータ

(8, 0.539), (8, 0.546), (8, 0.546), (9, 0.536), (9, 0.555), (9, 0.531),
(10, 0.541), (10, 0.543), (10, 0.538), (11, 0.533), (11, 0.538), (11, 0.526),
(12, 0.535), (12, 0.524), (12, 0.534), (13, 0.539), (13, 0.557), (13, 0.531),
(14, 0.530), (14, 0.511), (14, 0.531), (15, 0.548), (15, 0.535), (15, 0.529),
(16, 0.538), (16, 0.532), (16, 0.522), (17, 0.523), (17, 0.538), (17, 0.539),
(18, 0.551), (18, 0.541), (18, 0.534), (19, 0.525), (19, 0.528), (19, 0.537)

について,回帰直線を求め,仮説 $H_0 : b = 0$ vs $H_1 : b \neq 0$ を有意水準 0.01 で検定し,結論を述べよ.ここで,$(x,y) = $ (年齢,身長座高比) である.

---
[4] 実対称行列 H がゼロベクトルではない任意の $\underline{z}$ について $\underline{z}^T H \underline{z} > 0$ であることをいう.極値問題において,ヘッセ行列の正定値性から極小性が導けることが知られている.

A

§ A.1 　補遺

命題 3.10 (p.68) の証明 　離散型の場合を示す．(3.85) の事象 A での条件付き期待値は

$$\mathrm{E}(aX+b|A) \stackrel{(3.81)}{=} \frac{\mathrm{E}((aX+b)\mathbb{I}_A)}{\mathrm{E}(\mathbb{I}_A)} \stackrel{(3.36)}{=} \frac{a\mathrm{E}(X\mathbb{I}_A)+b\mathrm{E}(\mathbb{I}_A)}{\mathrm{E}(\mathbb{I}_A)} \stackrel{(3.81)}{=} a\mathrm{E}(X|A)+b$$

により従う．(3.85) の確率変数 Y による条件付き期待値は，事象 A を $A=\{Y=y\}$ ととったものを (3.82) に適用すると従う．(3.86) は，(3.84) について X, Y が独立なので $\mathrm{P}(X=x_k|Y=y) = \mathrm{P}(X=x_k)$ となることからえられる．(3.87) は以下から従う．

$$\mathrm{E}\left(\mathrm{E}(X|Y)\right) \stackrel{(3.84)}{=} \sum_{l=1}^{\infty} \mathrm{E}(X|Y=y_l)\mathrm{P}(Y=y_l)$$

$$\stackrel{(3.83)}{=} \sum_{l=1}^{\infty}\sum_{k=1}^{\infty} x_k \mathrm{P}(X=x_k|Y=y_l)\mathrm{P}(Y=y_l)$$

$$\stackrel{(2.8)}{=} \sum_{l=1}^{\infty}\sum_{k=1}^{\infty} x_k \mathrm{P}(X=x_k, Y=y_l) \stackrel{(3.19)}{=} \sum_{k=1}^{\infty} x_k \mathrm{P}(X=x_k) \stackrel{(3.29)}{=} \mathrm{E}(X).$$

(3.88) は

$$\mathrm{E}(h(X,Y)|Y=y) \stackrel{(3.81)}{=} \frac{\mathrm{E}(h(X,Y)\mathbb{I}_{\{Y=y\}})}{\mathrm{E}(\mathbb{I}_{\{Y=y\}})} = \frac{\mathrm{E}(h(X,y)\mathbb{I}_{\{Y=y\}})}{\mathrm{E}(\mathbb{I}_{\{Y=y\}})}$$

$$\stackrel{(3.81)}{=} \mathrm{E}(h(X,y)|Y=y)$$

から従う．最後に，(3.89) は $\mathrm{E}(Xg(Y)|Y=y) \stackrel{(3.88)}{=} \mathrm{E}(Xg(y)|Y=y) \stackrel{(3.85)}{=} g(y)\mathrm{E}(X|Y=y)$ となるが，後は (3.85) の後半の議論と同様に行う．

定理 4.10 (p.92) の証明 　(X,Y) の密度を $f(x,y)$ とする．(X,Y) を新たな確率変数 (T,U) に $T=X/\sqrt{Y/n}$, $U=Y$ により変換する．(T,U) も密度をもつので $g(t,u)$ とすると

$$g(t,u) = f(x(t,u), y(t,u))|J| \tag{A.1}$$

と計算されることが知られている．ただし，J は変換 $(t,u) \mapsto (x/\sqrt{y/n}, y)$ のヤコビアン $J = \dfrac{\partial(x,y)}{\partial(t,u)}$ である[1]．$t \in \mathbb{R}$，$u > 0$ に注意して $(x,y) \mapsto (t\sqrt{u/n}, u)$，$J = \det \begin{bmatrix} \sqrt{u/n} & t/2\sqrt{nu} \\ 0 & 1 \end{bmatrix} = \sqrt{u/n} \neq 0$ であり，X, Y が独立であるので，$f(x,y) \stackrel{(3.26)}{=}$
$\left\{ \dfrac{\exp(-x^2/2)}{\sqrt{2\pi}} \right\} \left\{ \dfrac{\exp(-y/2)y^{n/2-1}}{2^{n/2}\Gamma(n/2)} \right\}$ となり，これらを (A.1) に代入して

$$g(t,u) = \left\{ \dfrac{\exp\left(-\dfrac{t^2 u}{2n}\right)}{\sqrt{2\pi}} \right\} \left\{ \dfrac{\exp\left(-\dfrac{u}{2}\right) u^{n/2-1}}{2^{n/2}\Gamma\left(\dfrac{n}{2}\right)} \right\} \sqrt{\dfrac{u}{n}}$$

がわかる．T の分布は $g(t,u)$ の周辺密度から決まるので任意の $t \in \mathbb{R}$ について

$$\int_0^\infty g(t,u)du = \dfrac{\int_0^\infty \exp\left(-\dfrac{t^2/n+1}{2}u\right) u^{\frac{n+1}{2}-1} du}{\sqrt{2\pi n}\, 2^{n/2}\Gamma\left(\dfrac{n}{2}\right)} = \dfrac{\Gamma\left(\dfrac{2n+1}{2}\right)\left(1+\dfrac{t^2}{n}\right)^{-\frac{n+1}{2}}}{\sqrt{2\pi n}\, 2^{n/2}\Gamma\left(\dfrac{n}{2}\right)}$$

と密度が計算できる．これは (4.47) と一致するので $T \sim \mathrm{T}_n$ が従う．

■ **定理 4.15 (p.98) の証明** 標準化した確率変数を $Z_n = \dfrac{S_n - n\mu}{\sigma\sqrt{n}}$ とおき，$Z \sim \mathrm{N}(0,1)$ とする．$S_n \stackrel{\cdot}{\sim} \mathrm{N}(n\mu, n\sigma^2)$ や $\overline{X} \stackrel{\cdot}{\sim} \mathrm{N}(\mu, \sigma^2/n)$ を示すには Z_n の分布関数 $F_{Z_n}(t)$ の各点において，標準正規分布の分布関数 $F_Z(t) = \Phi(t)$ に収束することを示せばよく，(4.57) を示すことに他ならない．(4.57) を簡易的に示すため，ここでは Z_n のモーメント母関数の存在を仮定する[2]．Z_n のモーメント母関数 $\mathrm{M}_{Z_n}(t)$ が標準正規分布のモーメント母関数 $\mathrm{M}_Z(t)$ に原点の近傍の各点 t で収束することを示せば (4.57) をえることが知られており (連続性定理)，この事実に従って証明を行う．

(4.27) により，$\mathrm{M}_Z(t) = \exp(t^2/2)$ であるので，上記の議論により

$$\lim_{n \to \infty} \mathrm{M}_{Z_n}(t) = \exp\left(\dfrac{t^2}{2}\right) \tag{A.2}$$

を示せば (4.57) がえられることになる．ここで，$Y_k = (X_k - \mu)/\sigma$ と標準化すると，$Z_n = \displaystyle\sum_{k=1}^n Y_k/\sqrt{n}$ となる．また，標準化された Y_k について定理 4.6 より $\mathrm{E}(Y_k) = 0$，$\mathrm{E}(Y_k^2) = \mathrm{V}(Y_k) = 1$ となるので，

$\mathrm{M}_{Y_k}(t) = \mathrm{E}(\exp(tY_k)) \stackrel{\text{テイラー展開}}{=} 1 + t\mathrm{E}(Y_k) + \dfrac{t^2 \mathrm{E}(Y_k^2)}{2!} + \mathrm{o}(t^2) = 1 + \dfrac{t^2}{2} + \mathrm{o}(t^2)$

---

[1] 一般的には偏微分が連続で，$J \neq 0$ の条件が必要となる．
[2] このことより，実際は部分的な証明を行うに過ぎないが，定理自体の数学的な事実としてはこの仮定はなくてもよい．

である．ただし，$g(t) = \mathrm{o}(f(t))$ は $\lim_{t \to 0} g(t)/f(t) = 0$ を意味するランダウの記号とする．このことから固定された t について，十分大きな n で

$$\mathrm{M}_{Y_k}\left(\frac{t}{\sqrt{n}}\right) = 1 + \frac{t^2}{2n} + \mathrm{o}\left(\frac{t^2}{n}\right) \tag{A.3}$$

がわかる．こちらのランダウの記号は数列版であり $a_n = \mathrm{o}(b_n)$ により $\lim_{n \to \infty} a_n/b_n = 0$ を意味する．$Y_1, \ldots, Y_n$ が iid であることを用いて，

$$\mathrm{M}_{Z_n}(t) \stackrel{(3.66)}{=} \mathrm{E}(\exp(tZ_n)) = \mathrm{E}\left(\exp\left(t\sum_{k=1}^n \frac{Y_k}{\sqrt{n}}\right)\right)$$

$$\stackrel{(3.77)}{=} \left\{\mathrm{E}\left(\exp\left(t\frac{Y_k}{\sqrt{n}}\right)\right)\right\}^n \stackrel{(3.66)}{=} \left\{\mathrm{M}_{Y_k}\left(\frac{t}{\sqrt{n}}\right)\right\}^n$$

$$\stackrel{(A.3)}{=} \left\{1 + \frac{t^2}{2n} + \mathrm{o}\left(\frac{t^2}{n}\right)\right\}^n \stackrel{(*)}{\to} \exp\left(\frac{t^2}{2}\right) \quad (n \to \infty)$$

がわかる．$(*)$ に関しては $\lim_{n \to \infty} c_n = c$ である数列について $\lim_{n \to \infty} (1 + c_n/n)^n = e^c$ であることから従う．これにより，(A.2) がわかり証明が終わる．

§ A.2 問と章末問題の略解

第 1 章の問

問 1.1 1. $\sum_{i=1}^n (x_i - \overline{x})$ を展開する．2. $s_x^2 = \frac{1}{n} \sum_{i=1}^n \left\{x_i^2 - 2x_i\overline{x} + (\overline{x})^2\right\}$ を展開する．3. 定義 (1.5) から従う．

問 1.2 1. 標本平均 $\overline{x} = 6.2$, 中央値 4．2. 標本分散 $s_x^2 = 29.76$, 標本標準偏差 $s_x \fallingdotseq 5.46$．範囲 15, 第 0 から第 4 四分位数 $Q_0 = 1$, $Q_1 = 1.5$, $Q_2 = 4$, $Q_3 = 12$, $Q_4 = 16$．箱ひげ図は省略．

問 1.3 標本平均 54.1, 中央値 54.5, 標本分散 367.623, 標本標準偏差 19.1735, 範囲 87, $Q_0 = 9$, $Q_1 = 42$, $Q_2 = 54.5$, $Q_3 = 66$, $Q_4 = 96$．箱ひげ図は省略．

問 1.4 問 1.1 の項目 2 と同様に示す．

問 1.5 $s_{xy} = 19.64$.

問 1.6 $s_x^2 s_y^2 = 0$ のとき．問 1.1 の 3 により，$\{x_k\}$ または $\{y_k\}$ の少なくとも一方が一定値となるときで，散布図を構成する点が x 軸または y 軸の一方に平行な直線上にあるとき．

問 1.7 $r_{xy} = 0.8806282$.

問 1.8 $n = 2$ のときは (右辺)^2−(左辺)^2 を平方完成して示す．$n = l$ での成立を仮定して $n = l + 1$ のときを示すが，帰納法の仮定と $n = 2$ の結果を利用する．

◆ 章末問題 1 ◆

1.1 1. 標本平均 2.428, 中央値 2.500, 最頻値 3.000, 標本分散 1.530, 標本標準偏差 1.237. 2. $Q_0 = 0$, $Q_1 = 2$, $Q_2 = 2.5$, $Q_3 = 3$, $Q_4 = 5$. 箱ひげ図は対称な形となるがヒストグラムは対称でない.

1.2 ある表計算ソフトで QUARTILE($\cdot$, k) を行うと以下のように出力された：$Q_0 = 1$, $Q_1 = 4$, $Q_2 = 5.5$, $Q_3 = 6.5$, $Q_4 = 8$.

1.3 図は省略. 標本平均 59.1, 中央値 59.5, 標本分散 651.3, 標本標準偏差 25.5, 範囲 98.0, $Q_0 = 2.0$, $Q_1 = 44.0$, $Q_2 = 59.5$, $Q_3 = 77.0$, $Q_4 = 100.0$. 箱ひげ図は省略.

1.4 男子 m 人の身長を $x_1, \ldots, x_m$, 女子 n 人の身長を $y_1, \ldots, y_n$ として全体を $z_1, \ldots, z_{m+n}$ とする. 標本平均は $\bar{z} = \dfrac{m\bar{x} + n\bar{y}}{m+n}$. 男子, 女子, 全体の標本分散を s_x^2, s_y^2, s_z^2 とすると $s_z^2 = \dfrac{ms_x^2 + ns_y^2}{m+n} + mn\left(\dfrac{\bar{x}-\bar{y}}{m+n}\right)^2$ より $\bar{z} = 160$, $s_z^2 = 168$.

1.5 1. $\bar{u}, \bar{v}$ については問 1.1 を参照せよ. $s_u^2 = \dfrac{1}{n}\sum_{i=1}^n (u_i - \bar{u})^2 = \dfrac{1}{n}\sum_{i=1}^n u_i^2 = (s_x^2)^{-1} \dfrac{1}{n}\sum_{i=1}^n (x_i - \bar{x})^2 = 1$ であり, s_v^2 も同様. $s_{uv} = \dfrac{1}{n}\sum_{i=1}^n (u_i - \bar{u})(v_i - \bar{v}) = \dfrac{1}{n}\sum_{i=1}^n u_i v_i = r_{xy}$. 2. $0 \leq \dfrac{1}{n}\sum_{k=1}^n (u_k \pm v_k)^2 = s_u^2 \pm 2s_{uv} + s_v^2 \stackrel{\text{前問}}{=} 2(1 \pm r_{xy})$ から従う.

1.6 (1.16) の両辺を二乗した式で $a_i = x_i$, $b_j = 1$ と適用した上で n^2 で両辺を割る. 等号成立は x_i が $i = 1, \ldots, n$ によらず一定のときに限るので $s_x^2 = 0$.

1.7 $t = 2\pi/n$ を cos に適用すると $\bar{x} = 0$. 同様に $\bar{y} = 0$. $r_{xy} = 0$ である. 実際 $s_{xy} = 0$ を計算するが, sin の 2 倍角の公式を用いた後に, 与えられた和の公式を適用する. その際, $n \geqq 3$ を用いることに注意. 和の公式の証明は, $\sum_{k=1}^n e^{\sqrt{-1}(\theta + kt)}$ の実部と虚部を計算してもよい.

1.8 $r_{xy} = 0.6186836$.

1.9 全てのデータで $r_{xy} \fallingdotseq 0.816$.

1.10 $r_{xz} = 0.6734898$.

1.11 $r_{xz^{1/3}} = 0.6897974$.

§ A.2 問と章末問題の略解   163

第 2 章の問

問 2.1 $0 \leq |A| \leq n$ と $|\Omega| = n$ より (K1), (K2) がわかる．$A \cap B = \varnothing$ のとき $|A \cup B| = |A| + |B|$ より両辺を n で割ると (K3) がわかる．

問 2.2 $P(\Omega) = P(A \cup A^c)$ に (K3) を適用．

問 2.3 1. $B = A \cup (A^c \cap B)$ に (K3) を適用．2. $A \cup B = A \cup (A^c \cap B)$ に (K3) を適用し，前問を利用．

問 2.4 A, B は独立でない．A, C は独立．

問 2.5 乗法公式 (2.8) を用いる．独立性は条件の事象 A に依存しないことを意味する．

問 2.6 $P(W_1) = P(W_2) = P(W_3) = 2/3$．

問 2.7 どちらの確率も $2/5$ (例 2.4 において $b = 6$, $w = 4$, $r = -1$)．

問 2.8 $5/7$．

問 2.10 1 から 5 まで番号がついている 5 個の壷から青玉が入る 2 個の壷を選ぶときの総数と対応．(2.13) は k 個の白玉と $n-k$ 個の青玉の並べ方の総数であるとも解釈可能．

問 2.11 1. (2.15) についてそれぞれ $x = 1$, $x = -1$ を代入．2. (2.14) を用いる．

問 2.12 $f^{(n)}(0)/n! = \binom{\alpha}{n}$．$(1+x)^{-1} = \sum_{n=0}^{\infty} \binom{-1}{n} x^n = \sum_{n=0}^{\infty} (-1)^n x^n$．

問 2.13 $\log_{10} 5! \fallingdotseq 2.072$ から $5! \fallingdotseq 10^{2.072} \fallingdotseq 118.0$ で $\log_{10} 30! \fallingdotseq 32.42$ から $30! \fallingdotseq 10^{32.42} \fallingdotseq 2.645 \times 10^{32}$．それぞれの相対誤差は章末問題 2.23 のとおり $1/(12n)$ 程度．

◆章末問題 2 ◆

2.1 1. 正三角形の一辺の長さよりも長い $\iff 0 < l < 1/2$ より $1/2$．
2. 正三角形の一辺の長さよりも長い $\iff 120° < \theta < 180°$ より $1/3$．計算自体はどちらも正しく，確率空間が異なることが原因である．

2.2 表を 1, 裏を 0 とすると，確率空間 (Ω, P) は $\Omega = \{(\omega_1, \omega_2, \omega_3, \omega_4) : \omega_1, \ldots, \omega_4 \in \{0,1\}\}$, $P(A) = |A|/2^4$ となる．$A = \{(\omega_1, \omega_2, \omega_3, \omega_4) \in \Omega : \omega_1 + \cdots + \omega_4 = 2\}$ とすると，$|A| = \binom{4}{2}$ より $P(A) = \dfrac{3}{8}$．

2.3 $P(A^c \cap B^c) \stackrel{問 2.2}{=} 1 - P(A \cup B) \stackrel{(2.4)}{=} 1 - P(A) - P(B) + P(A \cap B) \stackrel{独立}{=} 1 - P(A) - P(B) + P(A)P(B) = \{1 - P(A)\}\{1 - P(B)\} \stackrel{問 2.2}{=} P(A^c)P(B^c)$．同様に A^c, B や A, B^c も同様に独立．

付録A

2.4 事象 $A \cup B$ を A, 事象 C を B とおいて (2.4) を繰り返し適用する.

2.5 1. $67/100$. 2. 章末問題 2.4 を用いて $37/50$.

2.6 章末問題 2.4 を適用し,$1092/3125 = 0.34944$.

2.7 $2/5$.

2.8 1. $p^2 + (1-p)^2 = 2(p - 1/2)^2 + 1/2 \geqq 1/2$. 等号成立は $p = 1/2$ に限る.
2. A, B をそれぞれ "1回目と2回目で違う面が出る", "2回目と3回目で同じ面が出る" という事象とする. 前問を用いて $\mathrm{P}(A) = 2p(1-p)$, $\mathrm{P}(A \cap B) = p(1-p)$ より p によらず $\mathrm{P}(B|A) = 1/2$.

2.9 変えるべき. A君が初めに選んだドアを便宜的にドア1とする. D_i をドア i に新車が隠れている事象 ($i = 1, 2, 3$), E を司会者がドア2を開ける事象とする. $\mathrm{P}(D_i) = 1/3$ である. $\mathrm{P}(E|D_1) = 1/2$ (ドア2,3にはヤギがどちらも入っているため), $\mathrm{P}(E|D_2) = 0$ (ドア2は新車が入っているため), $\mathrm{P}(E|D_3) = 1$ (ドア1はA君が選んでおり, ドア3は新車が入っているため) となる. 司会者がドア2を開けたあと, A君がドア1からドア3に変えたときに新車をえる確率は $\mathrm{P}(D_3|E)$ となるが, (2.11) を用いて $\mathrm{P}(D_3|E) = 2/3 > 1/3 = \mathrm{P}(D_1)$.

2.10 元に戻さない場合, $1/2$. 元に戻す場合, $54/125$.

2.11 $16/17 \fallingdotseq 0.941$ (多くの人の直感より高いと思われる).

2.12 1. 条件をみたす $(C_1, \ldots, C_4)$ は6通りあり, 確率はそれぞれ $1/30$. (2.20) は白玉を取り出す順番に依存しないことを意味する ($1 \leqq i_1 < i_2 < \cdots < i_k \leqq n$ 番目に白玉を取り出すものとして (2.20) の証明を与えてみよ).
2. $i \geqq 2$ について $\mathrm{P}(W_i) = \sum_{C_l \in \{W_l, W_l^c\}, 1 \leqq l \leqq i-1} \mathrm{P}(C_1 \cap \cdots \cap C_{i-1} \cap W_i) \stackrel{(2.20)}{=} \sum_{C_l \in \{W_l, W_l^c\}, 2 \leqq l \leqq i} \mathrm{P}(W_1 \cap C_2 \cap \cdots \cap C_i) = \mathrm{P}(W_1) = w/(b+w)$.

2.13 1. 問 2.7 を適用し, $\mathrm{P}(A_i) = 1/n$ ($1 \leqq i \leqq n$). A君が勝つ確率を $\mathrm{P}(A)$ とすると $\mathrm{P}(A) = \lfloor (n+1)/2 \rfloor / n = \begin{cases} m/(2m-1) > 1/2 & (n = 2m-1) \\ 1/2 & (n = 2m). \end{cases}$
2. $\mathrm{P}(A_i) = n^{-1}(1 - n^{-1})^{i-1}$ ($i = 1, 2, \ldots$) から $\mathrm{P}(A) = \mathrm{P}\left(\bigcup_{j=1}^{\infty} A_{2j-1}\right) \stackrel{(\mathrm{K3})'}{=} \sum_{j=1}^{\infty} \mathrm{P}(A_{2j-1}) = n/(2n-1) > 1/2$ より先手が有利.

2.14 後手が有利. 実際, 先手が選んだものが大中小であれば, 後手は小大中のようにそれぞれ選べば後手が勝つ確率が高くなる. {大 > 中} を大のサイコロを選んだ人

§ A.2 問と章末問題の略解   165

が中を選んだ人に勝つ事象とすると P(大 > 中) = 2/3·1/3 + 1/3 = 5/9 > 1/2 であり、同様に P(中 > 小) = P(小 > 大) = 2/3 > 1/2.

2.15 n 人のクラスの中で誕生日が全て異なる確率を q_n とおくと、求める確率は $p_n \stackrel{問2.2}{=} 1 - q_n$. また、$q_n = 365/365 \cdot (365-1)/365 \cdots \{365-(n-1)\}/365$ から $p_{40} \fallingdotseq 89.12\%$. また、半分を超える最小の n は $p_{22} \fallingdotseq 47.57\%$, $p_{23} \fallingdotseq 50.73\%$ より $n = 23$ 人のとき.

2.16 $98/3095 \fallingdotseq 3.17\%$.

2.17 (2.15) の両辺を微分、積分すればそれぞれ $n2^{n-1}$, $(2^{n+1}-1)/(n+1)$.

2.18 $(1+x)^M (1+x)^{N-M} = (1+x)^N$ に二項定理 (2.15) を適用させ、両辺の x^n の係数を比較する.

2.19 15 通り. $x_1 + x_2 + x_3 = 4$ の非負整数解の個数と等しい. たとえば、$(x_1, x_2, x_3) = (2, 1, 1)$ であれば、$\underbrace{\circ\circ}_{1}|\underbrace{\circ}_{2}|\underbrace{\circ}_{3}$ のように区切りを入れて壺を表現する. k の玉 "○" を n 個の壺に入れる場合は $n-1$ 個の区切り "|" で区切るのと同じである. これらを一列に並べるので問 2.10 より $\binom{n+k-1}{k}$ 通り.

2.20 $\binom{k}{m} \stackrel{(2.14)}{=} \binom{k+1}{m+1} - \binom{k}{m+1}$ から両辺を k について m から n まで和をとる.

2.21 1. どの確率も $1/3$. 2. k 人勝つ確率は $3^{-n+1}\binom{n}{k}$ であいこは $1 - 3^{-n+1}(2^n - 2)$.

2.22 $\binom{-10}{2} = \binom{11}{2} = 55$. $\binom{-\beta}{n}$ は (2.17) を用いて展開. $\binom{-1/2}{n} \stackrel{(2.17)}{=} (-1)^n \frac{(2n)!}{2^{2n} n! n!} = \binom{2n}{n}(-1/4)^n$. テイラー展開は (2.18) を適用.

2.23 誤差の上限 $n = 5 : 1.6806\%$, $n = 30 : 0.2782\%$.

2.24 $(2n)!\sqrt{\pi n}/(n! n! 4^n)$ にスターリングの公式を適用. $\lim_{n \to \infty} \frac{1}{n} \log \binom{n}{\lfloor an \rfloor} = -a \log a - (1-a) \log(1-a)$.

第 3 章の問

問 3.1 $a = 1/16$.

問 3.2　$a=6$, $\mathrm{P}(-1<X<1/2)=1/2$.

問 3.3　(B1) を示す．実数 $a \leqq b$ について事象 $A=\{\omega \in \Omega : X(\omega) \leqq a\}$, $B=\{\omega \in \Omega : X(\omega) \leqq b\}$ とおくと $A \subset B$ であり問 2.3 の項目 1 を用いる．(B2), (B3) は事象列の単調性の性質を用いて，$\lim_{n \to \infty} a_n = \infty$ となる単調増加の数列について $F(x+1/a_n)$, $F(\pm a_n)$ の極限操作をそれぞれ行う．

問 3.4　$F(x) = \begin{cases} 0 & (x<0) \\ 3x^2 - 2x^3 & (0 \leqq x \leqq 1) \\ 1 & (x>1). \end{cases}$　グラフは省略．

問 3.5　$a<0$ のとき $F_Y(y) = 1 - F_X((y-b)/a)$ を微分する．$f_{|X|}(x)$ は $x \geqq 0$ では $f_X(x) + f_X(-x)$ であり $x<0$ では 0．

問 3.6　任意の $1 \leqq i \leqq 6$ について $\mathrm{P}(X=i, Z=j) = \begin{cases} (i-1)/36 & (j=-1) \\ 1/36 & (j=0) \\ (6-i)/36 & (j=1). \end{cases}$
周辺分布は $\mathrm{P}(Z=-1)=5/12, \mathrm{P}(Z=0)=1/6, \mathrm{P}(Z=1)=5/12$．

問 3.7　$\mathrm{P}(X=0, Y=1)=\mathrm{P}(X=1, Y=0)=16/90$, $\mathrm{P}(X=1, Y=1)=2/90$, 周辺分布は $\mathrm{P}(X=0)=\mathrm{P}(Y=0)=4/5$, $\mathrm{P}(X=1)=\mathrm{P}(Y=1)=1/5$．

問 3.8　$c=2$．$f_X(x) = \begin{cases} 2x & (0 \leqq x \leqq 1) \\ 0 & (その他), \end{cases}$　$f_Y(y) = \begin{cases} 2-2y & (0 \leqq y \leqq 1) \\ 0 & (その他), \end{cases}$
$\mathrm{P}(X+Y \leqq 1) = 1/2$．

問 3.9　1. 独立．　2. 独立でない．　3. 独立．　4. 独立でない．

問 3.10　$\mathrm{P}(Z=k) = \mathrm{P}(X=7-k) = 1/6 = \mathrm{P}(X=k)$ より同分布．独立ではない．

問 3.11　$f_{X_k}(x_k) = \sum_{\substack{1 \leqq x_1, \ldots, x_n \leqq 6 \\ x_k を除く}} f(x_1, x_2, \ldots, x_n) = 6^{n-1}(1/6)^n = 1/6$ $(k=1, \ldots, n)$
から (3.27) をみたすので独立．k に依存しないので同分布．

問 3.12　2．

問 3.13　$1/2$．

問 3.14　$\{\pi(1+x^2)\}^{-1} \geqq 0$．さらに $\int_{-\infty}^{\infty} \{\pi(1+x^2)\}^{-1} dx = \lim_{\substack{c_1 \to -\infty \\ c_2 \to \infty}} [\tan^{-1} x]_{c_1}^{c_2}/\pi = 1$．$\mathrm{E}(X) = \int_{-\infty}^{\infty} x/\{\pi(1+x^2)\} dx = \lim_{\substack{c_1 \to -\infty \\ c_2 \to \infty}} [\{\log(1+x^2)\}/(2\pi)]_{c_1}^{c_2}$ は極限のとり方に依存するので存在しない．

§ A.2 問と章末問題の略解 167

問 3.15 $E(X^2) = 1^2 P(X^2 = 1) + 2^2 P(X^2 = 2^2) = \{P(X = 1) + P(X = -1)\} + 4\{P(X = 2) + P(X = -2)\} = \dfrac{5}{2}$.

問 3.16 $-|X| \leqq X \leqq |X|$ に (3.37) を適用し，(3.36) を用いて変形する．

問 3.17 $E(X) = E(Y) = E(XY) = 0$ から (3.38) がわかる．$f(1,1) = 0 \neq 1/16 = f_X(1) f_Y(1)$ より独立でない．

問 3.18 $E(3X + 2Y) = 4$, $E(XY) = 1/2$.

問 3.19 問 3.1：$V(X) = 1$．例 3.3：$V(X) = 1/18$．問 3.2：$V(X) = 1/20$．

問 3.20 $6\sqrt{5}$.

問 3.21 $0 \leqq E(\{t(X - E(X)) + (Y - E(Y))\}^2) = t^2 V(X) + 2t\operatorname{Cov}(X,Y) + V(Y)$ より $V(X)V(Y) > 0$ に注意して右辺の t の 2 次式についての判別式を D とすると $D/4 = \{\operatorname{Cov}(X,Y)\}^2 - V(X)V(Y) \leqq 0$ より (3.61) をえる．

問 3.22 例 3.7：$\operatorname{Cov}(X,Y) = -4/225, \rho(X,Y) = -1/9$．例 3.8：$\operatorname{Cov}(X,Y) = \rho(X,Y) = 0$.

問 3.23 $M_X(t) = \displaystyle\sum_{k=1}^{6} \dfrac{e^{kt}}{6}$, $M'_X(0) = 7/2$, $M''_X(0) = 91/6$, $E(X) = 7/2$, $V(X) = 35/12$.

問 3.24 $3/4$.

問 3.25 $p_a = (N-a)/N$ は $p_0 = 1$, $p_N = 0$ であり，(3.94) の左辺，右辺に代入して等号を示す．$e_a = a(N-a)$ も同様．

◆ 章末問題 3 ◆

3.1 $51/11$（数え上げでもよいが，定義確率変数の和の期待値を計算する）．

3.2 $P(X = x_k) = 1/n$ を期待値の定義 (3.29), 分散の定義 (3.43) に代入．

3.3 $c = 1/9$．グラフは省略．$E(X) = 9/4$, $V(X) = 27/80$, $E(4X + 3) = 12$, $\sigma(4X + 3) = 3\sqrt{15}/5$.

3.4 1. $c = 3/5$.

$$f_X(x) = \begin{cases} 6(x^2 + x)/5 & (0 \leqq x \leqq 1) \\ 0 & (その他) \end{cases}, \quad F_X(x) = \begin{cases} 0 & (x < 0) \\ (2x^3 + 3x^2)/5 & (0 \leqq x \leqq 1) \\ 1 & (x > 1) \end{cases},$$

$$f_Y(y) = \begin{cases} 3y/10 + 1/5 & (0 < y < 2) \\ 0 & (その他) \end{cases}, \quad F_Y(y) = \begin{cases} 0 & (y < 0) \\ y/5 + 3y^2/20 & (0 < y < 2) \\ 1 & (y \geqq 2) \end{cases}.$$

X, Y は独立ではない．2. $E(X) = 7/10$, $V(X) = 1/20$, $E(Y) = 6/5$, $V(Y) = 22/75$ であり，$P(X < Y) = 31/40$, $P(Y < 1/2 | X > 1/2) = 37/256$.

3.5 $Y = a + bX$ をみたす a, b が存在するとする. $b = 0$ であれば $\rho(X, Y)$ が定義できないので $b \neq 0$. $\rho(X, Y) \stackrel{(3.56),(3.57)}{=} bV(X)/\{|b|V(X)\} = \pm 1$. 逆に $\rho(X, Y) = -1$ であれば (3.61) の証明の初めの不等号が等号となり, (3.46) を適用すると $X/\sqrt{V(X)} + Y/\sqrt{V(Y)} = E(X)/\sqrt{V(X)} + E(Y)/\sqrt{V(Y)}$ より, Y について解く. $\rho(X, Y) = 1$ の場合も同様.

3.6 1. $p_{0\bullet} = 7/12$, $p_{1\bullet} = 5/12$, $p_{\bullet 0} = 1/2$, $p_{\bullet 1} = 1/2$. $E(X) = 5/12$, $E(Y) = 1/2$, $V(X) = 35/144$, $V(Y) = 1/4$. 2. $E(X+Y) = 11/12$, $E(XY) = 1/4$. $Cov(X, Y) = 1/24$, $\rho(X, Y) = 1/\sqrt{35}$. 3. 独立ではない.
4. $P(X = 0|Y = 0) = 2/3$, $P(X = 1|Y = 0) = 1/3$, $E(X|Y = 0) = 1/3$.

3.7 $E((X+1)^2) = 6$, $V(4X+3) = 32$.

3.8 $F_Z(z) = P(X + Y \leqq z) \stackrel{(3.22)}{=} \iint_{x+y \leqq z} f(x, y)dxdy = \int_{-\infty}^{\infty} \int_{-\infty}^{z-y} f(x, y)dxdy$ であり, 両辺 z で微分して密度をえる. 独立であれば $f(x, y) = f_X(x)f_Y(y)$ から (3.96) がわかる.

3.9 1. $c = 2$. $f_X(x) = \begin{cases} 2x & (0 < x < 1) \\ 0 & (その他), \end{cases}$ $f_Y(y) = \begin{cases} 1 & (0 < y < 1) \\ 0 & (その他). \end{cases}$
2. (3.26) をみたし独立. $f_{X+Y}(z) \stackrel{(3.96)}{=} \begin{cases} z^2 & (0 < z < 1) \\ 2z - z^2 & (1 \leqq z < 2) \\ 0 & (その他). \end{cases}$
3. $P(X \leqq 1/2, Y > 1/3) = 1/6$, $E(X + Y) = 7/6$, $E(XY) = 1/3$.
4. $M_X(t) = 2t^{-2}(te^t - e^t + 1)$, $M_Y(t) = t^{-1}(e^t - 1)$, $M_{X+Y}(t) = 2t^{-3}(e^t - 1)(te^t - e^t + 1)$.

3.10 $G_Y(t) \stackrel{\text{例 3.16,(3.73)}}{=} \left(\sum_{k=1}^{6} t^k/6\right)^{10}$. よって, $G_Y(t) = \dfrac{t^{10}}{6^{10}}\left(\dfrac{1-t^6}{1-t}\right)^{10} \stackrel{(2.15)(2.18)}{=} \dfrac{t^{10}}{6^{10}} \sum_{k=0}^{10} \sum_{l=0}^{\infty} \binom{10}{k}\binom{-10}{l}(-1)^{k+l}t^{6k+l}$ より, t^{25} の係数に着目し, 章末問題 2.22 から $P(Y = 25) \stackrel{(3.64)}{=} \sum_{k=0}^{2} \binom{10}{k}\binom{24-6k}{9}\dfrac{(-1)^k}{6^{10}} = \dfrac{23089}{1679616} \fallingdotseq 1.37\%$.

3.11 1. $k = 4$. 1 回目で k 以上の目が出れば止める戦略をとる場合の賞金を Y_k 万円とすると, $Y_k = \begin{cases} X_1 & (X_1 \geqq k) \\ X_2 & (X_1 < k) \end{cases}$ より, $E(Y_k) \stackrel{(3.87)}{=} E(E(Y_k|X_1)) = (-k^2 + 8k + 35)/12 = -(k-4)^2/12 + 17/4$ より, $k = 4$ で最大達成.

§ A.2 問と章末問題の略解   169

(別解) 2 回目を行う際の期待値は $\mathrm{E}(X_2) \stackrel{例 3.11}{=} 7/2 < 4$ から $k = 4$.

2. $k = 5, l = 4$. 1 回目で k 以上の目が出れば止め，2 回目で l 以上の目が出れば止める戦略をとる場合の賞金を $Z_{k,l}$ 万円とすると $Z_{k,l} =$
$$\begin{cases} X_1 & (X_1 \geqq k) \\ X_2 & (X_1 < k, X_2 \geqq l) \\ X_3 & (X_1 < k, X_2 < l) \end{cases}$$ より，(3.87) を用いて $\mathrm{E}(Z_{k,l}) = (-k^2 + k + 42)/12 + \{(k-1)/6\}(-l^2 + 8l + 35)/12$ より，$k = 5, l = 4$ で最大達成.

(別解) 2 回目終了の際に 3 回目を行うかどうかの判断は前問と同じであるので 4 以上ならば止め，$l = 4$. 1 回目終了の際，2 回目以降を行ったとする．このときの賞金 X 万円は $\mathrm{E}(X_3) = 7/2$ より $X = \begin{cases} X_2 & (X_2 \geqq 7/2) \\ X_3 & (X_2 < 7/2) \end{cases}$ であるので，$\mathrm{E}(X) \stackrel{(3.93)}{=} \mathrm{E}(X_2|X_2 \geqq 7/2)\mathrm{P}(X_2 \geqq 7/2) + \mathrm{E}(X_3|X_2 < 7/2)\mathrm{P}(X_2 < 7/2) \stackrel{独立}{=} 4/6 + 5/6 + 6/6 + (7/2) \cdot (1/2) = 17/4 = 4.25 < 5$ より $k = 5$.

3.12 差分方程式はそれぞれ $p_a = p p_{a+1} + (1-p) p_{a-1}$ $(p_0 = 1, p_N = 0)$, $e_a = p e_{a+1} + (1-p) e_{a-1} + 1$ $(e_0 = e_N = 0)$.

3.13 1. $\mathrm{G}_{X_1}(t) \stackrel{(3.63)}{=} (t + t^{-1})/2$, $\mathrm{G}_{S_{2n}}(t) \stackrel{(3.73)}{=} \{\mathrm{G}_{X_1}(t)\}^{2n} = (t+t^{-1})^{2n} 2^{-2n} = 2^{-2n} \sum_{k=0}^{2n} \binom{2n}{k} t^{2k-2n}$ であり，$\mathrm{P}(S_{2n} = 0)$ は $\mathrm{G}_{S_{2n}}(t)$ の定数項 ($k = n$ の項).

2. $\mathrm{E}(N) = \mathrm{E}\left(\sum_{n=1}^{\infty} \mathbb{I}_{\{S_{2n}=0\}}\right) \stackrel{(3.36), 非負}{=} \sum_{n=1}^{\infty} \mathrm{E}\left(\mathbb{I}_{\{S_{2n}=0\}}\right) \stackrel{(3.80)}{=} \sum_{n=1}^{\infty} \mathrm{P}(S_{2n} = 0) = \sum_{n=1}^{\infty} \binom{2n}{n} 2^{-2n}$ である．一方，章末問題 2.24 から $\binom{2n}{n} 2^{-2n} \sim \frac{1}{\sqrt{\pi n}}$ であり，$\sum_{n=1}^{\infty} \frac{1}{\sqrt{\pi n}} = \infty$ から正項級数の比較判定法によりこの級数も無限大に発散する．

3. $\mathrm{E}(S_{n+1}|S_n) = \mathrm{E}(S_n + X_{n+1}|S_n) \stackrel{(3.85)}{=} \mathrm{E}(S_n|S_n) + \mathrm{E}(X_{n+1}|S_n) \stackrel{(3.86),(3.89)}{=} S_n + \mathrm{E}(X_{n+1}) = S_n$.

3.14 n 回目に玉を取り出す直前の青玉，白玉の数をそれぞれ i, j 個とすれば，$X_n = j/(i+j)$ であり，$X_{n+1} = \begin{cases} (j+r)/(i+j+r) & (確率\ j/(i+j)) \\ j/(i+j+r) & (確率\ i/(i+j)) \end{cases}$
より，$\mathrm{E}(X_{n+1}|X_n) = \frac{j}{i+j} \cdot \frac{j+r}{i+j+r} + \frac{i}{i+j} \cdot \frac{j}{i+j+r} = \frac{j}{i+j} = X_n$.
期待値をとると，$\mathrm{E}(\mathrm{E}(X_{n+1}|X_n)) \stackrel{(3.87)}{=} \mathrm{E}(X_{n+1}) = \mathrm{E}(X_n)$ であり，$\mathrm{E}(X_n) =$

$E(X_1) = w/(b+w)$. 定義より $P(W_n) = E(X_n)$ から従う.

3.15 離散型のとき示す. $E(\psi(Y)g(Y)) \stackrel{(3.29)}{=} \sum_{l=1}^{\infty} \psi(y_l)g(y_l)P(Y = y_l) \stackrel{(3.84)}{=} \sum_{l=1}^{\infty} E(X|Y = y_l)g(y_l)P(Y = y_l) \stackrel{(3.83)}{=} \sum_{l=1}^{\infty} \sum_{k=1}^{\infty} x_k g(y_l)P(X = x_k|Y = y_l)P(Y = y_l) \stackrel{(2.8)}{=} \sum_{l=1}^{\infty} \sum_{k=1}^{\infty} x_k g(y_l)P(X = x_k, Y = y_l) \stackrel{(3.19)}{=} E(Xg(Y))$.

3.16 1. $V(X) \geqq 0$ を意味する. 2. $g(x) = x^n$ $(x > 0)$ で $P(X = a) = P(X = b) = 1/2$ である確率変数 X をイェンセンの不等式に適用 (帰納法でもよいが少し面倒). 3. $g(x)$ が凸であるので, 任意の $\xi \in \mathbb{R}$ に対して, ある $m \in \mathbb{R}$ が存在して, $(\xi, g(\xi))$ を通り傾き m の直線で $g(x) \geqq m(x - \xi) + g(\xi)$ をみたす. 実際, m は $(\xi, g(\xi))$ での左微分係数としてとればよく, その存在は凸性から導かれる (なお, 左右の微分係数の存在から連続性もいえる). この不等式に $x = X$, $\xi = E(X)$ を適用した後に期待値をとり (3.37) を適用する.

第4章の問

問 4.1 A 君のカードを固定したとき, 対応する B 君のカードの任意の並べ方は $1/10!$ の一様な確率分布に従うので $P(A_k) \stackrel{(*)}{=} 9!/10! = 1/10$. $(*)$ は k 枚目のカード以外の 9 枚の順番は問わないので 9! 通りあることから従う. 同様に $P(A_i \cap A_j) = 8!/10! = 1/90$ $(i \neq j)$. $\mathbb{I}_{A_1}, \ldots, \mathbb{I}_{A_n}$ が独立なら $\mathbb{I}_{A_1}, \mathbb{I}_{A_2}$ も独立より, $P(\mathbb{I}_{A_1} = \mathbb{I}_{A_2} = 1) = P(\mathbb{I}_{A_1} = 1)P(\mathbb{I}_{A_2} = 1)$. しかし, 左辺 $= 1/90$, 右辺 $= (1/10)^2$ と矛盾.

問 4.2 $X \sim \text{Bin}(3, 2/5)$.

問 4.3 $G'_X(t) = np(pt + 1 - p)^{n-1}$, $G''_X(t) = n(n-1)p^2(pt + 1 - p)^{n-2}$ を用いる.

問 4.4 $X \sim \text{Bin}(6, 1/6)$, $E(X) = 1$, $V(X) = 5/6$.

問 4.5 直接計算は命題 4.1 と同様に $E(X(X-1)) = \lambda^2$. 後は (3.47) を適用. $G_X(t) = \sum_{k=0}^{\infty} e^{-\lambda} \frac{(\lambda t)^k}{k!} \stackrel{\text{テイラー展開}}{=} e^{\lambda(t-1)}$. $M_X(t)$ も同様. $G_X(t)$ を微分して $E(X), V(X)$ を求めてもよい.

問 4.6 $G_X(t) = \sum_{k=1}^{\infty} t^k p(1-p)^{k-1} \stackrel{(4.12)}{=} pt/\{1-(1-p)t\}$ $(|t| < (1-p)^{-1})$, $G'_X(t) = p\{1-(1-p)t\}^{-2}$, $G''_X(t) = 2p(1-p)\{1-(1-p)t\}^{-3}$ に (3.65) を適用.

問 4.7 $X \sim \text{Ge}(1/6)$, $E(X) = 6$, $V(X) = 30$.

§ A.2 問と章末問題の略解   171

問 4.8 $X \sim \mathrm{Ge}(p)$ ならば $\mathrm{P}(X > n) = \mathrm{P}\left(\bigcup_{k=n+1}^{\infty}\{X=k\}\right) \stackrel{(K3)'}{=} \sum_{k=n+1}^{\infty}\mathrm{P}(X=k) \stackrel{(4.12)}{=} (1-p)^n$. 逆は $\mathrm{P}(X=n) = \mathrm{P}(X>n-1)-\mathrm{P}(X>n) = p(1-p)^{n-1}$.

問 4.9 (3.6) は直接計算. $\mathrm{P}(X>t) = e^{-\lambda t}$ より $\mathrm{P}(X>s+t|X>t) = e^{-\lambda s} = \mathrm{P}(X>s)$ から (4.21) がわかる. $t<\lambda$ に注意して $\mathrm{M}_X(t) = \int_0^\infty e^{tx}\lambda e^{-\lambda x}dx = \lambda/(\lambda-t)$. $\mathrm{M}_X'(t) = \lambda(\lambda-t)^{-2}$, $\mathrm{M}_X''(t) = 2\lambda(\lambda-t)^{-3}$ から (3.69) により (4.22) がわかる. $\mathrm{M}_X(t) = (1-t)^{-1} = \sum_{k=0}^{\infty}t^k$ より, $\mathrm{E}(X^n) \stackrel{(3.68)}{=} \mathrm{M}_X^{(n)}(0) = n!$.

問 4.10 $\mathrm{P}(Y<X) = 1/3$. $\mathrm{P}(Y \geqq 3X) \stackrel{(3.92),(4.20)}{=} \int_0^\infty \mathrm{P}(Y\geqq 3X|X=x)e^{-x}dx \stackrel{独立}{=} \int_0^\infty \mathrm{P}(Y\geqq 3x)e^{-x}dx = \frac{2}{5}$. 2次元分布では $\iint_{y>3x, x,y>0} \frac{e^{-x}}{2}e^{-y/2}dxdy = 2/5$.

問 4.11 (4.23) の $f(x)$ は $f'(x) = -\sigma^{-2}(x-\mu)f(x)$, $f''(x) = \sigma^{-4}\{(x-\mu)^2-\sigma^2\}f(x)$ より増減表を書く. $y=\frac{x-\mu}{\sigma}$ とおいて, $\int_{-\infty}^{\infty}e^{-y^2/2}dy = \sqrt{2\pi}$ を示せば十分. $I=\int_{-\infty}^{\infty}e^{-y^2/2}dy$ とおき, I^2 を重積分で計算 (微積分の教科書を見よ!).

問 4.12 分散は部分積分を用いる. モーメント母関数は

$$\mathrm{M}_X(t) \stackrel{(3.32),(3.66)}{=} \int_{-\infty}^{\infty}e^{tx}\frac{1}{\sigma\sqrt{2\pi}}e^{-\frac{(x-\mu)^2}{2\sigma^2}}dx$$

$$\stackrel{平方完成}{=} e^{\mu t+\sigma^2 t^2/2}\int_{-\infty}^{\infty}\frac{1}{\sigma\sqrt{2\pi}}e^{-\frac{(x-\mu-t\sigma^2)^2}{2\sigma^2}}dx \stackrel{(4.25)}{=} e^{\mu t+\sigma^2 t^2/2}.$$

$\mathrm{M}_X'(t) = e^{\mu t+\sigma^2 t^2/2}(\mu+\sigma^2 t)$, $\mathrm{M}_X''(t) = e^{\mu t+\sigma^2 t^2/2}\{(\mu+\sigma^2 t)^2+\sigma^2\}$ から導く. $X \sim \mathrm{N}(0,1)$ について $\mathrm{M}_X^{(n)}(t) \stackrel{(3.67)}{=} \sum_{n=0}^{\infty}\frac{\mathrm{E}(X^n)t^n}{n!} = \sum_{k=0}^{\infty}\frac{(t^2/2)^k}{k!}$ より t^n の係数を比較して $\mathrm{E}(X^n) \stackrel{(3.68)}{=} \begin{cases} 0 & (n \text{ が奇数}) \\ 1\cdot 3\cdot 5\cdots(n-1) & (n \text{ が偶数}). \end{cases}$

問 4.13 $a<0$ の証明は略. $\mathrm{E}(Y) \stackrel{(3.36)}{=} a\mathrm{E}(X)+b = a\mu+b$, $\mathrm{V}(Y) \stackrel{(3.47)}{=} a^2\mathrm{V}(X) = a^2\sigma^2$ であり, $\mathrm{E}(Z) \stackrel{(3.36)}{=} (\mathrm{E}(X)-\mu)/\sigma = 0$, $\mathrm{V}(Z) \stackrel{(3.47)}{=} \mathrm{V}(X)/\sigma^2 = 1$.

問 4.14 1.285, 1.645, 1.96, 2.325.

問 **4.15** 1. 0.1587. 2. 0.8185. 3. 2.00. 4. 0.0398.

問 **4.16** 1. 0.7257. 2. 0.1151. 3. 0.0320. 4. $c = -10.6$.

問 **4.17** $4 + 2.7\sqrt{85} \fallingdotseq 28.89$.

問 **4.18** $\Gamma(1/2) \stackrel{(4.34)}{=} \int_0^\infty e^{-x} x^{-1/2} dx \stackrel{x=t^2/2}{=} \sqrt{2} \int_0^\infty e^{-t^2/2} dt \stackrel{(4.25)}{=} \sqrt{\pi}$. (4.40) は (4.35) で $\Gamma(1/2)$ まで下げて (4.39) を適用．(3.6) は非負性は $\lambda, s, x > 0$ から従い，$\int_0^\infty \dfrac{\lambda^s}{\Gamma(s)} e^{-\lambda x} x^{s-1} dx \stackrel{t=\lambda x}{=} \lambda^{-s} \int_0^\infty \dfrac{\lambda^s}{\Gamma(s)} e^{-t} t^{s-1} dt \stackrel{(4.34)}{=} 1$.

問 **4.19** (4.41) の証明は変数変換とガンマ関数の定義を用いる．$M'_X(t) = s\lambda^s(\lambda - t)^{-s-1}$, $M''_X(t) = s(s+1)\lambda^s(\lambda - t)^{-s-2}$ から (3.69) を適用．

問 **4.20** $E(X) \stackrel{(4.36)}{=} \dfrac{B(a+1, b)}{B(a, b)} \stackrel{(4.37)}{=} \dfrac{\Gamma(a+1)\Gamma(a+b)}{\Gamma(a)\Gamma(a+b+1)} \stackrel{(4.35)}{=} \dfrac{a}{a+b}$. 分散は $V(X) = \dfrac{B(a+2, b)}{B(a, b)} - \left(\dfrac{a}{a+b}\right)^2$ から従う．

◆◆ 章末問題 4 ◆◆

4.1 $P(A_i \cap A_j) = 1/90$ $(i \neq j)$ から $E(X^2) = E\left(\left(\sum_{k=1}^{10} \mathbb{I}_{A_k}\right)^2\right) = 2$ より，$V(X) = 1$.

4.2 $\omega = (\omega_1, \ldots, \omega_n) \in \Omega$ は成功を 1, 失敗を 0 とした試行を n 回繰り返したときの結果を表す．$\sum_{\omega \in \Omega} P(\{\omega\}) = 1$ は帰納法を用いる．$P(X = k) = \sum_{\omega : \omega_1 + \cdots + \omega_n = k} p^k (1-p)^{n-k}$ と二項係数の定義 (p.28) から $X \sim \text{Bin}(n, p)$.

4.3 $X \sim \text{Bin}(n, p)$ の確率母関数は $G_X(t) = \sum_{k=0}^n \binom{n}{k}(pt)^k(1-p)^{n-k} \stackrel{(2.16)}{=} (pt + 1 - p)^n$. また，$G_{X_1 + \cdots + X_n}(t) \stackrel{(3.73)}{=} \{G_{X_1}(t)\}^n \stackrel{(4.3)}{=} (pt + 1 - p)^n$ となり，$G_X(t) = G_{X_1 + \cdots + X_n}(t)$ より命題 3.7 の項目 1 を適用して $X \stackrel{D}{=} X_1 + \cdots + X_n$.

4.4 $1 - 2(5/6)^5 = \dfrac{763}{3888} \fallingdotseq 1.96\%$.

4.5 正答率が p とすると確率論，統計学の正解の問題数は，それぞれ $\text{Bin}(10, p)$, $\text{Bin}(20, p)$ に従うので "秀" をもらう確率の差は $f(p) = p^{10} - 20p^{19} + 19p^{20}$ となる．$f(0.8) > 0$, $f(0.9) < 0$ となる[3] ので，A 君は確率論，B 君は統計学のほうが "秀" の評価をもらいやすい．

---

[3] $f(p)$ のグラフを描くならば計算機が必要であるが (描いてみよ!), $f(0.8) > 0$, $f(0.9) < 0$ のチェックは手計算を工夫すれば電卓不要!

§ A.2 問と章末問題の略解   *173*

4.6 青玉,白玉,赤玉の個数をそれぞれ m_1, m_2, m_3 として n 個の玉を復元抽出するときの (X, Y) の分布は $\mathrm{P}(X = i, Y = j) = \dfrac{n!}{i!\,j!\,k!} p_1^i p_2^j p_3^k$. ただし,$i, j, k \geqq 0$, $i + j + k = n$, $p_l = m_l/(m_1 + m_2 + m_3)$ ($l = 1, 2, 3$). 上記の議論に $n = 3$, $m_1 = 6$, $m_2 = 4$, $m_3 = 5$ を適用. X の周辺分布は

$$\mathrm{P}(X = i) = \sum_{j=0}^n \mathrm{P}(X = i, Y = j) \stackrel{\text{二項定理}}{=} \binom{n}{i} p_1^i (1 - p_1)^{n-i}.$$ つまり,
$X \sim \mathrm{Bin}(n, p_1)$. 同様に $Y \sim \mathrm{Bin}(n, p_2)$. (別解) 赤玉を全て白に塗り換えると問 4.2 が適用できて二項分布をえる.

4.7 確率関数を直接計算して示してもよいが,独立確率変数の確率母関数,モーメント母関数の性質 (3.71),(3.75) を用いて示す.

1. $X_1 + X_2$ の確率母関数は $\mathrm{G}_{X_1+X_2}(t) \stackrel{(3.71)}{=} \mathrm{G}_{X_1}(t)\mathrm{G}_{X_2}(t) \stackrel{(4.5)}{=} (pt + 1 - p)^{n_1}(pt + 1 - p)^{n_2} = (pt + 1 - p)^{n_1+n_2}$ となるので,(3.70) から $X_1 + X_2 \sim \mathrm{Bin}(n_1 + n_2, p)$.

2. $X_1 + X_2$ の確率母関数は $\mathrm{G}_{X_1+X_2}(t) \stackrel{(4.10)}{=} e^{\lambda_1(t-1)} e^{\lambda_2(t-1)} = e^{(\lambda_1 + \lambda_2)(t-1)}$ となるので,(3.70) から $X_1 + X_2 \sim \mathrm{Po}(\lambda_1 + \lambda_2)$.

3. $X_1 + X_2$ のモーメント母関数は $\mathrm{M}_{X_1+X_2}(t) \stackrel{(3.75),(4.41)}{=} \left(\dfrac{\lambda}{\lambda - t}\right)^{s_1} \left(\dfrac{\lambda}{\lambda - t}\right)^{s_2} = \left(\dfrac{\lambda}{\lambda - t}\right)^{s_1+s_2}$ から従う.

4.8 27/91. $\mathrm{P}(X = k) = \dbinom{M}{k}\dbinom{N - M}{n - k} \bigg/ \dbinom{N}{n}$ ($\max\{0, n - N + M\} \leqq k \leqq \min\{n, M\}$) であるが,$\sum_k \mathrm{P}(X = k) = 1$ は章末問題 2.18 (p.35) を用いる.

4.9 誤植なしと 1 個のページは同程度あり (確率 $1/e$),2 個以上あるページはそれより少ない (確率 $(e - 2)/e$).

4.10 $\mathrm{E}((X)_n) = \mathrm{G}_X^{(n)}(1) = \lambda^n$.

4.11 1. $1 - \prod_{k=1}^n (1 - \mathbb{I}_{A_k}) \stackrel{(3.79)}{=} 1 - \prod_{i=1}^n \mathbb{I}_{A_i^c} \stackrel{(3.79)}{=} 1 - \mathbb{I}_{A_1^c \cap \cdots \cap A_n^c} \stackrel{\text{ドモルガン}}{=} \mathbb{I}_{A_1 \cup \cdots \cup A_n}$.
一方で,$1 - \prod_{i=1}^n (1 - \mathbb{I}_{A_i}) \stackrel{\text{展開}}{=} \sum_{k=1}^n (-1)^{k+1} \sum_{1 \leqq i_1 < \cdots < i_k \leqq n} \mathbb{I}_{A_{i_1} \cap \cdots \cap A_{i_k}}$ より,両辺に期待値をとり (3.80) を適用する.

2. A_k を k 枚目のカードがマッチング起こる事象として前問を適用. $\mathrm{P}(A_{i_1} \cap$

$\cdots \cap A_{i_k}) = (n-k)!/n!$ から $p_n = 1 - \mathrm{P}(A_1 \cup \cdots \cup A_n) = \sum_{k=0}^{n} \frac{(-1)^k}{k!}$ より，$\lim_{n \to \infty} p_n = e^{-1}$．

4.12 $X \sim \mathrm{Ge}(p)$ について $X(\omega) = \begin{cases} 1 & (\omega \in H) \\ 1 + X'(\omega) & (\omega \in H^c) \end{cases}$ ただし，H は 1 回目に成功する事象で $\mathrm{P}(H) = p$ であり，X' は 2 回目以降の回数で H と独立で，X, X'(iid)．また，$\mathrm{E}(X) \stackrel{(3.93)}{=} \mathrm{E}(X|H)\mathrm{P}(H) + \mathrm{E}(X|H^c)\mathrm{P}(H^c) = \mathrm{E}(1|H)p + \mathrm{E}(1+X'|H^c)(1-p) \stackrel{命題3.10}{=} p + \{1 + \mathrm{E}(X)\}(1-p)$ より $\mathrm{E}(X) = 1/p$．

4.13 $z > 0$ として $F_Z(z) = \iint_{x+y \leqq z, x, y \geqq 0} f_X(x) f_Y(y) dx dy$ を計算し，微分すると，$F_Z(z) \stackrel{(3.96)}{=} \begin{cases} 1 - e^{-\lambda z}(1 + \lambda z) & (z > 0) \\ 0 & (その他) \end{cases}$, $f_Z(z) = \begin{cases} \lambda^2 z e^{-\lambda z} & (z > 0) \\ 0 & (その他) \end{cases}$．モーメント母関数が $\mathrm{M}_{\sum_{k=1}^{n} X_k}(t) \stackrel{\mathrm{iid}}{=} \{\mathrm{M}_{X_1}(t)\}^n = (\lambda/(\lambda-t))^n$ からガンマ分布 $\mathrm{Ga}(\lambda, n)$ に従う[4]．さらに，$x > 0$ について $\mathrm{P}(Y > x) \stackrel{定義}{=} \mathrm{P}(X_1 > x, \ldots, X_n > x) \stackrel{\mathrm{iid}}{=} \{\mathrm{P}(X_1 > x)\}^n = e^{-n\lambda x}$ より従う．

4.14 $z > 0$ のとき畳み込みから $f_Z(z) \stackrel{(3.96)}{=} \int_{-\infty}^{\infty} f_X(x) f_Y(z-x) dx = \lambda^2 \int_0^z e^{-\lambda z} dx = \lambda^2 z e^{-\lambda z}$．$t < \lambda$ について $\mathrm{M}_{X+Y}(t) = \mathrm{M}_Z(t) = \lambda^2 \int_0^{\infty} z e^{-(\lambda-t)z} dz = \lambda^2 (\lambda - t)^{-2}$ であり，$\mathrm{M}_X(t) = \mathrm{M}_Y(t) = \lambda(\lambda - t)^{-1}$ から $\mathrm{M}_{X+Y}(t) = \{\mathrm{M}_X(t)\}^2$．

4.15 (3.12) により，$x > 0$ のとき $f_{X^2}(x) = \{\phi(\sqrt{x}) + \phi(-\sqrt{x})\}/(2\sqrt{x}) = x^{-1/2} e^{-x/2}/\sqrt{2\pi} \sim \mathrm{Ga}(1/2, 1/2)$．モーメント母関数は $\mathrm{M}_{X^2}(t) = \mathrm{E}(\exp(tX^2)) = \int_{-\infty}^{\infty} \exp(tx^2) \frac{\exp\left(-\frac{x^2}{2}\right)}{\sqrt{2\pi}} dx \stackrel{y=\sqrt{1-2t}x}{=} \frac{1}{\sqrt{1-2t}} \int_{-\infty}^{\infty} \frac{\exp\left(-\frac{y^2}{2}\right)}{\sqrt{2\pi}} dy = (1-2t)^{-1/2}$．

4.16 正確な分布は $X \sim \mathrm{Bin}(3600, 1/6)$．$\mathrm{E}(X) = 600, \mathrm{V}(X) = 500$．チェビシェフの不等式では 0.6875．正規分布では $X \stackrel{\cdot}{\sim} \mathrm{N}(600, 500)$ で近似して約 $2\Phi(1.79) - 1 \stackrel{付表1}{=} 0.9266$．連続補正をしたときには $\mathrm{P}(560 - 0.5 \leqq X \leqq 640 + 0.5) \doteqdot 2\Phi(1.811) - 1 = 0.9298$．なお，正確な値は約 0.929939．

---

[4] 密度の畳み込みについての帰納法で示してもよいが計算が少し面倒．

4.17 1. 国語の偏差値 60. 数学の偏差値 55. 合計得点の偏差値は $4\sqrt{5} + 50 \fallingdotseq 58.9$.
2. A 君の順位は上位約 $300\{1 - \Phi(0.89)\} \fallingdotseq 56.01 < 70$ より合格判定[5].

4.18 n 種類のうちすでに集めた異なる種類のクーポンの数を $k-1$ としたとき次の k 種類目を集めるまでの日数を X_k とすると, $X = \sum_{k=1}^{n} X_k$ であり $X_k \sim \mathrm{Ge}((n-k+1)/n)$. よって, $\mathrm{E}(X) \stackrel{(4.14)}{=} n\sum_{k=1}^{n} k^{-1} \sim n\log n$. A_i をクーポン i が m 日までに集まらない事象とすると $\mathrm{P}(X \leqq m) = 1 - \mathrm{P}(A_1 \cup \cdots \cup A_n)$ であり, クーポン $\{i_1, \ldots, i_l\}$ が m 日までに 1 種類も集まらない確率は $\mathrm{P}(A_{i_1} \cap \cdots \cap A_{i_l}) = \{(n-l)/n\}^m$ より (4.58) を適用する.

4.19 $-\log X \sim \mathrm{Exp}(1)$. また, $F(X) \sim \mathrm{Unif}(0,1)$.

4.20 $7/8$.

4.21 1. 0.3085. 2. 0.6826. 3. $a = 4.92$.

4.22 三角関数表記は (4.36) で $x = \sin^2 t$ と置換. $\Gamma(a)\Gamma(b) = \int_0^\infty \int_0^\infty e^{-(x+y)} x^{a-1} y^{b-1} dx dy$ を $x = r\sin^2 t$, $y = r\cos^2 t$ で置換すれば $\Gamma(a+b)\mathrm{B}(a,b)$ となる.

4.23 t 分布の密度 (4.47) に $n=1$ を代入すると $\{\pi(1+x^2)\}^{-1}$ となる. $n \to \infty$ については T_n の密度をヒントを用いて変形して示す.

4.24 積分が 1 であることは $y = \sqrt{4-x^2}$ が原点中心, 半径 2 の円の上側から従う. $\mathrm{E}(X^{2n}) = \int_0^2 \frac{x^{2n}\sqrt{4-x^2}}{\pi} dx \stackrel{x=2\sqrt{u}}{=} \frac{2^{2n+1}}{\pi} \int_0^1 u^{n-1/2}(1-u)^{1/2} du = \frac{2^{2n+1}}{\pi} \mathrm{B}(n+1/2, 3/2) = \frac{2^{2n+1}\Gamma(n+1/2)\Gamma(3/2)}{\pi \Gamma(n+2)} \stackrel{(4.40)}{=} \frac{(2n)!}{(n+1)!n!}$. なお, これはカタラン数とよばれる.

4.25 1. どちらも標準正規分布の密度. 相関係数は ρ. 2. $\mathrm{E}(X|Y=y) = \rho y$.

4.26 $n \geqq 1$ について $\mathrm{P}(X = n) = \mathrm{P}\bigl((1-p)^n < U \leqq (1-p)^{n-1}\bigr)$ を計算.

4.27 $1 - \Phi(x) = \int_x^\infty \phi(t) dt \stackrel{\phi'(x) = -x\phi(x)}{=} -\int_x^\infty \frac{\phi'(t)}{t} dt \stackrel{\text{部分積分}}{=} \frac{\phi(x)}{x} - \int_x^\infty \frac{\phi(t)}{t^2} dt$ より右の不等式がわかる. もう一度部分積分すると左の不等式もわかる.

第 5 章の問

問 5.1 例 5.2 と同様に $\mathrm{E}(\widehat{\lambda}) = \mathrm{E}(X_1) \stackrel{(4.9)}{=} \lambda$.

---

[5] 偏差値は目安にはなるが, 一般的には得点は独立な正規分布に従わないのでそれだけで判断するのは賢明ではない.

問 5.2 $\text{Bias}(S^2) = -\sigma^2/n$.

問 5.3 $\text{E}(\widehat{\mu}_1) = \text{E}(X_1) = \mu$ より不偏性をみたす. $\lim_{n \to \infty} \widehat{\mu}_1 = X_1$ より μ に確率収束しないので一致性はみたさない.

問 5.4 (1.17) の x_i を α_i と適用.

問 5.5 $I_n(\mu) = n/\sigma_*^2$.

問 5.6 独立性と, $\text{E}((\partial/\partial\theta) \log f(X_i, \theta)) = 0$ に注意すると,
$$I_n(\theta) = \text{E}\left(\left\{\frac{\partial}{\partial\theta}\log f(\underline{X}, \theta)\right\}^2\right) = \text{E}\left(\left\{\frac{\partial}{\partial\theta}\log \prod_{i=1}^{n} f(X_i, \theta)\right\}^2\right)$$
$$= \text{E}\left(\left\{\sum_{i=1}^{n}\frac{\partial}{\partial\theta}\log f(X_i, \theta)\right\}^2\right) = \sum_{i=1}^{n}\text{E}\left(\frac{\partial}{\partial\theta}\log f(X_i, \theta)\right)^2$$
$$+ 2\sum_{i<j}\text{E}\left(\frac{\partial}{\partial\theta}\log f(X_i, \theta)\right) \cdot \text{E}\left(\frac{\partial}{\partial\theta}\log f(X_j, \theta)\right) = nI_1(\theta).$$

問 5.7 例 5.5 より, $(\partial/\partial p)\log f(\underline{x}, p) = n(\overline{x} - p)/\{p(1-p)\} = 0$ を解いて, $\widehat{p} = \overline{x}$ となり, 最尤推定量は $\widehat{p} = \overline{X}$.

問 5.8 $\widehat{\mu} = \overline{X}$. $I_1(\mu) = 1/\sigma_*^2$. 問 5.6 を用いる.

問 5.9 $\widehat{\lambda} = \overline{X}$. 有効推定量である (章末問題 5.1 参照).

問 5.10 $I_\mu = [4.989, 5.013]$.

問 5.11 $n \geqq 2245$.

問 5.12 $I_\mu = [19.193, 24.472]$.

問 5.13 95% 信頼区間は $I_{\sigma^2} = [19.681, 70.119]$. 90% 信頼区間は $I_{\sigma^2} = [21.411, 61.976]$.

問 5.14 $I_p = [0.451, 0.513]$.

問 5.15 正しい行動の確率.

問 5.16 $\alpha = 0.008$, $\beta = 0.488$.

問 5.18 1. e^{-2}. 2. $1 - e^{-2\lambda}$. 3. $e^{-2\lambda}(\lambda > 1)$ のグラフ.

問 5.19 $\Lambda(\underline{x}) > k$ となる $\underline{x}$ については, $f_1(\underline{x}) - kf_0(\underline{x}) > 0$ かつ $\varphi(\underline{x}) - \varphi^*(\underline{x}) = 1 - \varphi^*(\underline{x}) \geqq 0$ より成り立つ. $\Lambda(\underline{x}) < k$ となる $\underline{x}$ については, $f_1(\underline{x}) - kf_0(\underline{x}) < 0$ かつ $\varphi(\underline{x}) - \varphi^*(\underline{x}) = 0 - \varphi^*(\underline{x}) \leqq 0$ より成り立つ. $\Lambda(\underline{x}) = k$ となる $\underline{x}$ については, $f_1(\underline{x}) - kf_0(\underline{x}) = 0$ より成り立つ.

問 5.21 (5.36) については $\Phi\left(-z_\alpha - \dfrac{\sqrt{n}(\mu_1 - \mu_0)}{\sigma_*}\right)$. (5.37) については
$$\Phi\left(-z_{\alpha/2} + \frac{\sqrt{n}(\mu_1 - \mu_0)}{\sigma_*}\right) + \Phi\left(-z_{\alpha/2} - \frac{\sqrt{n}(\mu_1 - \mu_0)}{\sigma_*}\right).$$

問 **5.22** $T(\underline{x}) = \sqrt{10}(49-50)/1.5 = -2.108 > -2.325 = -z_{0.01}$ より，H_0 は棄却されない．

問 **5.23** $T(\underline{x}) = -2.502 < -1.725 = t(20, 0.95)$ より，H_0 は棄却される．

問 **5.24** $X_1, \ldots, X_8 \overset{\text{iid}}{\sim} \text{Be}(p)$ で，仮説 $H_0 : p = 0.5$ vs $H_1 : p > 0.5$ に関する最強力検定は，$x = \sum_{i=1}^{8} x_i$ として $\varphi(x) = \begin{cases} 1 & (x > 6) \\ 0.136 & (x = 6) \\ 0 & (x < 6) \end{cases}$ となる．$x = 5$ をえたので H_0 は棄却されず，ファール氏のコインはイカサマとはいえない．

問 **5.25** $H_0 : p = 0.4$ vs $H_1 : p \neq 0.4$ の検定を行い，$|T(\underline{x})| = 1.75 < 2.576$ より，H_0 は棄却されない．顧客層に変化があるとはいえない．

◆ 章末問題 5 ◆

5.1 $I_n(\lambda) = n/\lambda$.

5.2 $(\widehat{\mu}, \widehat{\sigma}^2) = (\overline{X}, S^2)$．(ヒント：まず対数尤度関数 $\ell(\mu, \sigma^2)$ を書く．そして，σ^2 を固定し，$\ell(\mu, \sigma^2)$ を μ について最大化し，μ の最尤推定量 $\widehat{\mu}$ を求める．その $\widehat{\mu}$ を $\ell(\mu, \sigma^2)$ に代入し，$\ell(\widehat{\mu}, \sigma^2)$ を σ^2 について最大化し，σ^2 の最尤推定量 $\widehat{\sigma}^2$ を求める．)

5.3 $\widehat{\eta} = \overline{X}$ である．例 5.7 で議論された最尤推定量 $\widehat{\lambda}$ について，$\widehat{\lambda} = 1/\widehat{\eta}$ となっている．λ が $1/\eta$ に置き換わった指数分布であり，最尤推定量も同様の関係性をもつ．

5.4 1. 分散が既知であり，$I_\mu = [47.170, 61.030]$．
2. 分散が未知であり，$I_\mu = [46.819, 61.381]$．

5.5 $i = 1, \ldots, n+1$ について $Y_i = f(X_i, \theta_1)/f(X_i, \theta_0)$ とおくと，$Y_1, \ldots, Y_{n+1}$ は iid で $\text{E}_{\theta_0}(Y_i) = 1$ であり，$\Lambda(\underline{X}) = \prod_{i=1}^{n} Y_i$ である．よって $\text{E}_{\theta_0}(\Lambda(\underline{X})) = \text{E}_{\theta_0}\left(\prod_{i=1}^{n} Y_i\right) \overset{\text{独立}}{=} \prod_{i=1}^{n} \text{E}_{\theta_0}(Y_i) = 1$．さらに，$\text{E}_{\theta_0}(\Lambda(X_1, \ldots, X_{n+1})|\underline{X}) = \text{E}_{\theta_0}(Y_{n+1}\Lambda(\underline{X})|\underline{X}) \overset{(3.89)}{=} \Lambda(\underline{X})\text{E}_{\theta_0}(Y_{n+1}|\underline{X}) \overset{\text{独立}}{=} \Lambda(\underline{X})\text{E}_{\theta_0}(Y_{n+1}) = \Lambda(\underline{X})$．

5.6 第 1 種の過誤の確率は 1；第 2 種の過誤の確率は 0．

5.7 第 1 種の過誤の確率は 0；第 2 種の過誤の確率は 1．

5.8 "容疑者は真犯人である" を対立仮説 H_1 とする．第 1 種の過誤は，真犯人ではない容疑者を真犯人としてしまう誤り．第 2 種の過誤は，真犯人である容疑者を真犯人としない誤り．(さてどちらの誤りが重大なのかは自ら考えよ．)

178　付　録 A

5.9　分散が既知で，$H_0 : \mu = 158$ vs $H_1 : \mu \neq 158$ の両側検定を行う．$|T(\underline{x})| = |\sqrt{50}(160 - 158)/6| = 2.357 > 1.96 = z_{0.025}$ より H_0 は棄却．同じとはいえない．

5.10　1.　$\widehat{\mu} = 673.826$, $\widehat{\sigma}^2 = 1135.970$．（章末問題 5.2 参照）
2.　$I_\mu = [658.92, 688.73]$．
3.　$I_{\sigma^2} = [710.348, 2379.103]$．
4.　検定問題 $H_0 : \mu = 667$ vs $H_1 : \mu \neq 667$ とすればよい．有意水準を 0.05 とすると，$|T(\underline{x})| = |0.950| < 2.074 = t(22; 0.025)$ であり，H_0 は棄却されない．p 値は $P(|T_{22}| \geqq 0.950) = 0.352$ となる．

5.11　(5.23), (5.43) に注意すれば容易に示されるので省略する．（信頼区間は，仮説検定で棄却されないような母数の集合，と理解してよい．）

第 6 章の問

問 6.1　1,2. 行列の乗算と和から従う．3. X の階数が 2 であれば $[1 \cdots 1]^T, [x_1 \cdots x_n]^T$ は一次独立より $x_1, \ldots, x_n$ は一定でない．あとは問 1.1 の 3 を用いる．$X^T X$ の行列式は $n^2 s_x^2 > 0$ であり，$(X^T X)^{-1} = \dfrac{1}{n^2 s_x^2} \begin{bmatrix} \sum_{i=1}^n x_i^2 & -\sum_{i=1}^n x_i \\ -\sum_{i=1}^n x_i & n \end{bmatrix}$．

問 6.2　(6.10) の式を (6.9) に代入して整理することで，回帰直線 $\dfrac{y - \overline{y}}{\sqrt{s_y^2}} = r_{xy} \left(\dfrac{x - \overline{x}}{\sqrt{s_x^2}} \right)$ と変形されることから従う．

問 6.3　直接代入．

問 6.4　$y = -11.191 + 1.278x$．

問 6.5
$$\begin{aligned}
\mathrm{Cov}(\widehat{a}, \widehat{b}) &= \mathrm{Cov}\left(\sum_{i=1}^n c_{1i} Y_i, \sum_{j=1}^n c_{2j} Y_j \right) \\
&\stackrel{(3.56),(3.57)}{=} \sum_{i=1}^n \sum_{j=1}^n c_{1i} c_{2j} \mathrm{Cov}(Y_i, Y_j) \\
&\stackrel{独立}{=} \sum_{i=1}^n c_{1i} c_{2i} \sigma^2 = c_1^T c_2 \sigma^2 = [1\ 0](X^T X)^{-1} \begin{bmatrix} 0 \\ 1 \end{bmatrix} \sigma^2 \\
&\stackrel{問6.1の3}{=} -\dfrac{\overline{x}}{n s_x^2} \sigma^2.
\end{aligned}$$

問 6.6　期待値は定理 6.1 を用いる．分散は $\mathrm{V}(\widehat{a} + \widehat{b}x) = \mathrm{V}(\widehat{a}) + x^2 \mathrm{V}(\widehat{b}) + 2x \mathrm{Cov}(\widehat{a}, \widehat{b})$ より定理 6.1 と問 6.5 を用いる．

§ A.2 問と章末問題の略解　179

問 **6.7** 回帰直線は $y = 130.667 + 4.210x$. $x = 95$ での $a + bx$ の 95% 信頼区間は, $[513.061, 548.232]$. 検定統計量の値は $T(\underline{y}; 0) = 15.068$ であり $|T(\underline{y}; 0)| > t(26; 0.025) = 2.056$ より H_0 は棄却.

◆ 章末問題 6 ◆

6.1 $S(a, b)$ のヘッセ行列は $2(X^T X)$ となり, 正定値.

6.3 $Y_1, \ldots, Y_n$ が独立にそれぞれ $N(a + bx_i, \sigma^2)$ $(i = 1, \ldots, n)$ に従うことから, 同時密度関数を求め, そこから対数尤度
$$\ell(a, b, \sigma^2) = C - \frac{n}{2} \log \sigma^2 - \frac{S(a, b)}{2\sigma^2}$$
をえる (C は (a, b, σ^2) を含まない定数). $\ell(a, b, \sigma^2)$ の (a, b) に関する最大化は, $S(a, b)$ の (a, b) に関する最小化と同義であるから, (a, b) の最小二乗推定量 $(\widehat{a}, \widehat{b})$ は最尤推定量である.

6.4 $\ell(\widehat{a}, \widehat{b}, \sigma^2)$ を σ^2 で最大化すればよく, σ^2 の最尤推定量 $\widetilde{\sigma}^2$ は $\widetilde{\sigma}^2 = S(\widehat{a}, \widehat{b})/n$. (章末問題 5.2 も参照.)

6.5 Y を $h(X)$ で予測するとき, $E((Y - h(X))^2) \stackrel{(3.87)}{=} E(E((Y - h(X))^2 | X))$ であるが, X による条件付き期待値 $E((Y - h(X))^2 | X)$ の定義により, 任意の $x \in \mathbb{R}$ について $X = x$ と与えたときに $E((Y - h(X))^2 | X = x)$ が最小となるような h を考えればよい. $E((Y - h(X))^2 | X = x) \stackrel{(3.88)}{=} E((Y - h(x))^2 | X = x) \stackrel{線形性}{=} E(Y^2 | X = x) - 2h(x) E(Y | X = x) + \{h(x)\}^2 = \{h(x) - E(Y | X = x)\}^2 + E(Y^2 | X = x) - \{E(Y | X = x)\}^2$ であるので $h(x) = E(Y | X = x)$ となるときに最小, つまり, $\widehat{Y} = h(X) = E(Y | X)$ と選べば最小となる.

6.8 全てのデータでほぼ $y = 3 + 0.5x$.

6.9 $z = -65.356 + 0.722x$, $I_{a+165b} = [49.094, 58.390]$.

6.10 $y = 11.003 + 0.407x$, $I_{a+165b} = [75.147, 81.213]$.

6.11 $y = 0.545 - 0.0007x$. $|T(\underline{y}; 0)| = |-1.542| < 2.728 = t(34; 0.005)$ より, H_0 は棄却されない. p 値も $P(|T_{34}| \geq 1.542) = 0.132$ となる. (人体の様々な部位の計測値の比は, 年齢を重ねてもほぼ不変であることが知られている.)

§ A.3 付表

付表 1. 標準正規分布の分布関数の数値

$\Phi(z) = \int_{-\infty}^{z} \dfrac{e^{-x^2/2}}{\sqrt{2\pi}} dx$ に関する $z \geqq 0$ についての数表．整数部が 0 で小数第 1 位から第 4 位までを表し，第 5 位を四捨五入．

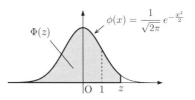

z	0	1	2	3	4	5	6	7	8	9
0.0	5000	5040	5080	5120	5160	5199	5239	5279	5319	5359
0.1	5398	5438	5478	5517	5557	5596	5636	5675	5714	5753
0.2	5793	5832	5871	5910	5948	5987	6026	6064	6103	6141
0.3	6179	6217	6255	6293	6331	6368	6406	6443	6480	6517
0.4	6554	6591	6628	6664	6700	6736	6772	6808	6844	6879
0.5	6915	6950	6985	7019	7054	7088	7123	7157	7190	7224
0.6	7257	7291	7324	7357	7389	7422	7454	7486	7517	7549
0.7	7580	7611	7642	7673	7704	7734	7764	7794	7823	7852
0.8	7881	7910	7939	7967	7995	8023	8051	8078	8106	8133
0.9	8159	8186	8212	8238	8264	8289	8315	8340	8365	8389
1.0	8413	8438	8461	8485	8508	8531	8554	8577	8599	8621
1.1	8643	8665	8686	8708	8729	8749	8770	8790	8810	8830
1.2	8849	8869	8888	8907	8925	8944	8962	8980	8997	9015
1.3	9032	9049	9066	9082	9099	9115	9131	9147	9162	9177
1.4	9192	9207	9222	9236	9251	9265	9279	9292	9306	9319
1.5	9332	9345	9357	9370	9382	9394	9406	9418	9429	9441
1.6	9452	9463	9474	9484	9495	9505	9515	9525	9535	9545
1.7	9554	9564	9573	9582	9591	9599	9608	9616	9625	9633
1.8	9641	9649	9656	9664	9671	9678	9686	9693	9699	9706
1.9	9713	9719	9726	9732	9738	9744	9750	9756	9761	9767
2.0	9772	9778	9783	9788	9793	9798	9803	9808	9812	9817
2.1	9821	9826	9830	9834	9838	9842	9846	9850	9854	9857
2.2	9861	9864	9868	9871	9875	9878	9881	9884	9887	9890
2.3	9893	9896	9898	9901	9904	9906	9909	9911	9913	9916
2.4	9918	9920	9922	9925	9927	9929	9931	9932	9934	9936
2.5	9938	9940	9941	9943	9945	9946	9948	9949	9951	9952
2.6	9953	9955	9956	9957	9959	9960	9961	9962	9963	9964
2.7	9965	9966	9967	9968	9969	9970	9971	9972	9973	9974
2.8	9974	9975	9976	9977	9977	9978	9979	9979	9980	9981
2.9	9981	9982	9982	9983	9984	9984	9985	9985	9986	9986
3.0	9987	9987	9987	9988	9988	9989	9989	9989	9990	9990

付表 2. χ^2 分布の分布関数の数値

自由度 n の χ^2 分布の分布関数 $F_{\chi_n^2}(z) = \dfrac{1}{2^{n/2}\Gamma(n/2)} \times$
$\int_0^z e^{-x/2} x^{n/2-1} dx$ に対応する z の値. 小数第 4 位を四捨五入.

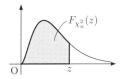

$n \backslash F_{\chi_n^2}(z)$	0.005	0.01	0.025	0.05	0.95	0.975	0.99	0.995
1	0.000	0.000	0.001	0.004	3.841	5.024	6.635	7.879
2	0.010	0.020	0.051	0.103	5.991	7.378	9.210	10.597
3	0.072	0.115	0.216	0.352	7.815	9.348	11.345	12.838
4	0.207	0.297	0.484	0.711	9.488	11.143	13.277	14.860
5	0.412	0.554	0.831	1.145	11.070	12.833	15.086	16.750
6	0.676	0.872	1.237	1.635	12.592	14.449	16.812	18.548
7	0.989	1.239	1.690	2.167	14.067	16.013	18.475	20.278
8	1.344	1.646	2.180	2.733	15.507	17.535	20.090	21.955
9	1.735	2.088	2.700	3.325	16.919	19.023	21.666	23.589
10	2.156	2.558	3.247	3.940	18.307	20.483	23.209	25.188
11	2.603	3.053	3.816	4.575	19.675	21.920	24.725	26.757
12	3.074	3.571	4.404	5.226	21.026	23.337	26.217	28.300
13	3.565	4.107	5.009	5.892	22.362	24.736	27.688	29.819
14	4.075	4.660	5.629	6.571	23.685	26.119	29.141	31.319
15	4.601	5.229	6.262	7.261	24.996	27.488	30.578	32.801
16	5.142	5.812	6.908	7.962	26.296	28.845	32.000	34.267
17	5.697	6.408	7.564	8.672	27.587	30.191	33.409	35.718
18	6.265	7.015	8.231	9.390	28.869	31.526	34.805	37.156
19	6.844	7.633	8.907	10.117	30.144	32.852	36.191	38.582
20	7.434	8.260	9.591	10.851	31.410	34.170	37.566	39.997
21	8.034	8.897	10.283	11.591	32.671	35.479	38.932	41.401
22	8.643	9.542	10.982	12.338	33.924	36.781	40.289	42.796
23	9.260	10.196	11.689	13.091	35.172	38.076	41.638	44.181
24	9.886	10.856	12.401	13.848	36.415	39.364	42.980	45.559
25	10.520	11.524	13.120	14.611	37.652	40.646	44.314	46.928
26	11.160	12.198	13.844	15.379	38.885	41.923	45.642	48.290
27	11.808	12.879	14.573	16.151	40.113	43.195	46.963	49.645
28	12.461	13.565	15.308	16.928	41.337	44.461	48.278	50.993
29	13.121	14.256	16.047	17.708	42.557	45.722	49.588	52.336
30	13.787	14.953	16.791	18.493	43.773	46.979	50.892	53.672
35	17.192	18.509	20.569	22.465	49.802	53.203	57.342	60.275
40	20.707	22.164	24.433	26.509	55.758	59.342	63.691	66.766
45	24.311	25.901	28.366	30.612	61.656	65.410	69.957	73.166
50	27.991	29.707	32.357	34.764	67.505	71.420	76.154	79.490
55	31.735	33.570	36.398	38.958	73.311	77.380	82.292	85.749
60	35.534	37.485	40.482	43.188	79.082	83.298	88.379	91.952
65	39.383	41.444	44.603	47.450	84.821	89.177	94.422	98.105

付表 3. t 分布の分布関数の数値

自由度 n の t 分布の分布関数 $F_{T_n}(z) = \dfrac{1}{n^{1/2} B\left(\frac{n}{2}, \frac{1}{2}\right)} \times$
$\displaystyle\int_{-\infty}^{z} \left(1 + \dfrac{x^2}{n}\right)^{-\frac{n+1}{2}} dx$ に対応する z の値. $n=1$ の一部を除き, 小数第 4 位を四捨五入.

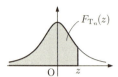

$n \backslash F_{T_n}(z)$	0.5	0.6	0.7	0.8	0.9	0.95	0.975	0.99	0.995	0.999
1	0.000	0.325	0.727	1.376	3.078	6.314	12.71	31.82	63.66	318.3
2	0.000	0.289	0.617	1.061	1.886	2.920	4.303	6.965	9.925	22.327
3	0.000	0.277	0.584	0.978	1.638	2.353	3.182	4.541	5.841	10.215
4	0.000	0.271	0.569	0.941	1.533	2.132	2.776	3.747	4.604	7.173
5	0.000	0.267	0.559	0.920	1.476	2.015	2.571	3.365	4.032	5.893
6	0.000	0.265	0.553	0.906	1.440	1.943	2.447	3.143	3.707	5.208
7	0.000	0.263	0.549	0.896	1.415	1.895	2.365	2.998	3.499	4.785
8	0.000	0.262	0.546	0.889	1.397	1.860	2.306	2.896	3.355	4.501
9	0.000	0.261	0.543	0.883	1.383	1.833	2.262	2.821	3.250	4.297
10	0.000	0.260	0.542	0.879	1.372	1.812	2.228	2.764	3.169	4.144
11	0.000	0.260	0.540	0.876	1.363	1.796	2.201	2.718	3.106	4.025
12	0.000	0.259	0.539	0.873	1.356	1.782	2.179	2.681	3.055	3.930
13	0.000	0.259	0.538	0.870	1.350	1.771	2.160	2.650	3.012	3.852
14	0.000	0.258	0.537	0.868	1.345	1.761	2.145	2.624	2.977	3.787
15	0.000	0.258	0.536	0.866	1.341	1.753	2.131	2.602	2.947	3.733
16	0.000	0.258	0.535	0.865	1.337	1.746	2.120	2.583	2.921	3.686
17	0.000	0.257	0.534	0.863	1.333	1.740	2.110	2.567	2.898	3.646
18	0.000	0.257	0.534	0.862	1.330	1.734	2.101	2.552	2.878	3.610
19	0.000	0.257	0.533	0.861	1.328	1.729	2.093	2.539	2.861	3.579
20	0.000	0.257	0.533	0.860	1.325	1.725	2.086	2.528	2.845	3.552
21	0.000	0.257	0.532	0.859	1.323	1.721	2.080	2.518	2.831	3.527
22	0.000	0.256	0.532	0.858	1.321	1.717	2.074	2.508	2.819	3.505
23	0.000	0.256	0.532	0.858	1.319	1.714	2.069	2.500	2.807	3.485
24	0.000	0.256	0.531	0.857	1.318	1.711	2.064	2.492	2.797	3.467
25	0.000	0.256	0.531	0.856	1.316	1.708	2.060	2.485	2.787	3.450
26	0.000	0.256	0.531	0.856	1.315	1.706	2.056	2.479	2.779	3.435
27	0.000	0.256	0.531	0.855	1.314	1.703	2.052	2.473	2.771	3.421
28	0.000	0.256	0.530	0.855	1.313	1.701	2.048	2.467	2.763	3.408
29	0.000	0.256	0.530	0.854	1.311	1.699	2.045	2.462	2.756	3.396
30	0.000	0.256	0.530	0.854	1.310	1.697	2.042	2.457	2.750	3.385
31	0.000	0.256	0.530	0.853	1.309	1.696	2.040	2.453	2.744	3.375
32	0.000	0.255	0.530	0.853	1.309	1.694	2.037	2.449	2.738	3.365
33	0.000	0.255	0.530	0.853	1.308	1.692	2.035	2.445	2.733	3.356
34	0.000	0.255	0.529	0.852	1.307	1.691	2.032	2.441	2.728	3.348
35	0.000	0.255	0.529	0.852	1.306	1.690	2.030	2.438	2.724	3.340
40	0.000	0.255	0.529	0.851	1.303	1.684	2.021	2.423	2.704	3.307
50	0.000	0.255	0.528	0.849	1.299	1.676	2.009	2.403	2.678	3.261
100	0.000	0.254	0.526	0.845	1.290	1.660	1.984	2.364	2.626	3.174
200	0.000	0.254	0.525	0.843	1.286	1.653	1.972	2.345	2.601	3.131
∞	0.000	0.253	0.524	0.842	1.282	1.645	1.960	2.326	2.576	3.090

参考文献

[1] 柳川 堯, 統計数学, 近代科学社, 1990.

[2] 稲垣 宣生, 数理統計学, 裳華房, 2003.

[3] クライツィグ, 確率と統計, 培風館, 2004.

[4] 前園宜彦, 概説 確率統計 [第2版], サイエンス社, 2009.

[5] フェラー, 確率論とその応用 I, II (それぞれ上下巻), 紀伊國屋書店, それぞれ 1960, 1961, 1969, 1970.

[6] 河野敬雄, 確率概論, 京都大学学術出版会, 1999.

[7] 吉田伸生, 新装版 確率の基礎から統計へ, 日本評論社, 2021.

[8] 熊谷隆, 確率論, 共立出版, 2003.

[9] 佐藤坦, はじめての確率論 測度から確率へ, 共立出版, 1994.

[10] 岩田耕一郎, ルベーグ積分, 森北出版, 2015.

[11] 佐和隆光, 回帰分析, 朝倉書店, 1979.

[12] ラオ, 統計的推測とその応用, 東京図書, 1977.

[13] ラオ, 統計学とは何か — 偶然を生かす, 筑摩書房, 2010.

[14] 増山元三郎, デタラメの世界, 岩波新書, 1969.

[15] ハフ, 統計でウソをつく法 — 数式を使わない統計学入門, 講談社ブルーバックス, 1968.

[16] トドハンター, 確率論史, 現代数学社, 2002.

本書を執筆するために多くの書物を参考にした. 上記はそのうちの和書の一部である. [1], [2] は推測統計に関する基礎的事項がうまくまとめてあり, 本書で触れられなかった内容や省略した証明の多くが掲載されている. [3], [4] は重要な内容がわかりやすくコンパクトにまとめられており, お勧めできる.

確率論の本として [5] は不朽の名作であり, 多くのことが詳しく書かれている. [6] は確率変数の扱いなど興味深く読め, [7] は例やいくつかの命題の証明方法に工夫が施されている. [8], [9] はルベーグ積分の内容も含まれ, 本書の後に確率論を学びたいと思った読者のための教科書としてふさわしい. ルベーグ積分に特化した [10] は, 本書で割愛した極限と期待値 (積分) の交換などの理論を, 豊富な計算を通して詳しく学べるようになっている. 線形回帰分析が体系的に学べるのが [11] である. [12] は, 数理統計学に必要な知識が網羅されている名著である.

統計科学の有用性が様々な例を通して詳述されている [13] は, 確率・統計に興味のある人達に強く勧めたい書物である. 新書本などで気軽に読める書籍として, 古い本ではあるが [14], [15] を挙げておく. [14] には有意水準 $\alpha = 0.05$ が使われる根拠 (脚注 18 (p.132)) を著者がフィッシャーに直接尋ねた件が記されてある. また, 確率・統計の研究者の歴史的な事柄は主に [16] からのものである.

索　引

あ

アンスコムの例	18
安定分布	98
イェンセンの不等式	73
一様最強力検定	133
一様分布	81
一致推定量	108
一般化二項係数	31

か

回帰直線	148
回帰分析	146
回帰モデル	146
階級	2
階乗	29
階乗モーメント	63
χ^2 分布	91
ガウス分布	83
ガウス・マルコフの定理	153
確率関数	38
確率空間	20
確率の分割公式	25
確率分布	37
確率分布関数	41
確率分布表	45
確率変数	36
確率変数の独立	48
確率母関数	63
確率密度関数	39
可積分	54
片側検定	136
ガンマ関数	89
ガンマ分布	89
幾何分布	79
棄却域	129
記述統計	1
期待値	52
帰無仮説	128
共分散	60
空事象	20
クーポンコレクタ問題	33, 101
区間推定	106
組合せ	28
クラメル・ラオの不等式	113
検出力	131
検定統計量	135
公理的確率	19
コーシー分布	54

さ

最強力検定	133
最小二乗推定値	148
最小二乗推定量	152
最小二乗法	147
最小分散不偏推定量	110
再生性	99
最頻値 (モード)	4
最尤推定量	116
最尤法	116
最良線形不偏推定量	154
最良予測	151
三項分布	99
残差平方和	149
事後確率	27
事象	19
指数分布	82
事前確率	27
実現値	36
四分位数	5
周辺確率関数	45
周辺分布	44
周辺分布関数	44
周辺確率密度関数	47
順列	28
条件付き確率	25
条件付き期待値	67
乗法公式	25
信頼区間	119
信頼係数	119
推測統計	1
推定値	104
推定量	104
スターリングの公式	32
正規直線回帰モデル	154
正規分布	83
積事象	20
説明変数	146
線形推定量	153
線形不偏推定量	153
全事象	19
相関係数	61
相対度数	2

た

第1種の過誤	129
大数の法則	94
第2種の過誤	129

索　引

代表値	3	パラメータ	103	ポアソンの小数の法則	78
対立仮説	128	半円分布	101	ポアソン分布	77
多次元分布	44	p 値	139	包除原理	100
誕生日の問題	34	ヒストグラム	2	ポーヤの壺	26, 34, 73
チェビシェフの不等式	94	$100\alpha\%$ 点	87	母集団	102
中央値 (メジアン)	4	標準化	85	母集団分布	103
中心極限定理	97	標準偏差	60	母平均，母分散	105
超幾何分布	99	標本	103		
重複組合せ	35	標本相関係数	12	**ま**	
直線回帰	147	標本標準偏差	6	ミルズ比	101
t 分布	92	標本不偏分散	8, 106	無記憶性	80, 82
定義確率変数	66	標本分散	6, 106	モーメント	62
データ	1	標本平均	4, 93	モーメント母関数	64
点推定	106	標本和	93	目的変数	146
統計的検定	127	頻度確率	19	モンティ・ホールの問題	
統計的推測	102	ファンデルモンドの			33
統計量	104	恒等式	35	モンモールの問題	74
同時分布	44	フィッシャー情報量	112		
独立	24, 48	復元抽出	33	**や**	
独立同分布 (iid)	50	不偏推定量	107	有意水準	132
度数	2	分割	27	有効推定量	113
度数分布表	2	分散	57	尤度関数	115
ドモアブル・ラプラスの		分布	37	尤度比	133
定理	96	分布関数	41	尤度方程式	116
		分布収束	78	余事象	20
な		ペア毎に独立	24		
二項係数	28	平均	52	**ら**	
二項定理	30	平均二乗誤差	109	ランダムウォーク	73
二項分布	75	ベイズの定理	27	離散型確率分布	37
2 次元確率関数	44	ベータ分布	90	両側検定	136
2 次元確率密度関数	47	ペテルスブルグのゲーム		累積度数	2
ネイマン・ピアソンの			53	連続型確率分布	39
検定	132	ベルトランのパラドッ		連続補正	96
		クス	32	論理的な確率	19
は		ベルヌイ分布	74		
排反事象	20	偏差	5, 57	**わ**	
箱ひげ図	6	偏差値	100	和事象	20
外れ値	4				

なかた　としお
中田 寿夫
福岡教育大学 教育学部 数学教育研究ユニット 教授　博士 (理学)
専門：確率論

ないとう　かんた
内藤 貫太
千葉大学 理学研究院 数学・情報数理学研究部門 教授　博士 (理学)
専門：統計科学

確率・統計
かくりつ　とうけい

2017 年 10 月 31 日	第 1 版　第 1 刷　発行
2022 年 3 月 25 日	第 1 版　第 3 刷　発行

著　者　　中田寿夫
　　　　　内藤貫太
発行者　　発田和子
発行所　　株式会社　学術図書出版社

〒113−0033　東京都文京区本郷 5 丁目 4 の 6
TEL 03−3811−0889　振替 00110−4−28454
印刷　三和印刷 (株)

定価はカバーに表示してあります．

本書の一部または全部を無断で複写 (コピー)・複製・転載することは，著作権法でみとめられた場合を除き，著作者および出版社の権利の侵害となります．あらかじめ，小社に許諾を求めて下さい．

© 2017　T. NAKATA　K. NAITO
Printed in Japan
ISBN978−4−7806−0596−9　C3041